高等学校测绘工程系列教材

C#测绘程序开发

刘艳　贾国辉　李红丹　武广臣　编著

WUHAN UNIVERSITY PRESS
武汉大学出版社

图书在版编目(CIP)数据

C#测绘程序开发 / 刘艳等编著. -- 武汉 ：武汉大学出版社，2025.8.
高等学校测绘工程系列教材. -- ISBN 978-7-307-25113-7

Ⅰ.P209

中国国家版本馆 CIP 数据核字第 2025V1S626 号

责任编辑:杨晓露　　　责任校对:鄢春梅　　　版式设计:马　佳

出版发行：**武汉大学出版社**　（430072　武昌　珞珈山）
（电子邮箱：cbs22@ whu.edu.cn　网址：www.wdp. com.cn）
印刷:湖北金海印务有限公司
开本:787×1092　1/16　印张:20.25　字数:474 千字
版次:2025 年 8 月第 1 版　　2025 年 8 月第 1 次印刷
ISBN 978-7-307-25113-7　　定价:65.00 元

前　　言

随着人工智能(Artificial Intelligence，AI)的深入发展，AI 在测绘核心领域的应用不断拓展。数据获取与处理中的自动化影像识别、多模态数据融合，地图制图中的智能标注与动态更新、语义增强与修复，智能导航中的无人系统协同作业、空间智能预测，这些新技术已经颠覆了传统测绘。在 2024 年中国测绘地理信息科学技术年会上，李德仁院士提出了时空智能学，并指出它是未来测绘遥感地理信息科学的发展方向，是人工智能的重要组成部分。

本书以传统测绘为起点，承启传统测绘和时空智能，是理实一体、赛课一体的测绘程序设计教材。教材以项目、案例方式讲解测绘程序的算法设计与开发，逐步与人工智能和时空智能开发接轨。学习本书需要具备 C#程序设计基础知识。本书分为三篇：基础篇、项目篇和竞赛篇。基础篇侧重基础知识点拨和分析，从 C#中甄选程序设计相关内容，指出程序设计关键点和易错点；项目篇甄选 4 个传统测绘项目详解编程实践，重点阐述算法设计与实现，旨在引导读者入门；竞赛篇以近 3 年全国大学生测绘学科创新创业智能大赛测绘程序设计竞赛母题为原本，采用“学中做”方式详细讲解程序设计过程，引导读者从入门迈向进阶。

教材的基础篇为 1~4 章，分别是第 1 章“C#编程概述”、第 2 章“Windows 窗体应用程序”、第 3 章“程序设计语法基础”和第 4 章“面向对象编程”，素材源自多年教学实践；项目篇为 5~8 章，分别是第 5 章“高程测量”、第 6 章“导线测量”、第 7 章“坐标转换”和第 8 章“圆曲线坐标计算”，源自工程实践；竞赛篇为 9~11 章，分别为第 9 章“纵横断面计算”、第 10 章“激光点云数据的平面分割”和第 11 章“空间探索性分析”，源自 2022—2024 年全国大学生测绘学科创新创业智能大赛测绘程序设计竞赛原题。全书编写分工是：第 1 章由武广臣编写；第 2~4 章由李红丹编写，第 5、7、8、9 章由刘艳编写；第 6、10、11 章由贾国辉编写。

为了便于读者学习，本书理论叙述深入浅出、主次分明，编程实践详尽有序、过程为先。书中重点或难点内容均配有例题或详细编程过程。为了便于读者练习，每个实例、项目或竞赛题均附有完全代码和详细注释。本书适合普通高等学校本科教学，也适合全国大学生测绘学科创新创业智能大赛测绘程序设计竞赛备赛。本书还附带交互式教学课件，适合教师授课和自学。

由于编书时间仓促，加上编者水平有限，书中谬误、疏漏之处在所难免，恳请各位读者批评指正！

目　　录

基础篇：C#测绘程序设计基础

项目篇：测绘程序开发案例

基础篇：C#测绘程序设计基础

第 1 章　C#编程概述

C#是一种面向对象的编程语言，它由 Microsoft 开发并运行在 .NET Framework 上，其特征是简单、面向对象和类型安全。根据 TIOBE 编程社区指数及其他相关数据源，截至 2024 年，全球范围内编程语言排名前十依次为：Python、C++、Java、C 语言、C#、JavaScript、Go、TypeScript、R 和 Shell，可见 C#目前仍是编程热门语言之一。在测绘程序开发中，C#是主流开发语言之一。

◎ 学习目标

了解 C#语言的产生、发展和特点；了解 .NET Framework 的含义及其与 C#的关系；了解 Visual Studio 2022 集成开发软件安装；能建立 C# Windows 窗体应用程序。

1.1　C#与 .NET Framework

微软 .NET Framework 是一种应用程序开发框架，具有跨平台和跨语言的特性，C#是其主要开发语言之一。在 C#学习之前，需要了解 C#与 .NET Framework 的关系。

1.1.1　C#的产生与发展

C#(读作 C Sharp)是一种面向对象的编程语言，其语言体系构建在 .NET 框架上，主要用于开发可以运行在 .NET 平台上的应用程序。1998 年，Delphi 和 Turbo Pascal 语言的设计者安德斯海尔斯伯格(Anders Hejlsberg)及其微软开发团队开始设计 C#语言的第一个版本。2000 年 9 月，ECMA(欧洲计算机制造商协会)成立了一个任务组，着力为 C#编程语言定义一个建设标准。C#语言在 2002 年与 Visual Studio 开发环境一起发布，其一经推出，就受到众多程序员的青睐。

2002 年，C#1.0(Visual Studio .NET)正式发布，与 .NET 框架一起推出。此版本引入了基本的面向对象特性、基本类型、数组等。开发者开始使用 C#编写 Windows 应用程序，.NET 框架提供了丰富的类库，支持快速开发。

2005 年，C#2.0(Visual Studio 2005)发布，增加了泛型、匿名方法和可控类型等新特性，提升了语言的灵活性和性能。泛型允许开发者定义通用类型，提高代码复用性和类型安全性。此时，C#的流行程度开始迅速上升，成为企业开发的主流语言。

2007 年，C#3.0(Visual Studio 2008)推出，引入了 LINQ(语言集成查询)和表达式树等特性，使得用户对数据的操作更加直观。LINQ 的出现使得 C#在处理集合、数据库和 XML 等数据源时更加简洁高效，极大地提升了开发效率。

2010 年，C#4. 0(Visual Studio 2010)发布，增加了动态类型、命名参数和可选参数等功能，进一步增强了语言的表达能力。动态类型使得开发者能够在运行时确定类型，提高了灵活性。

2012 年，C#5. 0(Visual Studio 2012)发布，支持异步编程(async/await)，为开发高性能应用提供了更好的支持。通过异步编程，C#能够在 I/O 操作等耗时任务中保持应用的响应性，大大提升了用户体验。

2015 年，C#6. 0(Visual Studio 2015)发布，增加了一些语法糖，可以减少代码编写量。主要包括自动属性初始化、字符串插值等。

2017 年，C#7. 0(Visual Studio 2017)发布，加入了元组、模式匹配、局部函数和扩展方法等新特性，使得代码更加简洁。这一版本使得开发者能够以更加直观和灵活的方式编写代码，提高了开发效率。

2019 年，C#8. 0(Visual Studio 2019)发布，增加了可为空引用类型、异步流、范围和索引等新特性。

2020 年，C#9. 0(Visual Studio 2019)发布，提供了记录类型、init-only 属性和顶级语句等新特性，使得数据处理更加简洁和高效。

2021 年，C#10. 0(Visual Studio 2022)发布，进一步增强了语言的功能，例如全局 using、文件范围的命名空间等特性，提升了代码的可读性和维护性。

2022 年，C#11. 0(Visual Studio 2022)发布，主要增加了原生字面量、泛型参数修饰符等内容。

2023 年，C#12. 0(Visual Studio 2022)发布，增加了主构造函数，用户可以创建任意 class 或 struct 类型的主构造函数。增加了内联数组，可以创建固定大小的 struct 类型数组。

2024 年，C#13. 0(Visual Studio 2022)发布，增加了 params 集合、新的 lock 类型、语义和新转义序列等内容。

C#的演变与 .NET 生态系统的发展密切相关，随着技术的进步，C#已成为一种强大的编程语言，广泛应用于桌面、Web 和移动应用程序的开发。

1. 1. 2　C#语言特点

C#是微软公司设计的一种编程语言，是从 C 和 C++派生来的一种简单、现代、面向对象和类型安全的编程语言，并与 .NET 框架完美结合。C#语言语法简洁，去掉了指针操作，同时具有面向对象语言所应有的一切特性：封装、继承和多态。C#语言遵循 .NET 的公共语言规范(CLS)，因而能够与其他语言开发的组件兼容。C#还提供了完善的错误和异常处理机制，使交付应用的程序更加健壮。

1. 1. 3　. NET Framework

. NET Framework 又称 . NET 框架，它是微软公司推出的完全面向对象的软件开发与运行平台，它有两个主要组件，分别是：公共语言运行时(Common Language Runtime，简称 CLR)和类库，下面分别介绍它们。

1. 公共语言运行时

公共语言运行时负责管理和执行由 . NET 编译器编译生成的中间语言代码(. NET 程序

执行原理如图 1.1 所示）。公共语言运行时包含两部分，分别为 CLS 和 CTS。其中，CLS 表示公共语言规范，它是许多应用程序所需的一套基本语言功能；CTS 表示通用类型系统，它定义了可以在中间语言中使用的预定义数据类型，所有面向 .NET Framework 的语言都可以生成基于这些类型的编译代码。

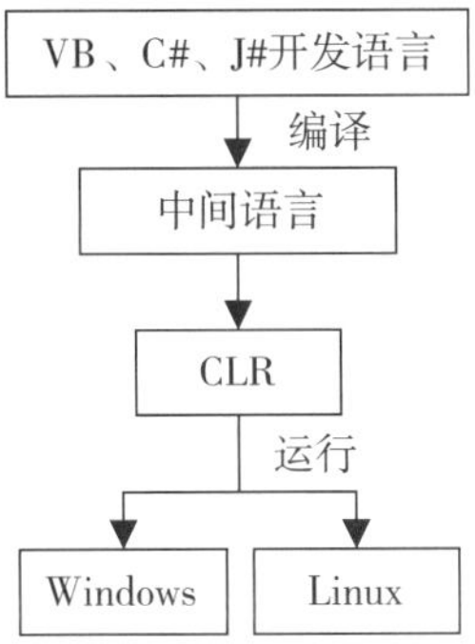

图 1.1　.NET 程序执行原理

2. 类库

类库中有很多编译好的类，可以拿来直接使用。例如，进行多线程操作时，可以直接使用类库里的 Thread 类，进行文件操作时，可以直接使用类库中的 IO 类。类库实际上相当于一个仓库，这个仓库里面装满了各种工具，可以供开发人员直接使用。

1.1.4　C#与 .NET Framework 的关系

.NET Framework 提供跨平台和跨语言的特性，C#是其主要的开发语言。.NET Framework 支持多种应用程序的开发，这些应用程序包括控制台应用程序、Windows 应用程序、ASP.NET 应用程序、Windows 服务、XML Web 服务、Web 窗体程序等。

C#是与 .NET Framework 一起设计的。C#只是一种语言，尽管它用于生成面向 .NET 环境的代码，但它本身不是 .NET 的一部分。在安装 Visual Studio 的同时，.NET Framework 也被安装到本地计算机中。在 .NET 中，C#的使用比例远远大于其他编程语言。简单地说，.NET 是一个平台总称，而 C#是平台上可用的编程语言之一。

1.2　第一个 Windows 窗体应用程序

Visual Studio 2022 支持几十种桌面程序，因测绘程序设计多采用 Windows 窗体应用程序，本节将详细介绍 Visual Studio 2022 的安装和窗体应用程序的创建方法。

1.2.1　Visual Studio 2022 的安装

Visual Studio 是微软官方推出的 IDE 开发环境，Visual Studio 2022 是目前的最新版本。如图 1.2 所示，登录微软官网 https://visualstudio.microsoft.com/zh-hans/downloads/，可以

下载 Visual Studio 2022 安装包，Visual Studio 2022 包括社区版、专业版和企业版，其中社区版是开源版本，专业版和企业版需要微软正式授权，这里选择社区版进行下载并安装。

图 1.2 Visual Studio 2022 下载界面

单击安装包，程序在下载一些必备组件后(图 1.3)，进入安装前配置界面(图 1.4)。

图 1.3 下载必备组件

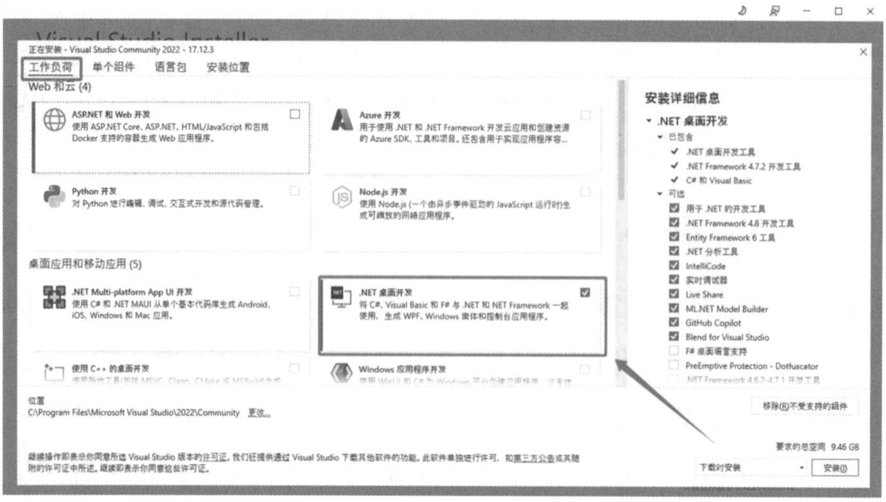

图 1.4 安装前配置界面

在图 1.4“工作负荷”中选择需要安装的模块，单击“安装”按钮，进入 Visual Studio Installer 界面(图 1.5)，等待安装过程结束即可。

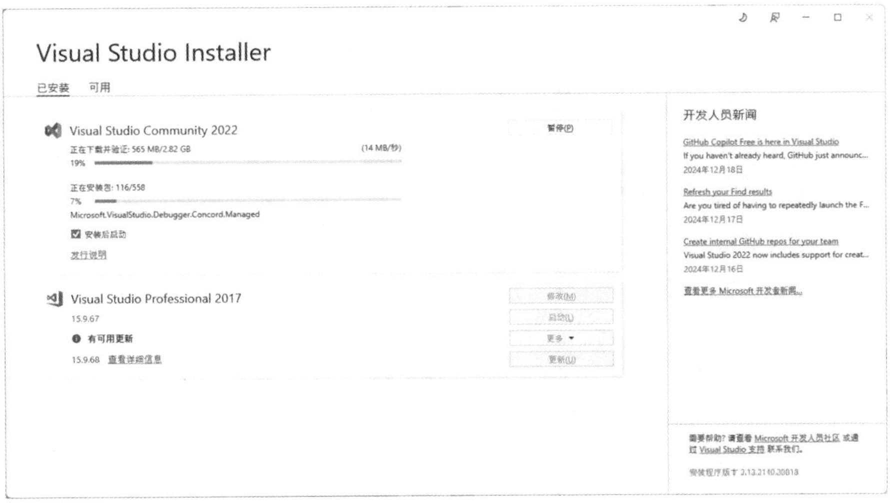

图 1.5　Visual Studio 2022 安装过程界面

注意：如果想要修改默认配置，可在图 1.4 中选择“单个组件”，进行有选择的安装，也可以选择“语言包”，切换安装程序语言，还可以选择“安装位置”，修改安装路径。界面右下角可以选择“下载时安装”或“下载后安装”两种模式，具体视连接网络的通畅程度而定。图 1.5 是 Visual Studio 2022 安装过程界面。

Visual Studio 2022 安装成功后，会显示如图 1.6 所示界面，单击“修改”按钮，可以选择其他安装包，单击“更多”按钮，可以进行修复、卸载或导入导出设置，单击“启动”，进入 Visual Studio 2022。

图 1.6　Visual Studio 2022 安装结束

Visual Studio 2022 启动后，会弹出如图 1.7 所示的“登录 Visual Studio”对话框，如果注册了微软账户，输入用户名和密码即可，如果没有注册微软账户，选择“暂时跳过此项”，进入“个性化 Visual Studio 体验”。

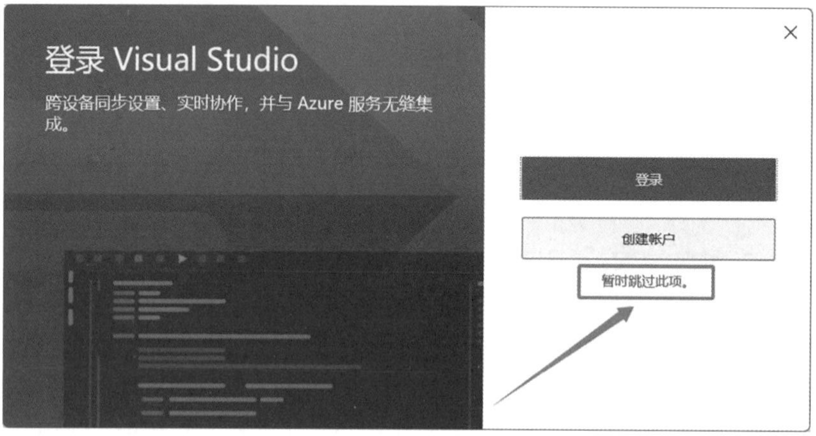

图 1.7　登录 Visual Studio 对话框

在如图 1.8 所示的“个性化 Visual Studio 体验”对话框中可进行开发设置，这里选择“常规”开发设置和“浅色”主题，单击“启动 Visual Studio”，进入 Visual Studio 2022 IDE 集成开发环境。

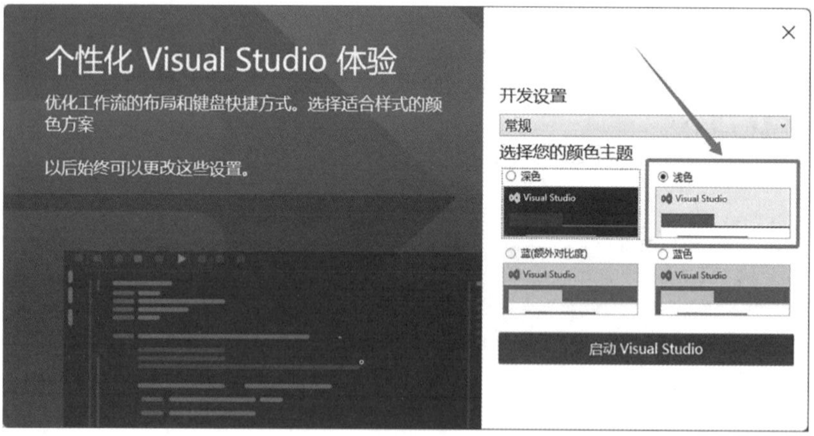

图 1.8　Visual Studio 个性化体验配置

1.2.2　Windows 窗体应用程序

【例 Chapter01_1】：创建一个 Windows 窗体应用程序，项目名称命名为“FirstWindows”，解决方案命名为“Chapter01_1”。

新建一个 .NET Windows 窗体应用程序的步骤是：首先打开 Visual Studio 2022，选择

“创建新项目”，然后选择“Windows 窗体应用(.NET Framework)”，如图 1.9 所示，单击“下一步”，进入如图 1.10 所示界面。设置好项目名称、位置和解决方案名称后，单击“创建”进入如图 1.11 所示界面，选择支持程序的 .NET Framework 版本，单击“创建”，进入 Windows 窗体程序界面(图 1.12)。

图 1.9　选择 Windows 窗体程序

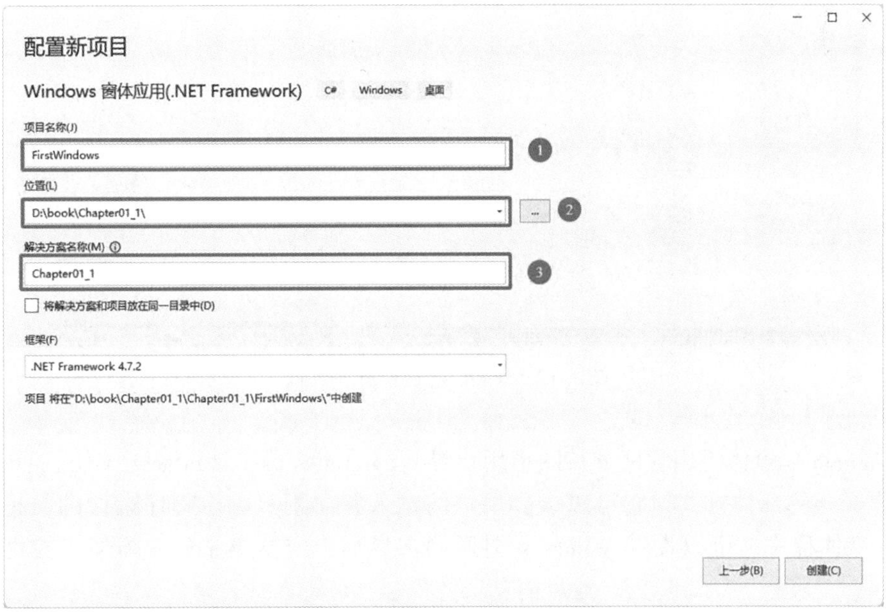

图 1.10　设置 Windows 窗体程序

图 1.11　选择支持程序的 .NET 版本

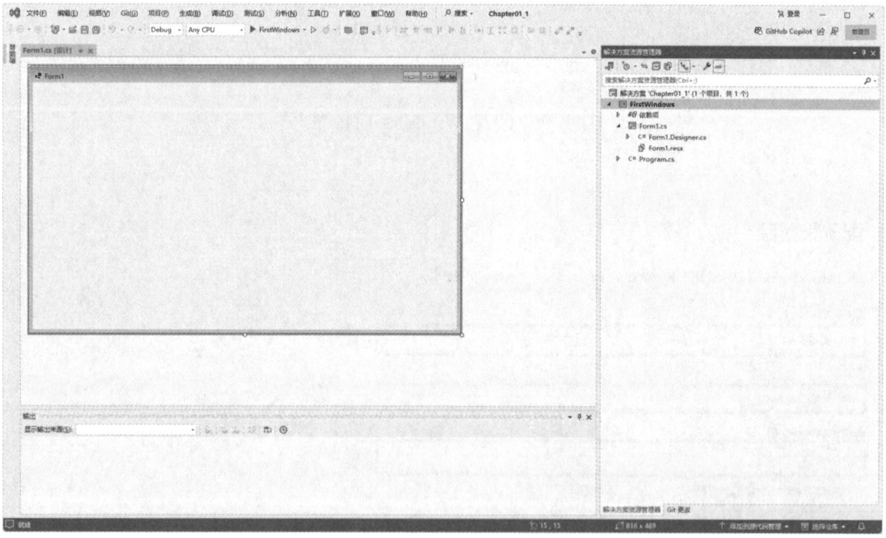

图 1.12　Windows 窗体程序界面

C# Windows 窗体应用程序支持图形用户界面(graphics user interface, GUI), GUI 是程序与用户交互的一种方式，它可以接受用户的输入并向用户输出程序运行的结果。基于 Windows 窗体程序，可以设计 Windows 图形用户界面，包括 Windows 窗体、控件、对话框、菜单、工具栏、状态栏等。通过消息事件机制，可以在适合时机触发工作任务。窗体程序是测绘程序设计的主要方式之一，本书后续章节均是基于窗体程序展开讲解。

◎ 本章小结

本章主要介绍了 C#语言和.NET Framework，了解了 Visual Studio 2022 的安装方法和 Windows 窗体应用程序的创建。

第 2 章　Windows 窗体应用程序

C# Windows 窗体程序也称 WinForm 程序，是一种基于 .NET Framework 平台的客户端开发技术。Windows 应用程序与 Windows 操作系统的界面类似，可以通过鼠标单击、键盘输入等操作完成工作任务。

◎ 学习目标

了解 C# Windows 窗体程序开发的一般步骤；掌握 12 种测绘程序设计常用控件使用方法，尤其是 DataGridView 控件；理解控件的属性、方法和事件，能够通过阅读文档掌握控件的常用属性、方法和事件。

2.1　C# Windows 程序开发步骤

Windows 窗体应用程序开发包括建立项目、界面设计、属性设计、代码设计和运行调试 5 个步骤，其中建立项目、界面设计、属性设计属于操作性设计(也可通过代码修改)，代码设计和运行调试属于创造性设计，体现编程者的思维逻辑，本节以正整数加法程序设计为例，讲授 C# Windows 窗体应用程序开发步骤。

【例 Chapter02_1】：编写 Windows 窗体程序实现两个正整数的加法，要求有 Windows 用户界面，程序运行无误。

1. 建立项目

C#窗体程序建立项目的步骤如下：打开 Visual Studio 2022，选择“创建新项目”，然后在项目类型中选择“Windows Forms App(.NET Framework)”，给项目命名并选择一个合适的位置，最后点击“创建”。按照上述方法新建一个项目，解决方案和工程名均命名为“WindowsFormsAdd”，设置好 Form1 属性(Size 或 Text 等)，准备界面设计。

2. 界面设计与属性设计

界面具体设计方法是：在解决方案资源管理器中，双击“Form1.cs”打开设计视图，从左边“工具箱”中拖入 2 个 Label 控件、3 个 TextBox 控件和 1 个 Button 控件，设计如图 2.1 所示的简单界面，然后设置各控件属性(表 2.1)。关于控件类型、属性等内容，见本章 2.2 节。

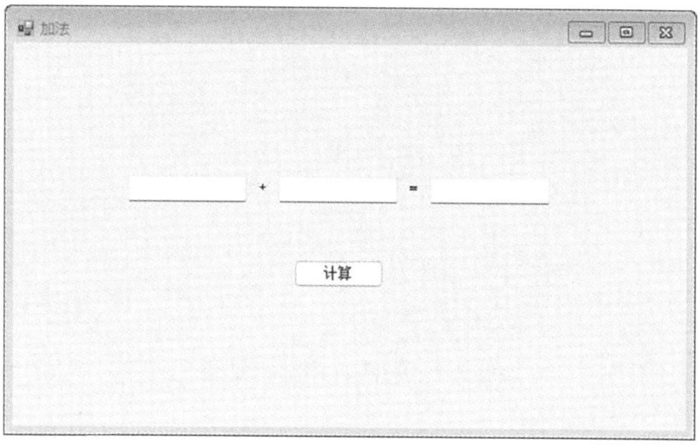

图 2.1　程序界面

表 2.1　　控件设置

名称	属性	设计值
Form1	Text	加法
label1	Text	+
label2	Text	=
button1	Text	计算
textBox1	Text	空
textBox2	Text	空
textBox3	Text	空

3. 代码设计

双击 button1 按钮，进入 button1 的 Click 事件响应函数，添加以下代码实现两正整数加法运算。

```
private void button1_Click(object sender, EventArgs e)
{
    //int.Parse()方法将 string 转换为 int 类型
    int a=int.Parse(textBox1.Text);
    int b=int.Parse(textBox2.Text);
    int c=a+b;
    textBox3.Text=c.ToString();
}
```

按 F5 键调试运行程序，在 textBox1 中填入 100，在 textBox2 中填入 30，单击“计算”按钮，结果如图 2.2 所示。

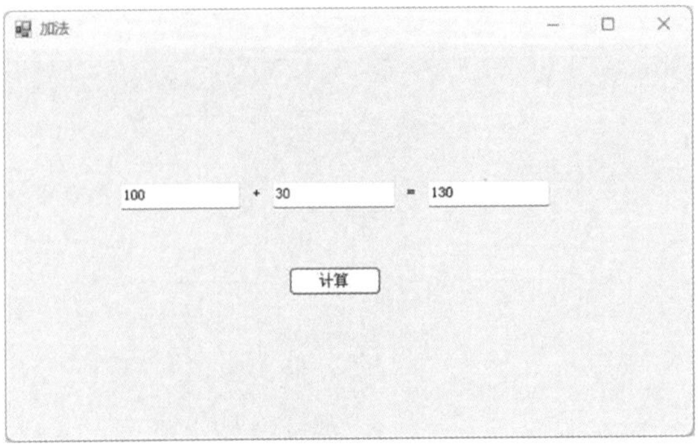

图 2.2　加法程序运行结果

4. 运行调试

在 textBox1 中填入 100，在 textBox2 中不填数字，单击“计算”按钮，程序出现如图 2.3 所示的错误，错误提示信息是“System. FormatException：‘输入字符串的格式不正确.’”，表明格式出现异常，原因是第二个操作数未填入正整数。这说明程序是不健壮的，需要修改代码使程序运行正常。

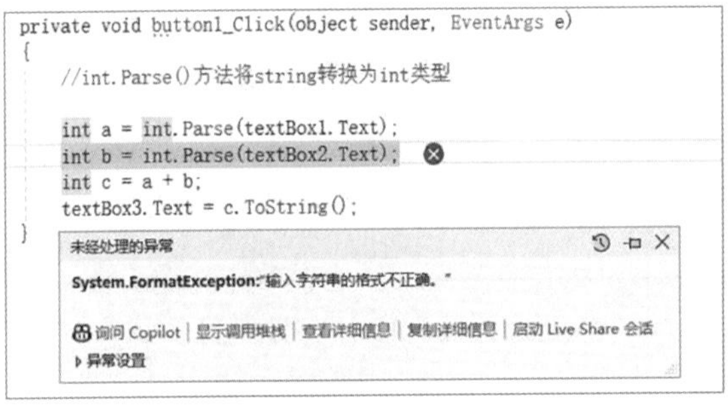

图 2.3　计算异常

textBox1 和 textBox2 是否为空，需要利用 string. Empty 进行判定。在程序设计中，如果二者之一为空，弹出对话框并返回；如果均不为空，才进行加法运算，改进后的代码如下：

```
private void button1_Click(object sender, EventArgs e)
{
  if (textBox1.Text = = string.Empty ‖ textBox2.Text = = string.
Empty)
   {
    MessageBox.Show("输入不完整!");
    return;
   }
```

```
    int a=int.Parse(textBox1.Text);
    int b=int.Parse(textBox2.Text);
    int c=a+b;
    textBox3.Text=c.ToString();
}
```

运行程序，当 textBox1 或 textBox2 其一为空时，会弹出消息框“输入不完整!”，只有二者均不为空，才进行加法运算，程序健壮性有所改进，然而还存在以下 BUG：当 button1 填入 100，button2 填入字母“c”，单击“计算”按钮，程序运行后仍然会出现图 2.3 所示错误，原因是第二个操作数为 char 类型，导致计算类型不匹配，因此需要进一步改进。增加正则化代码，对加法操作数类型做判断，当操作数不是正整数时，弹出“必须是正整数!”消息框，实现正整数加法计算。

```
private void button1_Click(object sender, EventArgs e)
{
    if (textBox1.Text = = string.Empty || textBox2.Text = = string.Empty)
    {
      MessageBox.Show("输入不完整!");
      return;
    }
    Regex rx=new Regex("^[0-9]* $");
    if (rx.IsMatch(textBox1.Text) && rx.IsMatch(textBox2.Text))
    {
      int a=int.Parse(textBox1.Text);
      int b=int.Parse(textBox2.Text);
      int c=a+b;
      textBox3.Text=c.ToString();
    }
    else
    {
      MessageBox.Show("必须是正整数!");
    }
}
```

代码中用到了 Regex 正则化表达式计算，有兴趣的读者可以查阅相关资料深入学习。程序仅实现了正整数加法计算，读者也可以将其拓展到负整数加法计算。以上是 Windows 窗体编程的一般步骤，对于大型程序来说，代码设计和运行调试是非常关键的步骤，它们直接影响程序的正确性和健壮性，因此初学者需要通过学习逐步掌握代码设计和程序调试。

2.2 Windows 窗体程序控件

Windows 窗体程序界面由各类控件组成，因此掌握控件类型及其属性和事件是程序设计的必备基础。在测绘程序设计中，常用的控件包括 Button、TextBox、Label、GroupBox、PictureBox、MenuStrip、ToolStrip、TabControl、DataGridView 等十几种控件，本节将详细介绍这些控件的使用方法。

2.2.1 控件的属性、方法和事件

1. 控件属性

窗体应用程序控件的基类是 System. Windows. Forms 命名空间的 Control 类。Control 类定义了控件类的共同属性、方法和事件，其他控件类都直接或间接派生自这个类。Control 类的通用属性如表 2.2 所示。

表 2.2　**Control 类的通用属性**

属性	含　义
Anchor	设置控件的哪个边缘，锚定到其容器边缘
Dock	设置控件停靠到父容器的哪个边缘
BackColor	获取或设置控件的背景色
Cursor	获取或设置当鼠标指针位于控件上时显示的光标
Enabled	设置控件是否可以对用户交互做出响应
Font	设置或获取控件显示文字的字体
ForeColor	获取或设置控件的前景色
Height	获取或设置控件的高度
Left	获取或设置控件的左边界到容器左边界的距离
Name	获取或设置控件的名称
Parent	获取或设置控件的父容器
Right	获取或设置控件的右边界到容器左边界的距离
Tabindex	获取或设置在控件容器上控件的 Tab 键的顺序
TabStop	设置用户能否使用 Tab 键将焦点放到该控件上
Tag	获取或设置包括有关控件的数据对象
Text	获取或设置与此控件关联的文本
Top	获取或设置控件的顶部与其容器顶部的距离
Visible	设置是否在运行时显示该控件
Width	获取或设置控件的宽度

控件属性是针对 Control 类成员的一种访问机制，通过这种机制可以修改 Control 类成员，实现控件自定义。修改属性有两种方式，一种是在控件属性窗口修改属性值，如图 2.4 所示，另一种是编写代码修改属性，两种方法均可实现 button1 控件的 Enable 属性修改。示例代码如下所示。

```
button1.Enabled=false;
```

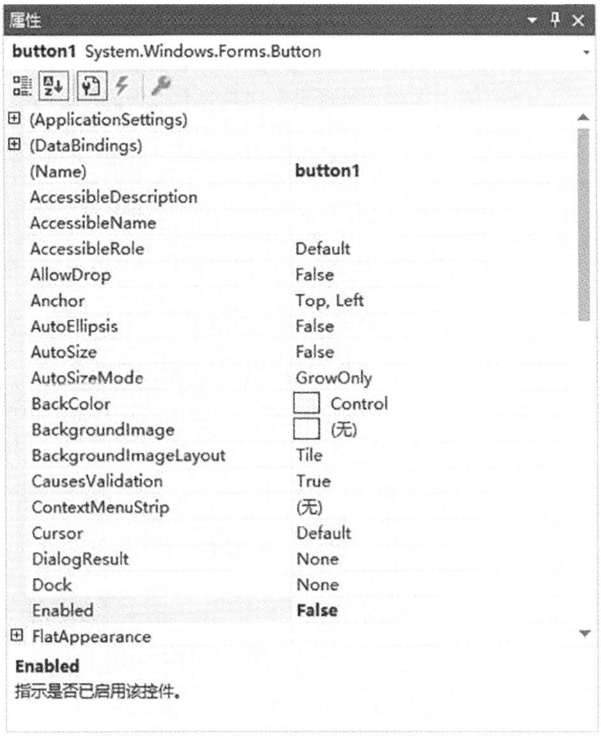

图 2.4 属性窗口修改属性

2. 控件方法

控件方法与控件属性一样，用于实现控件相关操作，如 button1 的 GetChildAtPoint( ) 方法用于获得指定位置的控件，示例代码如下：

```
button1.GetChildAtPoint(new Point(100, 100));
```

3. 控件事件

控件对用户或应用程序的某些行为做出响应，这些行为称为事件。事件本质上是对委托的一种封装，提供了一种机制，使得类和对象能够通过事件通知外部发生了特定的行为。在 C#中，控件事件常用于处理用户输入、系统通知、数据更新等场景，允许一个对象通知其他对象某些行为已经发生，Control 类常见事件如表 2.3 所示。

表 2.3　**Control 类常见事件**

事　件	含　义
Click	单击控件时发生
DoubleClick	双击控件时发生
DragDrop	当一个对象被拖到控件上，用户释放鼠标时发生
DragEnter	当被拖动的对象进入控件的边界时发生
DragLeave	当被拖动的对象离开控件的边界时发生
DragOver	当被拖动的对象在控件的范围内时发生
KeyDown	在控件有焦点的情况下，按下任一个键时发生，在 KeyPress 前发生
KeyPress	在控件有焦点的情况下，按下任一个键时发生，在 KeyUp 前发生
KeyUp	在控件有焦点的情况下，释放按键时发生
GetFocus	在控件接收焦点时发生
LostFocus	在控件失去焦点时发生
MouseDown	当鼠标指针位于控件上，并按下鼠标键时发生
MouseMove	当鼠标指针移到控件上时发生
MouseUp	当鼠标指针位于控件上，并释放鼠标键时发生
Paint	重绘控件时发生
Validated	在控件完成验证时发生
Validating	在控件正在验证时发生
Resize	在调整控件大小时发生

在测绘程序设计时可以忽略事件运行机理，掌握事件响应的处理方法即可，例如在窗体的 Load 事件中添加代码“MessageBox. Show("程序开始加载!") ;”，这样在窗体生成前会弹出消息框。编程中最常见的事件是菜单栏、工具条和 Button 按钮的 Click 事件。

2.2.2　常用控件及其使用方法

1. 窗体(Form)

严格来讲窗体不是控件类，它派生自 Form 类，对窗体的操控主要包括窗体的外观样式、窗体可见性控制、窗体的定位等，表 2.4 列举了窗体外观样式属性，关于窗体可见性控制和定位，读者可以在属性窗口中查看属性内容和使用方法，此处不再列举。

表 2.4 **窗体外观样式属性**

样　式	说　明
None	没有边框或与边框相关的元素
Fixed3D	当需要三维边框效果时使用。不可调整大小，可在标题栏上显示控件菜单栏、标题栏、最大化和最小化按钮。用于创建相对于窗体主体凸起的边框
FixedDialog	用于对话框。不可调整大小，可在标题栏上显示控件菜单栏、标题栏、最大化和最小化按钮。用于创建相对于窗体主体凹进的边框
FixedSingle	不可调整大小。可显示控件菜单栏、标题栏、最大化和最小化按钮。只能使用最大化和最小化按钮改变大小。用于创建单线边框
FixedToolWindow	显示不可调整大小的窗口，其中包含"关闭"按钮和以缩小字体显示的标题栏文本。该窗体不在 Windows 任务栏中出现
Sizable	该项为默认项，可调整大小，经常用于主窗口。可显示控件菜单栏、标题栏、最大化和最小化按钮。鼠标指针在任何边缘处都可调整大小
SizableToolWind	用于工具窗口。显示可调整大小的窗口，其中包括"关闭"按钮和以缩小字体显示的标题栏文本。该窗体不在 Windows 任务栏中出现

【例 Chapter02_2】：新建一个 Windows 窗体程序，再增加一个窗体，命名为 Form2，其上增加 Button 控件。在 Form1 中增加一个 Button，单击该 Button 时启动 Form2，要求 Form2 尺寸与 Form1 相同，且其 Button 控件也得到正确加载，程序运行无误。

按照题目要求，新建一个 Windows 窗体应用程序，项目和解决方案命名为"WindowsFormsAddForm"。右击"WindowsFormsAddForm"项目，点击"添加"下的"窗体(Windows 窗体)(F)..."，将 Form2 增加到项目中。将 Form1 的 Text 属性改为"主窗体"，添加 button1，Text 属性改为"加载次窗体"；将 Form2 的 Text 属性改为"次窗体"，添加 button1，Text 属性改为"我是次窗体"。双击"加载次窗体"按钮，添加以下代码，实现 Form2 加载。

```
private void button1_Click(object sender, EventArgs e)
{
  Form2 form2 =new Form2();
  Form1 form1 =new Form1();
  form2.Size=form1.Size;
  form2.Show();
}
```

单击"加载次窗体"按钮运行程序，结果如图 2.5 所示。实际编程时，有的测绘程序需要多个窗体，可以采用本例编程方法进行多个窗体加载。注意：在多窗体程序中，控件编号按照各窗体从 1 到 n 进行编排。

图 2.5　加载窗体

2. 标签(Label)和分组框(GroupBox)

标签和分组框控件一般不实现具体功能，它们的主要作用是标识控件或其他内容，起到标识或提醒作用。在图 2.6 中，“空间交会方法”是 GroupBox 控件，“常用方法”是 Label 控件。标签控件一般用于某一项标注，分组框控件用于某一组标注。

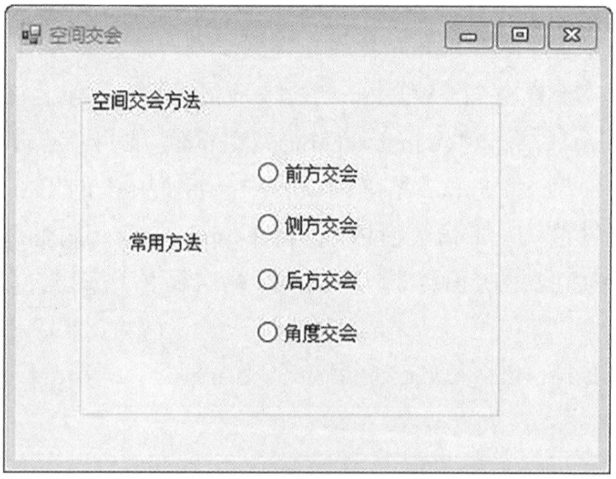

图 2.6　标签和分组框控件

3. 按钮(Button)

按钮控件是常用控件之一，经常在 Click 事件中实现程序功能，如【例 Chapter02_1】中“计算”按钮实现了两个正整数加法计算。

4. 文本框(TextBox)

文本框也是常用控件之一，用于显示文本信息。TextBox 有一个属性 Multiline，默认情况下为 False，表示不可多行显示。在测绘程序设计中，计算结果往往是多行数据，此时需将其属性修改为 True，以实现多行显示。程序设计时也可以直接使用 RichTextBox 控件代替 TextBox 控件，省去设置 TextBox 属性步骤。

5. 图片框(PictureBox)

图片框也是测绘程序设计需要使用的重要控件之一，用于显示、保存图形或图像。PictureBox 支持 bmp、ico、gif、wmf 和 jpg 格式图像，编程时常利用 PictureBox 进行 GDI+图形编程和 bmp 图像保存。

6. 单选按钮(RadioButton)和复选框(CheckBox)

如图 2.6 所示的“前方交会”“侧方交会”“后方交会”和“角度交会”就是 RadioButton，其作用是在一组选项中任选其一；CheckBox 是在一组选项中任选多项。两种控件的重要属性是“Checked”，在使用中一般结合 if 语句进行判断，然后执行自定义操作。

7. 表格控件(DataGridView)

DataGridView 是一种强大而灵活的表格控件。在测绘程序设计中，经常需要在 DataGridView 中读写数据。读入数据到 DataGridView 有多种方法，如 DataTable 对象赋值、集合赋值等，读取 DataGridView 数据方法比较简单，遍历表格即可实现。

【例 Chapter02_3】：测绘程序中常见数据是“点”类型数据，该数据由点号、X 坐标、Y 坐标和 H 高程 4 部分组成。设计一个 Windows 窗体程序，将“点”类型数据(字符串数组){"5","2534.126","6584.385","175.236"}读到 dataGridView1 控件中，然后再读取 dataGridView1 中的数据，用消息框展示读取结果。

新建一个 Windows 窗体程序，将 Form1 的 Text 属性改为“DataGridView 读写数据”，增加两个 Button 控件，其 Text 属性分别修改为“读取数据到表格”和“表格数据读取到消息框”，再增加一个 DataGridView 控件，调整好尺寸后在其右上方三角形处单击“编辑列...”，然后单击“添加(A)...”，在“页眉文本”中填写“点号”，单击“添加(A)”，完成“点号”列添加，同理添加 X 坐标、Y 坐标和 H 高程，最后单击“确定”，完成 dataGridView1 的列创建。

双击“读取数据到表格”按钮进入 button1 的 Click 事件响应函数，添加以下代码，实现字符串数组读取到 dataGridView1，结果如图 2.7(a)所示。

```
private void button1_Click(object sender, EventArgs e)
{
  string[] strs={ "5", "2534.126", "6584.385", "175.236" };
```

```
    for (int i=0; i<strs.Length; i++)
    {
      dataGridView1.Rows[0].Cells[i].Value=strs[i];
    }
}
```

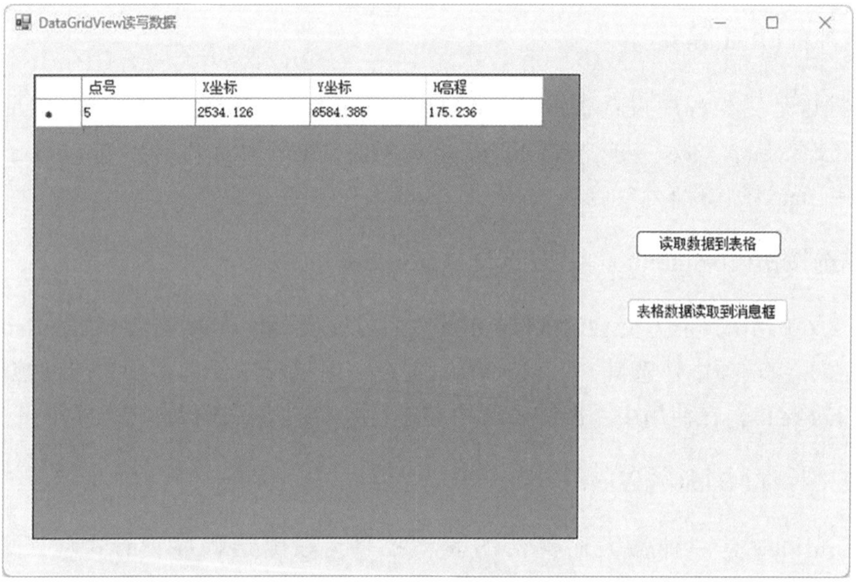

(a)数据读入 DataGridView 控件

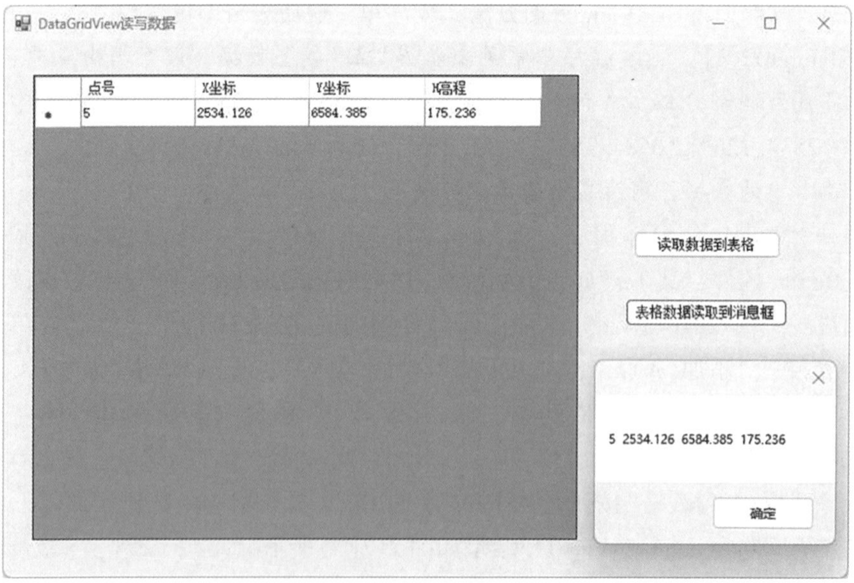

(b)DataGridView 控件数据读取到消息框

图 2.7　DataGridView 控件数据读写

双击"表格数据读取到消息框"按钮进入 button2 的 Click 事件响应函数，添加以下代码，实现 dataGridView1 数据读取到消息框之中，结果如图 2.7(b)所示。

```
private void button2_Click(object sender, EventArgs e)
{
  List<string> strs=new List<string>();
  if (dataGridView1.Rows[0].Cells[0].Value != null)
  {
    for (int i=0; i<dataGridView1.Columns.Count; i++)
    {
      strs.Add(dataGridView1.Rows[0].Cells[i].Value.
ToString());
    }
    string strtemp="";
    for (int i=0; i<strs.Count; i++)
    {
      strtemp += strs[i]+"  ";
    }
    MessageBox.Show(strtemp);
  }
  else
  {
    MessageBox.Show("表格没有数据,请先读入数据!");
  }
}
```

判断 dataGridView1 中是否有数据分两种情况：第一，如果 dataGridView1 是通过绑定数据源(如 DataTable，List<T>，IEnumerable<T>等)来填充数据的，可以检查数据源是否为空，利用代码"if (dataGridView1. DataSource ! = null)"实现判断。第二，如果关注特定行的数据是否存在(例如第一行第一列)，可以检查那一行的某些单元格是否非空，如利用代码"if (dataGridView1. Rows[0]. Cells[0]. Value ! = null)"实现判断。

注意：当 button2 是从 button1 复制而来时，双击 button2 进入的仍是 button1 的 Click 事件，此时应在选定 button2 后，从属性窗中选择 Click 事件方能进入 button2 的 Click 事件，这是因为 Visual Studio 不支持控件事件复制。

以上演示的是 DataGridView 最简单的数据读写方法，核心代码是"dataGridView1. Rows[i]. Cells[j]. Value"，后面还会介绍数据表赋值等其他数据读写方法。DataGridView 控件常与对话框、自定义类、文件流和集合等配合使用，是测绘程序设计中最重要的控件，一定要熟练掌握其编程方法。

8. 菜单(MenuStrip)

菜单控件(MenuStrip)用来设计程序的菜单栏，C#中的 MenuStrip 控件支持多文档界面、菜单合并、工具提示和溢出等功能，开发人员可以通过添加访问键、快捷键、选中标记、图像和分隔条等增强其可用性和可读性。

9. 面板控件(Panel)

面板控件(Panel)不独立使用，一般可以作为容器容纳其他控件。Panel 内部可以放置按钮、文本框、标签等其他控件。通过设置 Panel 的属性(如 BorderStyle、Dock 等)，可以控制 Panel 的外观和行为。

10. 工具条(ToolStrip)

使用工具条(ToolStrip)可以创建和 Windows、Office 或 Internet Explore 相似外观和行为的工具栏及其他用户界面元素。与 MenuStrip 相比，工具条提供了更便捷的操作方式，因此成为程序设计不可或缺的控件之一。

11. 消息框(MessageBox)

消息框(MessageBox)是最简单的一类对话框，用来显示提示、警告等信息，前面实例中已多次使用该控件。.NET 框架使用 MessageBox 类来封装消息对话框，调用其静态成员方法 Show()进行显示，以下代码弹出的对话框如图 2.8 所示。

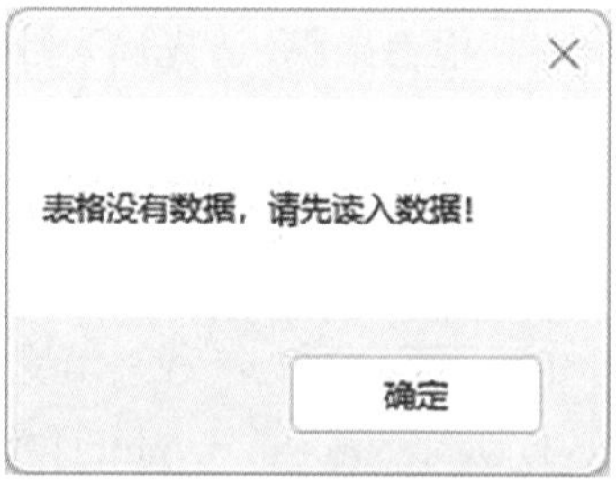

图 2.8　简单消息框

```
MessageBox.Show("表格没有数据,请先读入数据!");
```

当 Show()方法只指定一个参数时，表示要显示的消息内容，只有一个“确定”按钮。当然，Show()方法也可以指定第 2 个参数，用来表示消息对话框的标题内容，还可以在第 3 个参数中指定要显示的按钮(MessageBoxButtons. 枚举值)，在第 4 个参数中指定消息对话框的图标(MessageBoxIcon. 枚举值)，在第 5 个参数中指定消息对话框的默认按钮(MessageBoxDefaultButton. 枚举值)，第 3~5 个参数类别、枚举值和说明见表 2.5。

表 2.5 **消息框参数说明**

类　别	枚 举 值	说　明
MessageBoxButtons	OK	消息框包含【确定】按钮
	OKCancel	消息框包含【确定】和【取消】按钮
	AbortRetryIgnore	消息框包含【中止】【重试】和【忽略】按钮
	YesNoCancel	消息框包含【是】【否】和【取消】按钮
	YesNo	消息框包含【是】和【否】按钮
	RetryCancel	消息框包含【重试】和【取消】按钮
MessageBoxIcon	None	消息框未包含符号
	Hand、Error、Stop	表示图标为
	Question	表示图标为
	Exclamation、Warning	表示图标为
	Asterisk、Information	表示图标为
MessageBoxDefaultButton	Button1	消息框上的第一个按钮是默认按钮
	Button2	消息框上的第二个按钮是默认按钮
	Button3	消息框上的第三个按钮是默认按钮

MessageBox 除了显示信息，还可以辅助调试。如查看计算结果是否正确，可以调用 Show( )方法显示该值，这种方法在测绘程序设计时经常使用。

12. 通用对话框(CommDialog)

通用对话框不是 Form 类的子类，也不是一种控件，该类下面有 7 个子类，详细情况如表 2.6 所示。

表 2.6 **CommDialog 子类**

类	描　述
OpenFileDialog	允许用户选择打开一个文件
SaveFileDialog	允许用户选择一个目录和文件名来保存文件
FontDialog	允许用户选择字体
ColorDialog	允许用户选择颜色
PrintDialog	显示一个打印对话框，允许用户选择打印机和打印文档的哪一部分
PrintPreviewDialog	显示一个打印预览对话框
PageSetupDialog	显示一个对话框，允许用户选择页面设置，包括页边距及纸张方向

测绘程序设计常用打开文件对话框 OpenFileDialog 和保存文件对话框 SaveFileDialog 两个类，这两类对话框有两种调用方法：控件实现和代码实现，前者是在程序中添加 OpenFileDialog 或 SaveFileDialog 控件，添加少量代码编程；后者是在不添加控件的情况下，全部用代码编程。

打开文件对话框允许用户选择要打开的文件，设置组件的 Filter 属性可以过滤被选择文件的类型。OpenFileDialog 常用属性、方法和事件如表 2.7 所示，SaveFileDialog 也有各自属性、方法或事件，这里不再列举。

表 2.7　**OpenFileDialog 常用属性、方法和事件**

属性、方法和事件	说　明
AddExtension 属性	获取或设置一个值，该值表示如果用户省略扩展名，对话框是否自动在文件名中添加扩展名
DefaultExt 属性	获取或设置默认文件扩展名
FileName 属性	获取或设置一个包含在文件对话框中选定的文件名的字符串
FileNames 属性	获取对话框中所有选定文件的文件名
FilterIndex 属性	获取或设置文件对话框中当前选定筛选器的索引
InitialDirectory 属性	获取或设置文件对话框显示的初始目录
Multiselect 属性	获取或设置一个值，该值指示对话框是否允许选择多个文件
OpenFile 方法	打开用户选定的具有只读权限的文件，该文件由 FileName 属性指定
ShowDialog 方法	运行通用对话框
FileOk 事件	当用户单击文件对话框中的【打开】或【保存】按钮时发生

【例 Chapter02_4】：测绘程序中常常打开 txt 格式文本，设计一个 Windows 窗体程序，拖入一个按钮，通过它的 Click 事件调用 OpenFileDialog，实现打开对话框的调用。要求文件过滤为 txt 文本，当选择 txt 文本后，程序弹出消息对话框进行提示。

首先按照要求设计程序界面，如图 2.9(a)所示，然后在“打开对话框”按钮 Click 事件响应函数中添加以下代码，实现打开文件对话框调用。

```
private void button1_Click(object sender, EventArgs e)
{
  OpenFileDialog ofd=new OpenFileDialog();
  ofd.Title="打开文件"; //打开对话框标题
  ofd.Filter="文件文本(*.txt)|*.txt";  //过滤文件格式
  if (ofd.ShowDialog()==DialogResult.OK) //如果点击 ok 按钮
  {
    string str=ofd.FileName; //获取文件名
    if (File.Exists(str)) //如果文件存在
```

```
        {
          MessageBox.Show("打开成功!","打开文件状态",Message
BoxButtons.OK,
            MessageBoxIcon.Information,MessageBoxDefault
Button.Button2);
        }
      }
    }
```

(a)程序界面

(b)运行结果

图 2.9　打开文件对话框

【例 Chapter02_4】并未真正实现 txt 格式文本读取，只是成功调用了打开文件对话框，txt 文件读取方法详见后续章节。

13. 选项卡控件(TabControl)

TabControl 可以添加多个选项卡，然后在选项卡上添加子控件。这种设计可将窗体设计成多页，解决窗体界面空间限制问题。选项卡 TabPage 可以作为其他控件容器，为编程提供极大方便。TabControl 也是测绘程序设计常用控件之一，编程时可修改其 Alignment 和 Dock 属性，使界面变得美观紧凑。

14. 其他控件

测绘程序设计还会用到一些其他控件，如组合框控件 ComboBox、列表框控件 ListBox、状态条控件 StatusStrip 和进度条控件 ProgressBar 等，限于篇幅，这里不再一一列举。

◎ 本章小结

本章介绍了程序设计的一般步骤和 Windows 窗体程序控件。在程序设计中，最重要的是代码设计和运行调试，从【例 Chapter02_1】看，一个健壮的程序需要反复进行代码设计和运行调试。在控件学习中，主要介绍了十几种测绘程序设计常用控件，从重要性来看，排名前五的控件分别是 DataGridView、OpenFileDialog(SaveFileDialog)、TabControl、MessageBox 和 MenuStrip，其中 DataGridView 控件使用最复杂，与其他控件或类的综合使用较多，编程难度也较大，需要读者熟练掌握其编程方法。其他控件如 TextBox、Button、ToolStrip 等也很重要，但是它们使用简单，本章也未详细讲解其使用方法。控件编程是 Windows 程序设计的重要内容，是后续章节学习的基础。

第 3 章　程序设计语法基础

C#语法是程序设计的基础，本章在讲解变量与常量、表达式与运算符、字符与字符串、流程控制语句、数组和集合、文件读写、GDI+编程常用知识和易错问题基础上，给出了大量测绘程序设计实例，帮助读者从入门走向进阶。由于 C#语法基础涵盖内容极多，本章仅甄选与测绘程序设计相关的内容。

◎ 学习目标

理解值类型和引用类型区别；掌握 DataGridView 控件使用方法；理解 lambda 表达式并学会简单应用；掌握字符串分割方法；掌握 if 语句和循环语句等流程控制语言；掌握一、二维数组的使用方法；掌握 List 的属性和方法，能利用 List 自定义类型并灵活编程；掌握文件读写方法；掌握 GDI+图形程序设计基本方法。

3.1　变量与常量

变量与常量是程序设计的基础，在测绘程序中，变量和常量是数据读写和处理的出发点。

3.1.1　值类型和引用类型

C#数据类型分为值类型和引用类型，值类型是直接存储值，引用类型是对值的引用，基本数据类型分类如图 3.1 所示。

简单类型包括整数类型、浮点数类型、布尔类型(逻辑类型)和字符类型。复合类型包括枚举类型和结构体类型，值类型直接存储于栈中，运行效率较高，使用时不易出错。而引用类型托管在堆中，程序运行时动态分配内存空间，使用时容易出现错误。

在测绘程序设计中，经常使用值类型和引用类型，因此区分二者十分重要。值类型的特点是：访问值类型变量时，一般直接访问其实例。每个值类型变量都有自己的数据副本，因此对一个值类型变量的操作不会影响其他变量。值类型变量不能为 null，必须具有一个确定的值。引用类型的特点是：在托管堆中分配的每个对象都有与之相关联的附加成员，这些成员必须被初始化。引用类型变量是由垃圾回收机制来管理的，多个引用类型变量可以引用同一对象，对一个变量的操作会影响另一个变量所引用的同一对象，引用类型变量被赋值前的值都是 null。

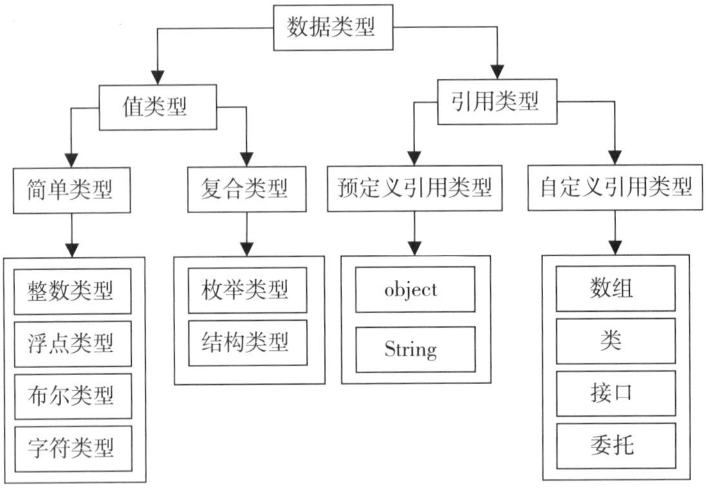

图 3.1　值类型和引用类型

【例 Chapter03_1】：编写 Windows 窗体程序，体会值类型和引用类型的区别。

新建 Windows 窗体程序，命名为“WindowsFormsValueAndReference”，拖入 button1，Text 属性命名为“值运算”，再拖入 button2，Text 属性命名为“引用运算”。在名字空间下声明一个 Student 类，代码如下：

```
public class Student
{
  public string Name;
  public int Age;
  public int Score;
  public Student(string name, int age, int score)
  {
    Name=name;
    Age=age;
    Score=score;
  }
}
```

在 button1 的 Click 事件响应函数中添加以下代码，实现值计算功能。

```
private void button1_Click(object sender, EventArgs e)
{
  int a=100;
  int b=200;
  a=b;
  MessageBox.Show(a.ToString(),"a=");
}
```

当整型变量 b 赋值给 a 后，输出的 a = 200，说明之前的 a = 100 被冲刷掉了，这就是值类型特点，符合编程认知习惯，因此程序设计时，值类型数据运算一般不会出错。

在 button2 的 Click 事件响应函数中添加以下代码，实现引用类型数据运算。

```
private void button2_Click(object sender, EventArgs e)
{
  Student st1 = new Student("张三", 20, 65);
  Student st2 = new Student("李四", 22, 85);
  st2 = st1;
  MessageBox.Show(st2.Score.ToString(), "Score = ");
  st1.Name = "王五";
  MessageBox.Show(st2.Name, "Name = ");
}
```

当“学生类”对象 st1 赋给 st2 后，st2 和 st1 具有相同的姓名、年龄和分数字段，第一个消息框显示得分为“65”，当把 st1 的 Name 字段修改为“王五”后，不仅 st1 姓名发生了变化，st2 的姓名也变为“王五”(见图 3.2)，这表明 st1 和 st2 引用了同一对象，换言之就是一个原本，两个副本，无论修改哪个副本，原本均发生改变，引用类型这一特性不符合编程认知习惯，程序设计时容易出错。

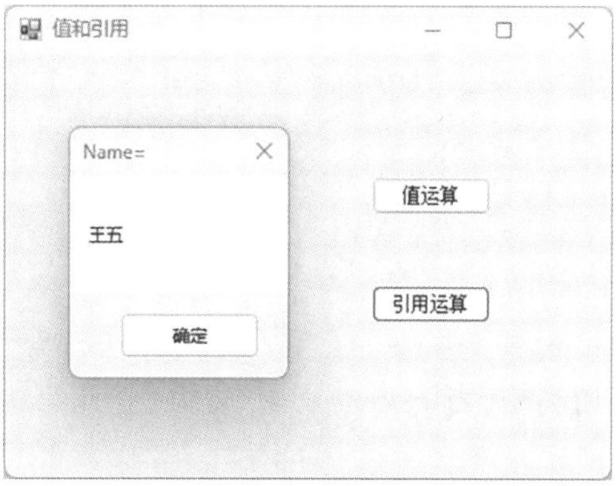

图 3.2 引用类型运算

测绘程序设计中容易出现的典型错误是，一个自定义的引用类型 A，程序运算时将此引用类型修改为 B，在进行下一次数据处理时，将 B 当成原始引用类型 A，导致程序出错。

【例 Chapter03_2】：设计一个 Windows 窗体程序，添加 DataGridView 控件，通过编写代码实现表格赋值，然后修改表格的值。

创建 Windows 窗体程序，命名为“WindowsFormsDVChange”，窗体 Form1 的 Text 属性修改为“DataGridView 表格修改”，添加 dataGridView1，增加“点号”“X 坐标”“Y 坐标”和“省份”四列。拖入 button1，Text 属性命名为“读入表格”，再拖入 button2，Text 属性命名

为“修改表格”，程序界面如图 3.3(a)所示。在 button1 和 button2 中添加 Click 事件响应代码实现表格赋值，Form1 类中所有代码如下：

```
public partial class Form1: Form
{
  public Form1()
  {
    InitializeComponent();
  }
  int code1=1;
  double x1=2536.230;
  double y1=4512.012;
  string province1="辽宁";
  private void button1_Click(object sender, EventArgs e)
  {
    dataGridView1.Rows[0].Cells[0].Value=code1;
    dataGridView1.Rows[0].Cells[1].Value=x1;
    dataGridView1.Rows[0].Cells[2].Value=y1;
    dataGridView1.Rows[0].Cells[3].Value=province1;
  }
  private void button2_Click(object sender, EventArgs e)
  {
    int code2=2;
    double x2=2453.185;
    double y2=8853.262;
    string province2=province1; //province2 为"辽宁"
    //string 是引用类型,当 province1 改为"湖北",为什么 province2 还是"辽宁"?
    province1="湖北";
    dataGridView1.Rows[0].Cells[0].Value=code2;
    dataGridView1.Rows[0].Cells[1].Value=x2;
    dataGridView1.Rows[0].Cells[2].Value=y2;
    dataGridView1.Rows[0].Cells[3].Value=province2;
  }
}
```

运行程序，单击“读入表格”，结果如图 3.3(b)所示，第一次单击“修改表格”，结果如图 3.3(c)所示，第二次单击“修改表格”，结果如图 3.3(d)所示。

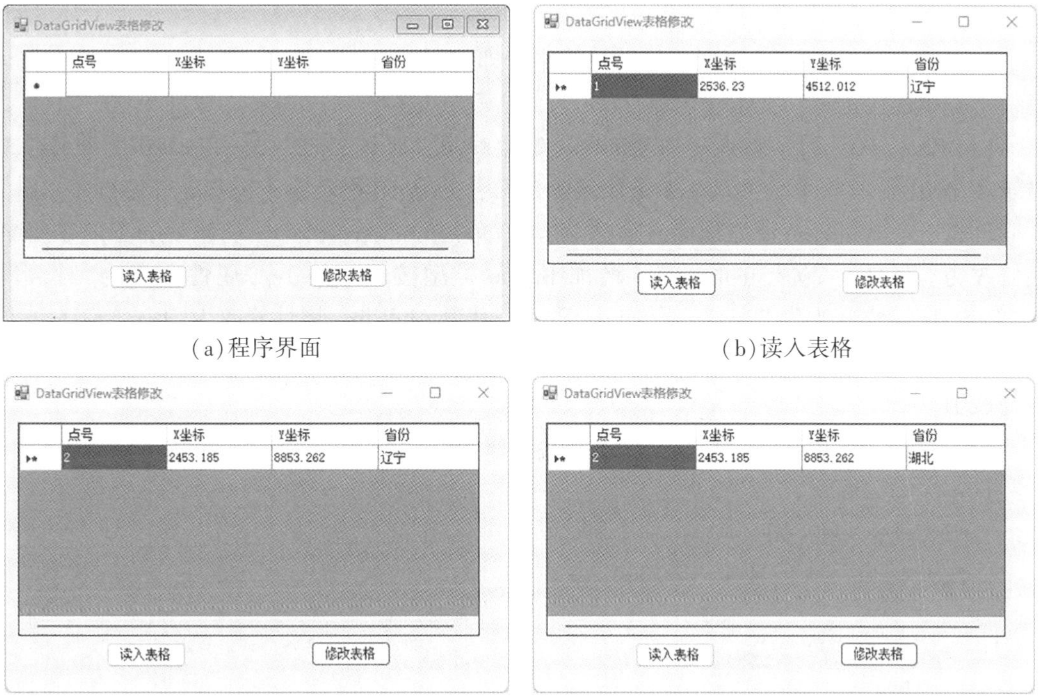

(a)程序界面　(b)读入表格

(c)修改表格(第一次单击)　(d)修改表格(第二次单击)

图 3.3　表格赋值程序

分析 button2 的 Click 事件代码，开始 province1 为“辽宁”，执行代码“string province2=province1”后，province2 应为“辽宁”，下一行代码为“province1="湖北";”，由于 string 为引用类型，此时 province2 也应为“湖北”，然而第一次单击“修改表格”按钮，“省份”列显示的结果却是“辽宁”，说明 string 引用类型比较特殊，与值类型运算一样，这是一个极其特殊的情况。当第二次执行程序时，province1 被修改为“湖北”，因此省份为“湖北”。

注意：尽管 string 是引用类型，但如果用到了相等运算符(==和!=)，表示比较 string 对象(而不是引用)的值。

3.1.2　变量的“可冲刷性”

变量的值随时“可冲刷”，利用这个特性可使代码变得简单。在下面的代码中，实现两个 double 类型加法运算并保留小数点后 3 位，代码中声明的变量 d 可以省略，将第 2、3 行代码分别改为“c=Math.Round(c);”和“return c;”可以减小内存开销，并使代码简练。

```
public double Add(double a, double b)
{
  double c=a+b;
  double d=Math.Round(c);    //更换变量 d
  return d;
```

```
}
```

代码的“可冲刷性”还体现在累加计算中，即使用“+=”之类的运算符，如变量求和运算、字符串连接运算、文本输出等。

【例 Chapter03_3】：创建一个 Windows 窗体程序，计算 $1^3+2^3+3^3+\cdots+100^3$，并将结果显示在 TextBox 控件中，要求显示每次累加结果，且每 10 个元素为一行进行输出。

创建一个 Windows 窗体程序，命名为“WindowsFormsAccAdd”，窗体 Form1 的 Text 属性修改为“累加”。拖入 toolStrip1，增加 Button 类型按钮，其 Text 属性命名为“计算”，DisplayStyle 属性修改为“Text”。添加 textBox1，将其 Multiline 属性修改为“True”，Dock 属性修改为“Fill”。双击“计算”工具条项进入 Click 事件响应函数，添加以下代码，实现计算与展示。

```
private void toolStripButton1_Click(object sender, EventArgs e)
{
  double sum=0;
  for (int i=1; i <= 100; i++)
  {
    sum += Math.Pow(i, 3);
    textBox1.Text += sum.ToString()+" ";
    if (i % 10==0)
    {
      textBox1.Text += "\r\n";
    }
  }
}
```

代码计算 $1^3+2^3+3^3+\cdots+100^3$ 和文本输出均用到了“+=”运算符，前者实现了累加计算，后者实现了累加输出。实例中对 i 进行了余 10 运算，目的是每输出 10 个元素后，进行回车和换行，程序运行结果如图 3.4 所示。

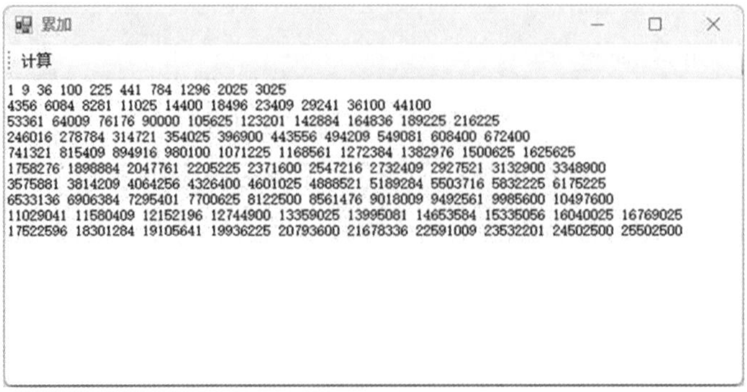

图 3.4　累加计算与显示

3.1.3 变量类型转换

变量类型转换分为隐式转换和显式转换，建议在编程时采用显式转换，因为隐式转换存在运行陷阱。在以下的代码片段中，本欲求 a/b 的 double 类型数值，由于 a、b 均为 int 类型，无论用 int 类型 f 还是 double 类型 g 去接收 a/b 的值，结果均是 3(a/b 整数部分，小数部分截断)，这与预期值 3.3333333333333 不一样。当 int 类型 a、b 换成 double 类型 c、d 时，用 double 类型 i 接收，可以达到预期计算目的，而用整型 h 接收，程序会报错。

```
int a=10;
int b=3;
double c=10.0;
double d=3.0;
int f=a/b;   //结果为3,求取的是a/b整数部分
double g=a/b;   //结果为3,求取的是a/b整数部分
int h=c/d;//报错:CS0266 无法将类型"double"隐式转换为"int"。
double i=c/d;   //3.3333333333333,double类型
double j=a/d;   //3.3333333333333,double类型
```

注意：有些隐式转换不会报错，但与预期值可能不符，因此建议使用显式转换。在测绘程序设计中，有时会出现上述演示代码的情况，因此要格外注意。

测绘程序设计中，int、double 和 string 数据转换是很常见的，int、double 转换为 string 类型通常调用 ToString()方法，string 转换为 int 或 double 有两种方法，第一种是用变量类型的 Parse()方法，第二种是用 Convert 类型的 Convert.To()方法(此处 To 表示选择的一种具体类型，C#中没有 Convert.To()方法)，示例代码片段如下：

```
string integer="123";
string mydouble="123.456789";
int m=int.Parse(integer);
double n=double.Parse(mydouble);
int mm=Convert.ToInt32(integer);
double nn=Convert.ToDouble(mydouble);
MessageBox.Show(m.ToString());   //123,整型
MessageBox.Show(n.ToString()); //123.456789,double类型
MessageBox.Show(mm.ToString());//123,32位整型
MessageBox.Show(nn.ToString("0.000")); //123.457,double类型
```

注意：代码"nn.ToString("0.000")"中 ToString("0.000")是 ToString()的一个重载方法，表示转换为 double 类型后四舍五入保留三位小数，这在测绘程序设计中常常使用。此外，int 和 double 类型之间的转换也可以用 Parse()和 Convert.To()方法。

装箱和拆箱也是一种数据类型转换，在测绘程序开发中，对 DataGridView 单元格赋值就是一种从值类型到引用类型的装箱操作，反之为拆箱操作。当进行拆箱操作时，需将单元格数据转换成具体类型，如"int.Parse(dataGridView1.Rows[0].Cells[0].Value.ToString());"

表示将第一行第一列表格数据转换为字符串型数据。

3.2 表达式与运算符

表达式和运算符在数值计算类测绘程序设计中经常用到，使用时要注意表达式的正确书写和运算符的优先级及结合方向，本节主要讲解表达式和运算符使用注意事项以及 lambda 表达式的使用方法。

3.2.1 表达式和运算符

数值运算离不开表达式和运算符。C#中包含了多种类型的运算符和表达式，可以灵活、方便地实现各种数据处理。表达式和运算符是程序设计中相对容易的知识点，常出现的错误是表达式的优先级和结合方向，编程时只要注意这两点，数值计算一般不会出错。

【例 Chapter03_4】：创建一个 Windows 窗体程序，计算 10 个观测量 $x_i=\{12.3,15.6,17.6,12.0,9.8,7.4,11.8,19.2,15.5,13.7\}$ 的中误差 m_x。计算方法是：首先计算这一组数据的平均值 $\bar{x}=\sum_{i=1}^{n}\frac{x_i}{n}$，其中 n 为观测量数目，然后按照公式 $m_x=\pm\sqrt{\frac{\sum_{i=1}^{n}(x_i-\bar{x})^2}{n-1}}$ 计算出 m_x。将计算结果显示在 TextBox 控件中，保留 1 位小数。

新建 Windows 窗体应用程序，命名为“WindowsFormsMeanSquareError”，窗体 Form1 的 Text 属性修改为“中误差计算”。拖入 toolStrip1，增加 Button 类型按钮，Text 属性命名为“计算中误差”，DisplayStyle 属性修改为“Text”。添加 textBox1，将其 Multiline 属性修改为“True”，Dock 属性修改为“Fill”。双击“计算中误差”工具条项进入 Click 事件响应函数，添加以下代码，实现中误差计算与显示。

```
private void toolStripButton1_Click(object sender, EventArgs e)
{
  double[] observation = { 12.3, 15.6, 17.6, 12.0, 9.8, 7.4, 11.8, 
19.2, 15.5, 13.7 };
  double avr = 0.0;
  double MSE = 0.0;
  //计算平均值
  for (int i = 0; i<observation.Length; i++)
  {
    avr += observation[i]/observation.Length;
  }
  //计算中误差
  for (int i = 0; i<observation.Length; i++)
  {
    MSE+=Math.Sqrt(Math.Pow(observation[i]-avr,2)/(observation.
```

```
Length-1));
    }
    textBox1.Text="本组数据观测中误差 MSE=±"+MSE.ToString("0.0");
}
```

在计算中误差时，第二个 for 循环中初学者容易写成“MSE += Math. Sqrt(Math. Pow(observation[i]-avr, 2)/observation. Length-1);”，这种写法忽略了分母的式子为整体特征，使中误差表达式变为 $m_x = \pm\sqrt{\frac{\sum_{i=1}^{n} bx_i - \bar{x})^2}{n} - 1}$，造成计算错误。为了避免表达式出错，加括号是一种有效的解决方法。程序计算结果如图 3.5 所示。

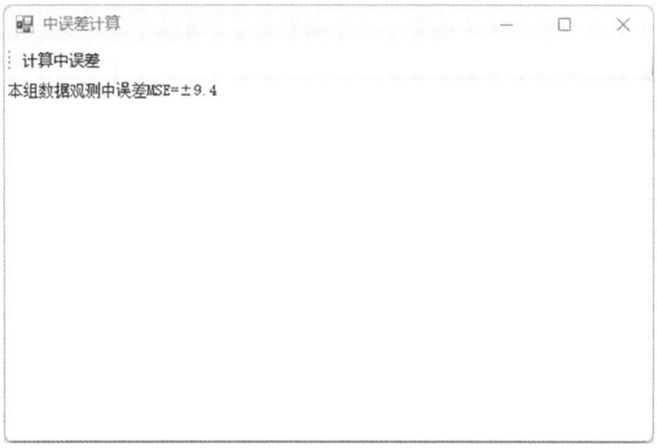

图 3.5　中误差计算与显示

3.2.2 Lambda 表达式

Lambda 表达式本质上不是表达式，而是匿名函数。使用 Lambda 声明运算符=>(读作 goesto)的表达式就是 Lambda 表达式。创建 Lambda 表达式，需要在 Lambda 运算符左侧指定输入参数(如果有)，然后在另一侧输入表达式或语句块，即形如()=>{} 这样的格式。

当 Lambda 表达式只有一个输入参数时，左侧括号才是可选的，否则括号是必需的。括号内的两个或更多输入参数使用逗号加以分隔，以下代码表示返回(x, y)中 x=y 的坐标对：

```
(x, y)=>x==y;
```

Lambda 表达式在测绘程序设计时可以大大简化代码编写量，提高编程效率，增强程序的可读性。

【例 Chapter03_5】：创建一个 Windows 窗体程序，将(200, 235)、(250, 195)、(426, 165)、(135, 334)、(340, 527)5 点构成的点集按照 X 升序排列。将排列后的点集信息写入 TextBox 控件中。

新建一个 Windows 窗体应用程序，命名为“WindowsFormsPointsXSort”，窗体 Form1 的 Text 属性修改为“点集 X 升序排列”。拖入 toolStrip1，增加 Button 类型按钮，Text 属性命名为“X 升序排列点集”，DisplayStyle 属性修改为“Text”。添加 textBox1，将其 Multiline 属性修改为“True”，Dock 属性修改为“Fill”。双击“点集 X 升序排列”工具条项进入 Click 事件响应函数，添加以下代码实现 X 坐标升序排列点集：

```
private void toolStripButton1_Click(object sender, EventArgs e)
{
  List<Point> points = new List<Point> { new Point(200, 235), new Point(250, 195),
    new Point(426, 165), new Point(135, 334), new Point(340, 527) };
  var pointsX = points.OrderBy(p => p.X).ToList();
  textBox1.Text += "***按照 X 坐标升序排列后第点***"+"\r\n";
  for (int i = 0; i<pointsX.Count; i++)
  {
    textBox1.Text += "第"+(i+1).ToString()+"点 X 坐标="+pointsX[i].X.ToString() +"\t"+
      " Y 坐标="+pointsX[i].Y.ToString()+"\r\n";
  }
}
```

运行程序，单击“X 升序排列点集”工具条，结果如图 3.6 所示。与遍历点集 X 坐标的方法相比，利用 Lambda 表达式能够节省大量代码，提高编程效率。

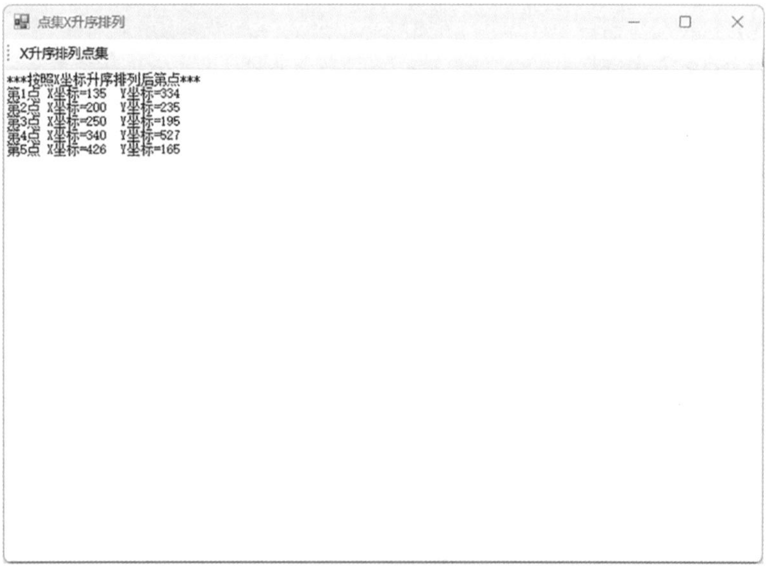

图 3.6　点集 X 坐标升序排列结果

3.3 字符和字符串

字符和字符串是测绘程序设计中数据读写的基础，在编程中使用较多。字符串学习内容较多，本节着重讲解与测绘程序开发相关的内容，包括转义字符、字符串拼接和字符串分割。

3.3.1 转义字符

转义字符是一种特殊的字符变量，其以反斜线“\”开头，后跟一个或多个字符。转义字符具有特定的含义，不同于字符原有的意义，故称“转义”。例如，定义一个字符，这个字符是单引号，如果不使用转义字符，则会产生错误。转义符“\”(单个反斜杠)只针对后面紧跟着的单个字符，测绘程序设计常用的转义字符如表 3.1 所示。

表 3.1 转义字符

转义符	说明
\n	按 Enter 键换行
\t	横向跳到下一制表位置
\"	双引号
\b	退格
\r	回车
\f	换页
\\	反斜线符
\'	单引号符

3.3.2 字符串拼接

字符串拼接是测绘程序设计常见任务，最简单的方法是使用“+”运算符进行多个字符串拼接，如果是不断给字符串进行累加式拼接，可以使用“+=”运算符。当字符串和数值需要一起拼接时，需要将数值变量进行类型转换，如采用数值变量的 ToString()方法。

3.3.3 字符串分割

字符串分割是测绘程序设计中 txt 文本读取的基础，通常使用 Split()方法进行字符串分割。该方法的第一个重载方法原型为：public string[] Split(params char[] separator)，它是利用分隔符(参数，字符数组)对字符串数组进行分割，得到的结果是字符串数组；第二个重载方法是 public string[] Split(char[] separator, int count)，与第一个方法不同的是，它利用第二个参数控制分割次数。为了消除空格对分割结果的影响，有时会在分割处理之前调用 Trim( )方法，删除字符串开头和结尾的空格或指定字符。无参方法 Trim( )的作用是删除字符串开头和结尾空格，而有参方法 Trim(params char[ ] trimChars)是删除字符串开头和结尾指定字符，参数即为指定字符。对于 string 对象 str，典型的字符串分割(逗号分割符)调用格式为“str. Trim( ). Split(',');”，返回分割后的字符串数组。

【例 Chapter03_6】：平面测量点的结构是(测点 1，点 1X 坐标，点 1Y 坐标；测点 2，点 2X 坐标，点 2Y 坐标；…)，创建一个 Windows 窗体程序，将测点点集(1，200，235；2，250，195；3，426，165；4，135，334；5，340，527)写入 TextBox 控件中，要求输出有文字提示，点号、X 坐标、Y 坐标严格对齐，每行显示一点。

创建一个 Windows 窗体应用程序，命名为“WindowsFormsStringSplitting”，窗体 Form1 的 Text 属性修改为“字符串分割”。拖入 button1，Text 属性命名为“分割”，添加 textBox1，调整合适大小后，将其 Multiline 属性修改为“True”。

分析【例 Chapter03_6】发现，各点之间以分号(;)进行分割，每点的点号、X 坐标、Y 坐标之间以逗号(,)分割，因此字符串分割时，应先将字符串“1，200，235；2，250，195；3，426，165；4，135，334；5，340，527”分割出各点，然后再分割出点号、X 坐标、Y 坐标。双击“分割”按钮进入 button1 的 Click 事件响应函数，进行字符分割编程，代码如下：

```
private void button1_Click(object sender, EventArgs e)
{
  string strs ="1,200,235; 2,250,195; 3,426,165; 4,135,334; 5,340,
527";
  //第一次分割,以分号为分隔符,分出 5 个点
  string[] points5 =strs.Trim().Split(';');
  textBox1.Text += " *****平面测点分割结果 *****"+"\r\n"; //\r\n 为转
义字符,表示回车换行
  textBox1.Text += "   "+"点号" +"      "+ "X 坐标"+"      "+"Y 坐标"+"\r
\n";//字符串拼接
  //第二次分割在遍历 points5 时进行,分割出点号、X 坐标、Y 坐标
  foreach (string str in points5)
  {
    //第二次分割以逗号为分隔符,结果保留到 point 中
    string[] point =str.Trim().Split(',');
    //声明 stringLine,用于输出每一行数据(每行一个点)
    string stringLine ="";
    //对 point 进行遍历,控制格式进行输出
    for (int i =0; i<point.Length; i++)
    {
      string [] stringTemp =point[i].Trim().Split(',');
      for (int j =0; j<stringTemp.Length; j++)
```

```
            {
                stringLine += "    "+stringTemp[j]+"\t";//每个元素中间一个Tab 制表位
            }
        }
        stringLine += "\r\n";//每行末尾回车换行
        textBox1.Text += stringLine;
    }
}
```

运行程序，单击“分割”按钮，结果如图 3.7 所示。【例 Chapter03_6】对字符串进行了 2 次分割，在三个循环中实现了数据输出，融合了转义字符、字符串拼接和字符串分割知识。关于字符串的操作还有插入、删除、复制、比较等，此处不再介绍，C#还支持更强大的 StringBuilder 类，有兴趣的读者可以参阅其他书籍。

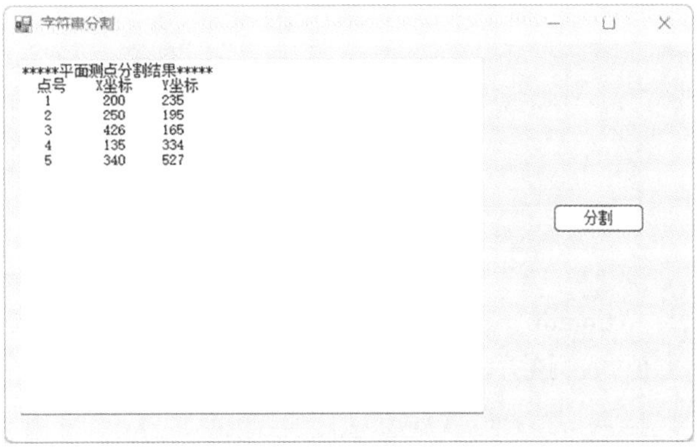

图 3.7　字符串分割

3.4　流程控制语句

C#流程控制语句包括条件语句(if 语句、switch 语句)、循环语句(for 循环、while 循环)和跳转语句(continue 语句、goto 语句和 return 语句)。C#程序的执行都是一行接一行、自上而下地进行，不遗漏任何代码。程序能按照开发者所设计的流程执行，必然需要进行条件判断、循环和跳转等操作，这就是流程控制。本节阐述测绘程序设计中容易忽略及出错的问题。

3.4.1　if 语句中 return

return 一般用于返回值，如果方法中有 if 语句，就要求 if 语句的任一分支均有返回值，否则程序会报错。对于值类型，返回该类型数值，对于引用类型，返回该类型或 null。

【例 Chapter03_7】：在测量工作中，经常进行坐标方位角计算。已知 A 点坐标(x_A = 5421.623，y_A = 9653.257)，B 点坐标(x_B = 5496.375，y_B = 9865.321)，试计算 AB 边方位角 α_{AB}。

创建一个 Windows 窗体应用程序，命名为“WindowsFormsAzimuthAngle”，窗体 Form1 的 Text 属性修改为“方位角计算”。拖入 button1，Text 属性命名为“计算方位角”，添加 textBox1，调整合适大小后，将其 Multiline 属性修改为“True”。

由于 A、B 点均为 double 类型，C # 中没有此种点类型，因此在名字空间“WindowsFormsAzimuthAngle”中声明一个 Point3D 类，代码如下：

```
public class Point3D
{
  public double X;
  public double Y;
  public double Z;
  public Point3D(double x, double y, double z)
  {
    X=x;
    Y=y;
    Z=z;
  }
}
```

然后编写一个 Calc_AzimuthAngle( )方法，用于计算两点坐标方位角，参数是 A、B 两点，返回值是弧度制方位角，该方法实现代码如下：

```
public double Calc_AzimuthAngle(Point3D pa, Point3D pb)
{
  double deltaY=pb.Y-pa.Y;
  double deltaX=pb.X-pa.X;
  double alphaAB=361;
  if (deltaX == 0)//y 轴或与 y 轴平行
  {
    if (deltaY>0)
    {
      alphaAB=Math.PI/2;
      return alphaAB;
    }
    if (deltaY<0)
    {
      alphaAB=3 * Math.PI/2;
      return alphaAB;
```

```
        }
    }
    if (deltaY == 0)//x 轴或与 x 轴平行
    {
        if (deltaX>0)
        {
            alphaAB=0;
            return alphaAB;
        }
        if (deltaX<0)
        {
            alphaAB=Math.PI;
            return alphaAB;
        }
    }
    if (deltaX<0 && deltaY != 0)//deltaX<0
    {
        alphaAB=Math.Atan(deltaY/deltaX);
        alphaAB=alphaAB+Math.PI;
        return alphaAB;
    }
    if (deltaX>0) //deltaX>0
    {
        if (deltaY>0)
        {
            alphaAB=Math.Atan(deltaY/deltaX);
            return alphaAB;
        }
        if (deltaY<0)
        {
            alphaAB=Math.Atan(deltaY/deltaX);
            alphaAB=alphaAB+2*Math.PI;
            return alphaAB;
        }
    }
    return alphaAB;//去掉此行代码报错:并非所有的代码路径都返回值
}
```

最后，双击“计算方位角”按钮进入 Click 事件响应函数，添加以下代码实现方位角

计算:

```
private void button1_Click(object sender, EventArgs e)
{
  Point3D pA=new Point3D(5421.623, 9653.257,0);
  Point3D pB=new Point3D(5496.375, 9865.321, 0);
  double AzimuthAngle=Calc_AzimuthAngle(pA, pB);
  textBox1.Text += " *****两点方位角值 *****"+"\r\n";
  textBox1.Text += "A、B 方位角为:"+AzimuthAngle.ToString
("0.000000");
}
```

运行程序，结果如图3.8所示。在Calc_AzimuthAngle()方法中，如果if某一分支没有return语句，就会报出“并非所有的代码路径都返回值”错误，解决方法是添加return语句。上面方法中最后一行添加了“return alphaAB”语句，意味着如果不进入任何一个if分支，将返回alphaAB的初始值361，此时方位角计算失败。

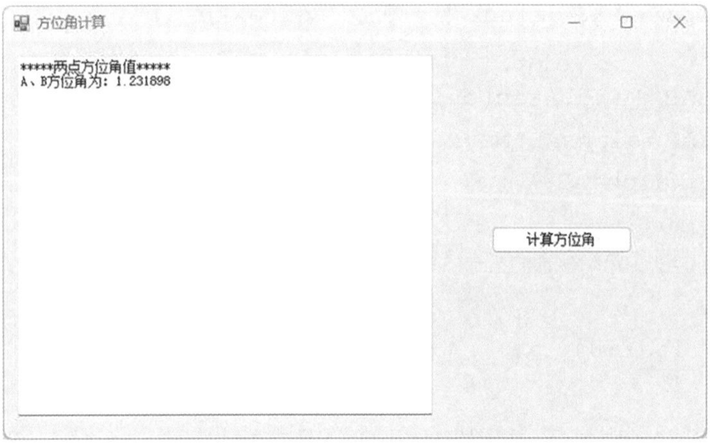

图3.8　方位角计算

3.4.2　循环控制

掌握循环结构控制方法，对于双重循环，要明确哪些计算应在内层处理，哪些在外层处理。要特别注意for和foreach循环的区别，for可以代替foreach，但foreach不能代替for。for可以精确控制迭代器变量，与遍历变量i相关的操作均应使用for，而foreach没有遍历变量i，因而无法精确控制，但它比for简单。另外，for可以对迭代器进行写入，而foreach只能进行读取，这也是二者最大区别之一。

【例Chapter03_8】：在测量平差时，需要计算权重矩阵。已知权重矩阵A由向量(12.4，25.1，13.6，52.9，41.0，34.5，32.5，24.8)^{T}构成，权重矩阵W的计算方法是：由A和A的转置矩阵A^T所有元素相乘，然后除以矩阵A的元素个数平方，且权重矩阵主对角线元素为 0，据此求取权重矩阵 W，结果保留 3 位小数，并在 TextBox 控件中显示。

创建一个 Windows 窗体应用程序，命名为“WindowsFormsWeightMatrix”，窗体 Form1 的 Text 属性修改为“权重矩阵”。拖入 button1，Text 属性命名为“权重矩阵计算”，添加 textBox1，调整合适大小后，将其 Multiline 属性修改为“True”。双击“权重矩阵计算”按钮进入 Click 事件响应函数，添加以下代码实现权重矩阵计算。

```
private void button1_Click(object sender, EventArgs e)
{
  List<double> A =new List<double> { 12.4, 25.1, 13.6, 52.9, 41.0, 34.5, 32.5, 24.8 };
  List<double> AT=new List<double> { 12.4, 25.1, 13.6, 52.9, 41.0, 34.5, 32.5, 24.8 };
  double[,] matrix=new double[A.Count, A.Count];
  //权重矩阵计算
  for (int i=0; i<A.Count; i++)
  {
    for (int j=0; j<A.Count; j++)
    {
      if (i == j)
      {
        matrix[i, j]=0;//主对角线 i=j,赋值为 0
      }
      else
      {
        matrix[i, j]=A[i] * AT[j]/(Math.Pow(A.Count,2));
      }
    }
  }
  //显示权重矩阵
  textBox1.Clear();
  textBox1.Text += "***************************空间权重矩阵**************************"+"\r\n";
  if (matrix != null)
  {
    for (int i=0; i<matrix.GetLength(0); i++)
    {
      for (int j=0; j<matrix.GetLength(1); j++)
      {
```

```
                textBox1.Text += matrix[i, j].ToString("0.000")+"\t";
            }
            textBox1.Text += "\r\n";
        }
    }
}
```

运行程序，结果如图 3.9 所示。在第一个双重循环中，对权重矩阵进行了赋值，将对角线元素值赋为 0，在第二个双循环中，对权重矩阵进行了读取，其中对输出格式做了控制。测绘程序对循环中变量控制要求较高，这一点一定要熟练掌握。

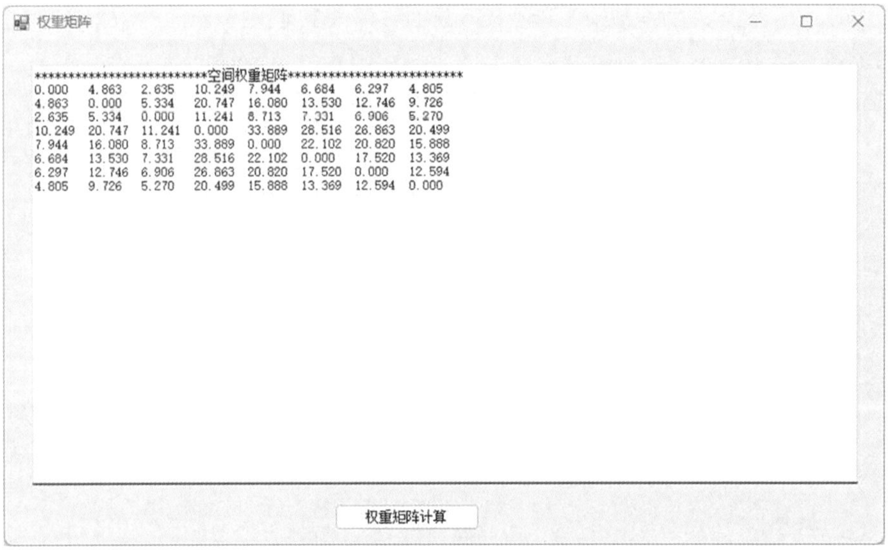

图 3.9　权重矩阵计算

3.5　数组和 List

数组和集合是测绘程序设计的核心，利用数组和集合，可以进行测绘程序数据读写和处理，测绘程序设计离不开数组和集合，结合 C#表达式和流程控制语句，几乎可以解决所有测绘程序开发问题。本节在回顾数组知识的基础上，重点介绍 List 的使用方法。

3.5.1　数组

数组是一组类型相同变量的集合，常用数组是一维数组和二维数组。学习数组，一定要学会数组的遍历、赋值以及程序调试，使运算结果达到预期目标。需要注意的是，C#二维数组可以是非对齐方式，这一点比较特殊。在图 3.10(a)中，声明一个 2 行 4 列整型数组 a，第一维长度为 2，第二维长度均为 4；然而在(b)图中，第一维长度仍为 2，第二维度一个长度为 2，一个为 3，C#二维数组不对齐设计方式使之具有更强的兼容性。

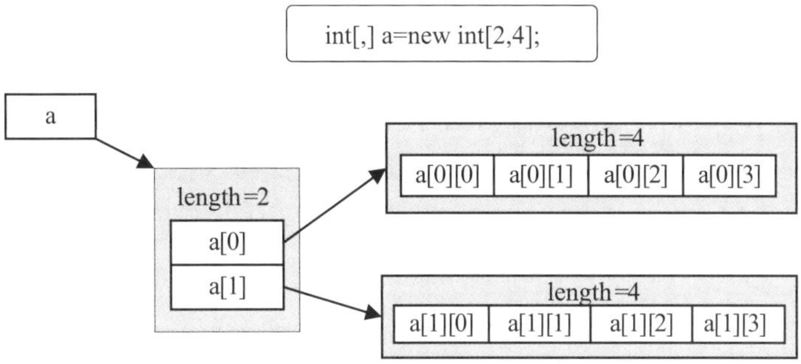

(a)对齐方式

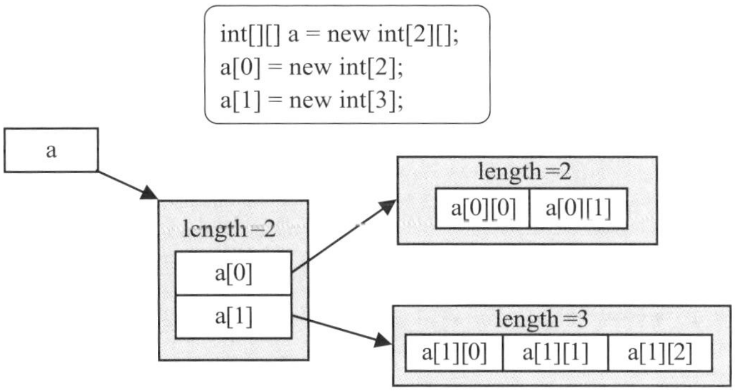

(b)非对齐方式

图 3.10 二维数组对齐方式和非对齐方式

【例 Chapter03_9】：图 3.11 是 txt 格式附合导线测量数据，编写一个 Windows 程序，声明一个二维数组保存该数据，并通过遍历该数组将结果显示在 TextBox 控件上。要求写入 TextBox 的数据与原始 txt 文本数据顺序一致，数据之间用空格进行分割。

图 3.11 附合导线测量数据

创建 Windows 窗体应用程序，命名为“WindowsForms2DArray”，窗体 Form1 的 Text 属性修改为“二维数组”。拖入 button1，Text 属性命名为“写入数组”，添加 textBox1，调整合适大小后，将其 Multiline 属性修改为“True”。

图 3.11 有 9 行数据，因此可声明此字符串矩阵第一维为 9，又因第二维度各不相同，因此不声明具体维数。该二维数组写入 textBox1 时，外层循环和内层循环分别用 GetLength(0)和 traverse[i]. Length 作为循环终止值。双击“写入数组”按钮进入 Click 事件响应函数，添加以下代码实现数组保存和 textBox1 控件写入：

```
private void button1_Click(object sender, EventArgs e)
{
    //数据保存到二维字符串数组中
    string[][] traverse=new string[9][];
    traverse[0] =new string[]{ "1","2","2"};
    traverse[1]=new string[] { "A410", "3418028.6802", "481650.
0714" };
    traverse[2]=new string[] { "B095", "3418841.163", "482131.
808" };
    traverse[3]=new string[] { "D2306", "3416096.7317", "480652.
2823" };
    traverse[4]=new string[] { "A424-1", "3415377.6572", "480623.
4802" };
    traverse[5]=new string[] { "B095" };
    traverse[6]=new string[] { "A410", "L", "0" };
    traverse[7]=new string[] { "AI329305", "L", "120.5648125" };
    traverse[8]=new string[] { "AI329305" };
    textBox1.Text += " *********附合导线数据********* "+"\r\n";
    //遍历数组,将数组内字符串写入 textBox1 控件,
    //第一维度数用 GetLength(0)获取长度
    for (int i=0; i<traverse.GetLength(0); i++)
    {
      //非对齐数组不能用 GetLength(1)获取长度,否则可能索引超限
      for (int j=0; j<traverse[i].Length; j++)
      {
        textBox1.Text += traverse[i][j]+" ";
      }
      textBox1.Text += "\r\n";
    }
}
```

特别注意：GetLength(1)仅适用于二维对齐数组，对于非对齐数组不能用 GetLength(1)获取长度，否则可能引起索引超限错误，程序运行结果如图 3.12 所示。【例 Chapter03_9】提供了一种二维数组解决方案：降维到一维数组进行赋值或访问。

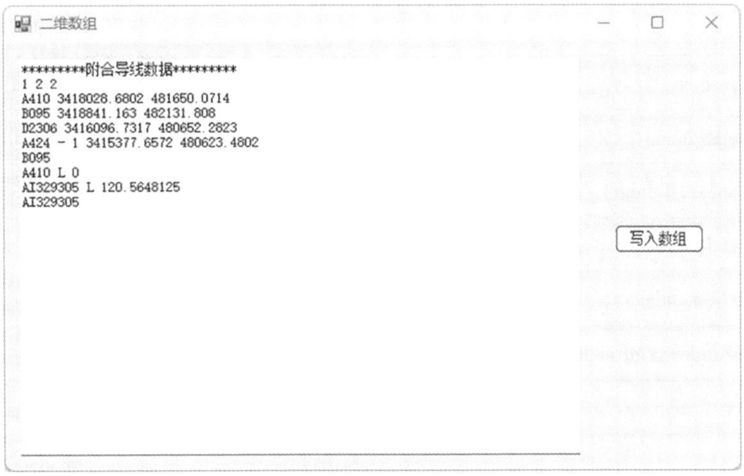

图 3.12　附合导线数据读写

3.5.2　List

集合(Collection)类是专门用于数据存储和检索的类，这些类提供了对栈(Stack)、队列(Queue)、列表(List)和哈希表(Hash table)的支持。大多数集合类实现了相同的接口，它可服务于不同应用目的，如为元素动态分配内存，基于索引访问列表项等。

C#中的 List 是一种动态数组(Dynamic Array)数据结构，它可以自动扩展大小，应用非常灵活。静态数组具有固定的长度，不支持动态增加或减少元素，而 List 可以根据需要添加或删除元素，有利于动态操作数据。

List 集合代表一个元素有序、可重复的集合，集合中每个元素都有其对应的顺序索引。List 集合允许加入重复元素，因为它可以通过索引来访问指定位置的集合元素。List 集合默认按元素的添加顺序设置元素的索引。List 的长度可以根据需要动态增加或缩小，并且可以通过索引来访问 List 的内部元素，还可以对 List 进行排序和搜索等操作。List 中的元素可以是任何类型，包括基本数据类型和自定义类型等。

在 C#中，List 语法是“List<T> intList = new List<T>();”，T 为任何类型，包括 C#自带类型和用户自定义类型。由于 List 支持增、插、删、改、排序等操作，因此测绘程序开发中 List 可以完全代替一维数组。

List 有两个重要属性，Count 和 Capacity，Count 用于获取实际包含的元素数，Capacity 用于获取或设置该内部数据结构在不调整大小的情况下能够容纳的元素总数，总有 Count ≤Capacity。

List 中有许多实用方法进行列表操作，表 3.2 列举了测绘程序设计中常用的方法、功能描述和示例，这些方法对编程十分重要，需要熟练掌握。List 还提供 Find()等高级编程方法，需要配合委托给 Lambda 表达式或函数使用，这里不再展开阐述。

表 3.2　**List 提供的方法**

方法原型	功能描述	简单示例
Add(T item)	添加元素	myList. Add("apple");
AddRange(item)	添加集合元素	myList. AddRange(arr);
Insert(int index, T item)	按索引添加元素	myList. insert(3,"dog");
Remove(T item)	删除一个元素	myList. Remove("apple");
RemoveAt(int index)	删除索引为 index 的元素	myList. RemoveAt(0);
RemoveRange(int index, int count)	从 index 开始，删除 count 个元素	myList. RemoveRange(0, 3);
Contains(T item)	判断某个元素是否在 List 中	myList. Contains("e");
Sort()	元素升序排列	myList. Sort();
Reverse()	对 List 中的元素顺序进行反转	myList. Reverse();
Clear()	清空 List 中的元素	myList. Clear();
Count()	统计 List 中的元素的个数	myList. Count();

【例 Chapter03_10】：一组测点数据格式为“点号，X 坐标，Y 坐标，H 高程”，如图 3.13 所示。自定义一个测点类，实现这组点空间包围盒体积计算。要求输出 X、Y、H 最小、最大值并计算包围盒体积，结果保留 3 位小数，将计算结果显示在 TextBox 控件上。(说明：空间包围盒是这组点中 X 最小最大值、Y 最小最大值和 H 最小最大值构成的长方体空间。)

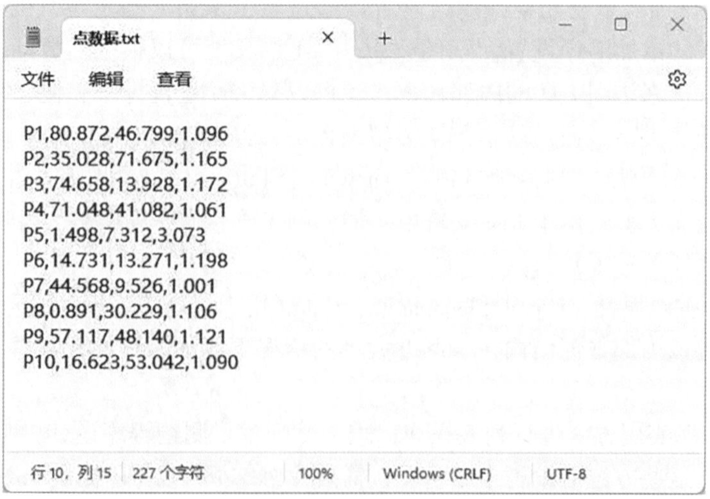

图 3.13　测点数据格式

创建 Windows 窗体应用程序，命名为“WindowsFormsList”，窗体 Form1 的 Text 属性修改为“列表”。拖入 button1，Text 属性命名为“包围盒计算”，添加 textBox1，调整合适大小后，将其 Multiline 属性修改为“True”，ScrollBars 属性修改为“Vertical”。

先在名字空间“WindowsFormsList”内自定义测点类 SurveyPoint，自定义构造函数，完成测点数据格式设计，代码如下：

```
public class SurveyPoint
{
  public SurveyPoint(string code, double x, double y, double h)
  {
    Code=code;
    X=x;
    Y=y;
    H=h;
  }
  public string Code;
  public double X;
  public double Y;
  public double H;
}
```

然后双击“包围盒计算”按钮进入 Click 事件响应函数，添加以下代码实现包围盒四至坐标和体积计算，结果如图 3.14 所示。

图 3.14 包围盒体积计算

```
private void button1_Click(object sender, EventArgs e)
{
  List<SurveyPoint> points=new List<SurveyPoint>();
```

```
SurveyPoint p1=new SurveyPoint("P1", 80.872, 46.799, 1.096);
points.Add(p1);
SurveyPoint p2=new SurveyPoint("P2", 35.028, 71.675, 1.165);
points.Add(p2);
SurveyPoint p3=new SurveyPoint("P3", 74.658, 13.928, 1.172);
points.Add(p3);
SurveyPoint p4=new SurveyPoint("P4", 71.048, 41.082, 1.061);
points.Add(p4);
SurveyPoint p5=new SurveyPoint("P5", 1.498, 7.312, 3.073);
points.Add(p5);
SurveyPoint p6=new SurveyPoint("P6", 14.731, 13.271, 1.198);
points.Add(p6);
SurveyPoint p7=new SurveyPoint("P7", 44.568, 9.526, 1.001);
points.Add(p7);
SurveyPoint p8=new SurveyPoint("P8", 0.891, 30.229, 1.106);
points.Add(p8);
SurveyPoint p9=new SurveyPoint("P9", 57.117, 48.140, 1.121);
points.Add(p9);
SurveyPoint p10=new SurveyPoint("P10", 16.623, 53.042, 1.090);
points.Add(p10);
List<SurveyPoint> pointsXSort=new List<SurveyPoint>();
pointsXSort=points.OrderBy(p => p.X).ToList();
List<SurveyPoint> pointsYSort=new List<SurveyPoint>();
pointsYSort=points.OrderBy(p => p.Y).ToList();
List<SurveyPoint> pointsHSort=new List<SurveyPoint>();
pointsHSort=points.OrderBy(p => p.H).ToList();
//求取pointsXSort、pointsYSort、pointsHSort第一个和最后一个元素X、Y、H
//实现X最小最大值、Y最小最大值和H最小最大值寻找
double MinX=pointsXSort[0].X;
double MaxX=pointsXSort[pointsXSort.Count-1].X;
double MinY=pointsYSort[0].Y;
double MaxY=pointsYSort[pointsYSort.Count-1].Y;
double MinH=pointsHSort[0].H;
double MaxH=pointsHSort[pointsHSort.Count-1].H;
textBox1.Text += "*********包围盒四至坐标*********"+"\r\n";
textBox1.Text += "Xmin="+MinX.ToString("0.000")+"\t"+"Xmax="
+MaxX.ToString("0.000")+"\r\n";
```

```
    textBox1.Text += "Ymin="+MinY.ToString("0.000")+"\t"+"Ymax="
+MaxY.ToString("0.000")+"\r\n";
    textBox1.Text += "Hmin="+MinH.ToString("0.000")+"\t"+"Hmax="
+MaxH.ToString("0.000")+"\r\n";
    //计算包围盒体积
    double length=MaxX-MinX;
    double width=MaxY-MinY;
    double height=MaxH-MinH;
    double volume=length*width*height;
    textBox1.Text += "***********包围盒体积***********"+"\r\n";
    textBox1.Text += "包围盒体积V="+volume.ToString("0.000")+"立方
米"+"\r\n";
  }
```

3.6 文本文件读写

在测绘程序设计中，文本文件的读写操作是常规任务，可以使用 System. IO 命名空间下的类，比如 StreamReader 和 StreamWriter 实现文件读写，本节通过实例讲解测绘文本数据读写。

3.6.1 File 类和 FileInfo 类

File 类支持对文件的基本操作，包括用于创建、复制、删除、移动和打开文件的静态方法，并可协助创建 FileStream 对象。由于所有的 File 类的方法都是静态的，所以如果只需执行一个操作，使用 File 的效率比使用 FileInfo 高。File 类的主要方法如表 3.3 所示。

表 3.3　**File 类的主要方法**

方　法	说　明
Create()	在指定路径中创建文件
Copy()	将现有文件复制到新文件中
Exists()	确定指定的文件是否存在
GetCreationTime()	返回指定文件或目录的创建日期和时间
GetLastAccessTime()	返回上次访问指定文件或目录的日期和时间
GetLastWriteTime()	返回上次写入指定文件或目录的日期和时间
Move()	将指定文件移到新位置，并提供指定新文件名的选项
Open()	打开指定路径上的 FileStream
OpenRead()	打开现有文件以进行读取

续表

方　法	说　明
OpenText( )	打开现有 UTF-8 编码文本文件以进行读取
OpenWrite( )	打开现有文件以进行写入

FileInfo 类和 File 类之间许多方法调用都是相同的，但是 FileInfo 类没有静态方法，仅用于实例化对象。File 类是静态类，要在对象上进行单一方法调用，可以使用 File 类，反之则使用 FileInfo 类。

3.6.2 Directory 类和 DirectoryInfo 类

Directory 类用于文件夹的操作，如复制、移动、重命名、创建和删除等，另外，也可用于获取和设置与目录的创建、访问及写入操作相关的 DateTime 信息。Directory 类主要方法如表 3.4 所示。DirectoryInfo 类和 Directory 类之间的关系与 FileInfo 类和 File 类之间的关系十分类似。

表 3.4　**Directory 类主要方法**

方　法	说　明
CreateDirectory( )	创建指定路径中的目录
Delete( )	删除指定的目录
Exists( )	确定给定路径是否引用磁盘上的现有目录
GetCreationTime( )	获取目录的创建日期和时间
GetCurrentDirectory( )	获取应用程序的当前工作目录
GetDirectories( )	获取指定目录中子目录的名称
GetFiles( )	返回指定目录中的文件的名称
GetLogicalDrives( )	检索此计算机上格式为"<驱动器号>：\ "的逻辑驱动器的名称
GetParent( )	检索指定路径的父目录，包括绝对路径和相对路径
Move( )	将文件或目录及其内容移到新位置
SetCreationTime( )	为指定的文件或目录设置创建日期和时间

3.6.3 文件流

C#中，文件流类用 FileStream 类表示，该类公开以文件为主的 Stream，它表示在磁盘或网络路径上指向文件的流。一个 FileStream 类的实例实际上代表一个磁盘文件，它通过 Seek 方法对文件进行随机访问，也同时包含了流的标准输入、标准输出和标准错误等。FileStream 默认对文件的打开方式是同步的，但它同样可很好地支持异步操作。

StreamReader 类是专门用来读取文本文件的类，StreamReader 可以从底层 Stream 对象创建 StreamReader 对象的实例，而且能指定编码规范参数。StreamReader 对象提供了许多用于读取和浏览字符数据的方法，它可以与其他文本读写类(如 StreamWriter)配合使用，实现对文件的读写操作。StreamReader 类的属性如表 3.5 所示，主要方法如表 3.6 所示。

表 3.5 **StreamReader 类属性**

属　性	说　明
BaseStream	返回基础流
CurrentEncoding	获取当前 StreamReader 对象正在使用的当前字符编码
EndOfStream	获取一个值，该值指示当前的流位置是否在流结尾

表 3.6 **StreamReader 类主要方法**

方　法	说　明
Read()	从流中读取一个字符，并将其作为整数值返回，如果到达了流末尾，返回-1
ReadLine()	从流中读取一行字符，并作为字符串返回，如果到达了流末尾，则返回 null
ReadToEnd()	从流的当前位置读取到末尾，并将所有字符作为字符串返回
Peek()	返回流中下一个可用的字符，但不将其移动到输入流中
Close()	关闭 StreamReader 对象，并释放关联的资源

StreamReader 类重载了多个构造函数，这些构造函数需要熟练掌握，表 3.7 列举了 StreamReader 类的多个构造函数。在众多构造函数中，使用较多的是"StreamReader(String，Encoding)"这一个重载函数。

表 3.7 **Directory 类主要方法**

方　法	说　明
StreamReader(Stream)	为指定的流初始化 StreamReader 类的新实例
StreamReader(Stream，Boolean)	用指定的字节顺序标记检测选项，为指定的流，初始化 StreamReader 类的一个新实例
StreamReader(Stream，Encoding)	用指定的字符编码为指定的流，初始化 StreamReader 类的一个新实例
StreamReader(Stream，Encoding，Boolean)	为指定的流，初始化 StreamReader 类的新实例，带有指定的字符编码和字节顺序标记检测选项
StreamReader(Stream，Encoding，Boolean，Int32)	为指定的流，初始化 StreamReader 类的新实例，带有指定的字符编码、字节顺序标记检测选项和缓冲区大小
StreamReader(String)	为指定的文件名，初始化 StreamReader 类的新实例

续表

方　法	说　明
StreamReader (String, Boolean)	为指定的文件名，初始化 StreamReader 类的新实例，带有指定的字节顺序标记检测选项
StreamReader (String, Encoding)	用指定的字符编码，为指定的文件名，初始化 StreamReader 类的一个新实例
StreamReader (String, Encoding, Boolean)	为指定的文件名，初始化 StreamReader 类的新实例，带有指定的字符编码和字节顺序标记检测选项
StreamReader (String, Encoding, Boolean, Int32)	为指定的文件名，初始化 StreamReader 类的新实例，带有指定字符编码、字节顺序标记检测选项和缓冲区大小

StreamWriter 类是专门用来处理文本文件的类，可以方便地向文本文件中写入字符串，同时也负责重要的转换和处理，以及向 FileStream 对象写入等。StreamWriter 的主要属性是 Encoding，用于获取被写入类型的字符编码，主要方法是 Write( ) 和 WriteLine( )，前者用于写入，后者用于按行写入，二者均有十几个重载形式，限于篇幅，此处不再赘述。

【例 Chapter03_11】：一组测点数据格式为"点号，X 坐标，Y 坐标，H 高程"，将图 3.15 所示的 txt 文本测点数据(1000 个点)读取到 DataGridView 控件之中，然后将 DataGridView 表格数据读取到自定义 List，并对 List 中的点的 H 值进行高度标注，如果某点的 H 值大于或等于这组测点高度的平均值，标注为"High"，否则标注为"Low"，最后将修改标注的 List 写入 result. txt 文本文件。

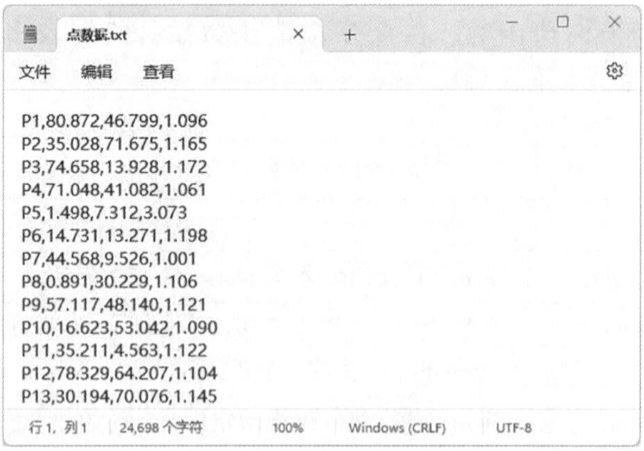

图 3.15　测点数据

首先进行程序界面设计，创建一个 Windows 窗体应用程序，命名为"WindowsFormsReadAndWrite"，窗体 Form1 的 Text 属性修改为"文件读写"。拖入 button1，Text 属性命名为"文本读取到表格"，拖入 button2，Text 属性命名为"表格写入文本"，添加 dataGridView1 并调整合适大小。

在名字空间“WindowsFormsReadAndWrite”中自定义测点类 SurveyPoint，自定义构造函数，代码如下：

```
public class SurveyPoint
{
  public SurveyPoint (string code, double x, double y, double h, string label)
  {
    Code=code;
    X=x;
    Y=y;
    H=h;
    Label=label;
  }
  public string Code;//点号
  public double X;
  public double Y;
  public double H;
  public string Label;//高程标注
}
```

然后双击“文本读取到表格”按钮进入 Click 事件响应函数，添加以下代码实现 1000 点文本数据读取到 dataGridView1。

```
private void button1_Click(object sender, EventArgs e)
{
  DataTable dt=new DataTable();
  OpenFileDialog ofd=new OpenFileDialog();
  ofd.Title="打开数据";
  ofd.Filter="文件文本(*.txt)|*.txt";
  if (ofd.ShowDialog()==DialogResult.OK)
  {
    string str=ofd.FileName;
    if (File.Exists(str))
    {
      dt.Columns.Add("点号", typeof(String));
      dt.Columns.Add("X坐标", typeof(String));
      dt.Columns.Add("Y坐标", typeof(String));
      dt.Columns.Add("H高程", typeof(String));
      StreamReader sr=new StreamReader(str, Encoding.Default);
      while (!sr.EndOfStream)
```

```
        {
          string[] items=sr.ReadLine().Split(',');
          if (items.Length == 4)
          {
            DataRow dr=dt.NewRow();
            dr[0]=items[0];
            dr[1]=items[1];
            dr[2]=items[2];
            dr[3]=items[3];
            dt.Rows.Add(dr);
          }
        }
        dataGridView1.DataSource=dt;
        sr.Close();
      }
    }
  }
```

接下来进行测点标注。首先将 dataGridView1 表格数据读取到 List<SurveyPoint>，然后计算所有测点 H 的平均值 H_{mean}，最后遍历 List<SurveyPoint>所有点，将 H 大于或等于 H_{mean}的点标注为“High”，其余标注为“Low”。双击“表格写入文本”按钮进入 Click 事件响应函数，添加以下代码实现测点标注。

```
  private void button2_Click(object sender, EventArgs e)
  {
    //读取 dataGridView1 数据,保存到自定义 List
    List<SurveyPoint> points=new List<SurveyPoint>();
    for (int i=0; i<dataGridView1.Rows.Count-1; i++)
    {
      SurveyPoint pointTemp=new SurveyPoint("0", 0, 0, 0, "0");
      pointTemp.Code=dataGridView1.Rows[i].Cells[0].Value.
ToString();
       pointTemp.X = double.Parse(dataGridView1.Rows[i].Cells[1].
Value.ToString());
       pointTemp.Y = double.Parse(dataGridView1.Rows[i].Cells[2].
Value.ToString());
       pointTemp.H = double.Parse(dataGridView1.Rows[i].Cells[3].
Value.ToString());
      points.Add(pointTemp);
    }
```

```
//计算测点 H 平均值 Hmean
double HSum=0.0;//所有测点高程 H 之和
foreach (var p in points)
{
  HSum += p.H;
}
double Hmean=HSum/points.Count;
//遍历 points 进行标注
for (int i=0; i<points.Count; i++)
{
  if (points[i].H >= Hmean)
  {
    points[i].Label="High";
  }
  else
  {
    points[i].Label="Low";
  }
}
//测点数据写入 result.txt
if (points.Count>0)
{
  SaveFileDialog sfd=new SaveFileDialog();
  sfd.Title="测点保存为";
  sfd.Filter="文本文件(*.txt)|*.txt";
  sfd.AddExtension=true;
  if (sfd.ShowDialog() == DialogResult.OK)
  {
    FileStream fs=new FileStream(sfd.FileName, FileMode.
Create);
    StreamWriter sw=new StreamWriter(fs);
    sw.WriteLine("------------------标注后的测点------------------");
    sw.WriteLine("点号"+"\t\t"+"X 坐标"+"\t"+"Y 坐标 "+"\t"+" H
高程"+"\t"+"H 标注");

    foreach (var p in points)
    {
      sw.WriteLine(p.Code+"\t\t"+p.X.ToString("0.000")+"\t"+
```

```
p.Y.ToString("0.000")
            + "\t"+p.H.ToString("0.000")+"\t"+p.Label);
        }
        MessageBox.Show("测点标注成功!","数据写入状态",MessageBox
Buttons.OK,MessageBoxIcon.Information);
        sw.Flush();
        sw.Close();
        fs.Close();
       }
     }
     else
     {
       MessageBox.Show("请先读取数据到表格!");
     }
   }
```

运行程序，测点数据读取表格如图3.16(a)所示，数据写到result.txt结果如图3.16(b)所示。

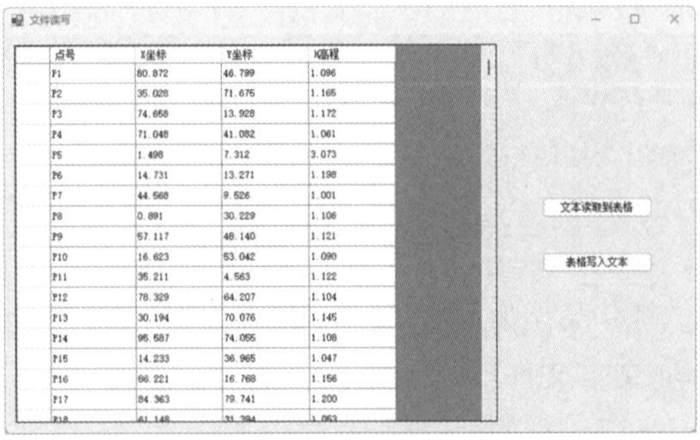

(a)数据读取

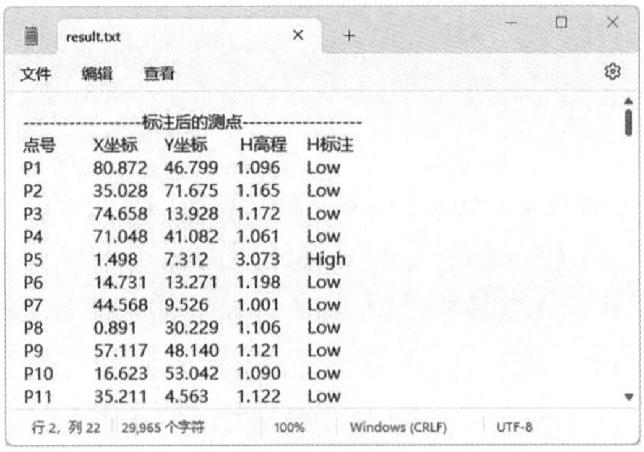

(b)数据写入

图3.16　数据读写

3.7 GDI+编程

GDI+是 .NET Framework 为操作图形提供的应用程序编程接口，主要用于在窗体上绘制各种图形图像。Graphics 类是 GDI+的核心，它提供将对象绘制到显示设备的方法。Graphics 类封装了绘制直线、曲线、圆形、图像和文本的方法，是一切 GDI+操作的基础类，本节讲解 GDI+测绘程序绘图方法要点。

3.7.1 Graphics 类与图形绘制

Graphics 类属性方法众多，而且这些属性和方法容易理解，使用难度不大。创建 Graphics 对象有三种方法，均需熟练掌握。

1. 利用控件或窗体的 Paint 事件中的 PaintEventArgs e 参数创建

在窗体或控件的 Paint 事件中接收对图形对象的引用，作为 PaintEventArgs (PaintEventArgs 指定绘制控件所用的 Graphics) 的一部分，在为控件创建绘制代码时，通常会使用此方法来获取对图形对象的引用，如在窗体的 Paint 事件中，利用代码"Graphics g=e. Graphics;"创建 Graphics 对象。

2. 调用某控件或窗体的 CreateGraphics( ) 方法

调用某控件或窗体的 CreateGraphics( ) 方法以获取 Graphics 对象的引用，该对象表示该控件或窗体的绘图图面。如果想在已存在的窗体或控件上绘图，通常会使用此方法，如代码"Graphics g=this. CreateGraphics( );"可实现窗体绘图对象获取。

3. 调用 Graphics 类的 FromImage 静态方法

由从 Image 继承的任何对象创建 Graphics 对象。在需要更改已存在的图像时，通常会使用此方法，例如代码"Graphics g=Graphics. FromImage(img);"，其中 img 为 Image 对象。

创建 Graphics 对象后可以绘制各类图形，一般方法是先构建画笔或画刷，然后绘制图形。GDI+可供绘制的图形非常丰富，基本图形包括绘制线条、矩形、椭圆、多边形等，如代码"e. Graphics. DrawRectangle(pen, 10, 10, 100, 50);"表示绘制一个矩形。绘图时常使用 Point、PointF、Rectangle 等图形类，这些类也需要熟练掌握。

【例 Chapter03_12】：在测绘程序开发中，常常需要绘制坐标系。利用 GDI+绘制坐标系，要求有原点、刻度和坐标系箭头。

创建 Windows 窗体应用程序，命名为"WindowsFormsCoordinateSystem"，窗体 Form1 的 Text 属性修改为"绘制坐标系"。在 Form1 的 Paint 事件中添加以下代码，实现坐标系的绘制。

```
private void Form1_Paint(object sender, PaintEventArgs e)
{
  Graphics g=e.Graphics;
```

```
    g.SmoothingMode=System.Drawing.Drawing2D.SmoothingMode.
AntiAlias; //抗锯齿
    //设置坐标轴的参数
    int x1=50; //X 轴起点
    int y1=this.ClientSize.Height-50; //Y 轴起点,靠近底部边缘
    int x2=this.ClientSize.Width-50; //X 轴终点,靠近右侧边缘
    int y2=50; //Y 轴终点,靠近顶部边缘
    int tickLength=10; //刻度线长度
    int tickGap=50; //X 轴和 Y 轴的刻度间隔
    //绘制 X 轴和 Y 轴
    AdjustableArrowCap arrowCap = new AdjustableArrowCap (4, 6,
true);
    Pen capPen=new Pen(Color.Black);
    capPen.CustomEndCap=arrowCap;
    g.DrawLine(capPen, x1, y1, x2, y1); //X 轴
    g.DrawLine(capPen, x1, y1, x1, y2); //Y 轴
    //绘制 X 轴的刻度和标签
    for (int i=0; i<(x2-x1)/tickGap; i++)
    {
      int x=x1+i * tickGap;
      g.DrawLine(Pens.Black, x, y1, x, y1+tickLength); //刻度线
      string label= $"{i * tickGap}"; //刻度标签
      SizeF size=g.MeasureString(label, Font); //获取标签大小
       g.DrawString (label, Font, Brushes.Black, new PointF (x -
size.Width/2, y1+tickLength+5)); //绘制标签
    }
    //绘制 Y 轴的刻度和标签(同理)
    for (int i=0; i<(y1-y2)/tickGap; i++)
    {
      int y=y1-i * tickGap;
      g.DrawLine(Pens.Black, x1, y, x1-tickLength, y); //刻度线
      string label= $"{i * tickGap}"; //刻度标签
      SizeF size=g.MeasureString(label, Font); //获取标签大小
       g.DrawString (label, Font, Brushes.Black, new PointF (x1 -
tickLength-5-size.Width, y-size.Height/2)); //绘制标签
    }
  }
```

运行程序后，绘制的坐标系如图 3.17 所示。

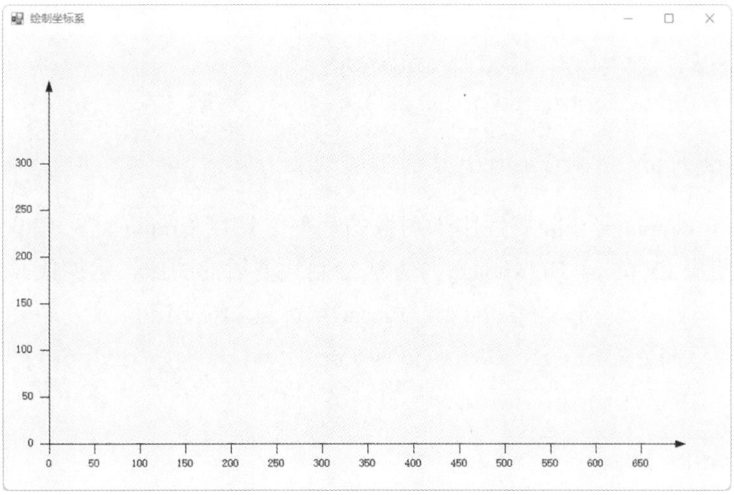

图 3.17 GDI+坐标系绘制

3.7.2 图像编程

虽然在窗体或 PictureBox 的 Paint 事件可以绘制图形，但是这种图形不具备交互性，且保存不方便。测绘程序设计中一般是先构建位图 Bitmap 对象，在 Bitmap 对象上绘制图形，然后保存图形，这实质上是图形图像联合编程。

1. 图像加载和保存

GDI+提供了 Image 类用于加载和保存图像文件，可以使用 Image. FromFile( ) 方法加载图像文件，使用 Image. Save( ) 方法保存图像文件，示例代码如下：

```
Image image=Image.FromFile("image.jpg");
image.Save("newImage.jpg");
```

2. 图像的绘制

GDI+提供了 Graphics 类用于图像的绘制，使用 Graphics. DrawImage( ) 方法将图像绘制在画布上，示例代码如下：

```
Graphics graphics=Graphics.FromImage(canvas);
graphics.DrawImage(image, x, y);
```

3. 图像的变换

GDI+提供了一些方法用于图像的变换，如使用 Graphics. TranslateTransform( )、Graphics. ScaleTransform( )、Graphics. RotateTransform( ) 方法分别实现图像平移、缩放、旋转变换，示例代码如下：

```
Graphics graphics=Graphics.FromImage(canvas);
```

```
graphics.TranslateTransform(x, y);
graphics.ScaleTransform(scaleX, scaleY);
graphics.RotateTransform(angle);
graphics.DrawImage(image, 0, 0);
```

4. 图像的裁剪

GDI+提供了 Graphics. Clip 属性用于图像的裁剪。使用 Graphics. SetClip( ) 方法设置裁剪区域，然后使用 Graphics. DrawImage( ) 方法绘制裁剪后的图像，示例代码如下：

```
Graphics graphics=Graphics.FromImage(canvas);
graphics.SetClip(new Rectangle(x, y, width, height));
graphics.DrawImage(image, 0, 0);
```

5. 图像的处理

GDI+提供了一些方法用于图像的处理，如亮度调整、对比度调整、颜色调整等。可以使用 ImageAttributes 类和 Graphics. DrawImage( ) 方法实现图像的处理，示例代码如下：

```
Graphics graphics=Graphics.FromImage(canvas);
ImageAttributes attributes=new ImageAttributes();
attributes.SetBrightness(brightness);
attributes.SetContrast(contrast);
attributes.SetColorMatrix(matrix);
graphics.DrawImage(image, new Rectangle(x, y, width, height), 0,
0, image.Width, image.Height, GraphicsUnit.Pixel, attributes);
```

【例 Chapter03_13】：在不动产测量工作中，需要绘制宗地图。宗地图是描述宗地空间位置关系的地图，权属界线和权利人信息是宗地图的核心要素。已知某宗地的宗地边界点为{(50, 50), (150, 50), (150, 150), (250, 150), (250, 250), (50, 250)}，权利人为“天河区土地勘察院”，利用 GDI+绘制一幅简易宗地图，要求宗地图有闭合的权属界线和权利人信息，权利人信息标注位置为边界点构成区域的几何重心，宗地图绘制完成后保存为图像。

首先进行程序界面设计，创建一个 Windows 窗体应用程序，命名为“WindowsFormsDrawLandParcel”，窗体 Form1 的 Text 属性修改为“绘制宗地”。拖入 button1，Text 属性命名为“绘制宗地图”，拖入 button2，Text 属性命名为“保存宗地图”，添加 pictureBox1 并调整位置和大小。

在 Form1 类中声明宗地边界点，代码如下：

```
Point[] Points={ new Point(50, 50), new Point(150, 50), new Point
(150, 150),
    new Point(250, 150), new Point(250, 250), new Point(50, 250),new
Point(50, 50) };
```

编写 DrawParcel()方法，利用边界点和权利人绘制宗地图，返回结果为 Bitmap 对象，并在 pictureBox1 中显示和保存，该方法实现如下所示：

```
public Bitmap DrawParcel(Point[] points, string rightHolder)
{
    //创建位图,与 pictureBox1 宽、高一样
    Bitmap bmap=new Bitmap(pictureBox1.Width, pictureBox1.
Height);
    //由位图获取绘图对象
    Graphics g=Graphics.FromImage(bmap);
    //设置绘制参数,保持高精度绘制
    g.CompositingQuality=CompositingQuality.HighQuality;
    g.InterpolationMode=InterpolationMode.HighQualityBicubic;
    g.SmoothingMode=SmoothingMode.HighQuality;
    g.PixelOffsetMode=PixelOffsetMode.HighQuality;
    g.Clear(Color.White); //清空背景
    //定义画笔画刷
    Pen pen=new Pen(Color.Red, 2);//绘制权属界线
    Brush brush=new SolidBrush(Color.Black);//绘制权利人
    Brush brush1=new SolidBrush(Color.FromArgb(70, Color.
Green));//填充宗地内部
    //绘制权属界线图,通过遍历 points 绘制
    for (int i=0; i<points.Length-1; i++)
    {
      g.DrawLine(pen, points[i], points[i+1]);
    }
    //设置透明画刷填充宗地内部
    g.FillPolygon(brush1, points);
    //求边界点重心
    int centerX=0;
    int centerY=0;
    foreach (Point p in points)
    {
      centerX += (int)(p.X/points.Length);
      centerY += (int)(p.Y/points.Length);
    }
    //绘制权利人信息
    g.DrawString(rightHolder, new Font("TimesNewRoman", 12f),
```

```
brush, new PointF(centerX, centerY));
        //释放资源
        g.Dispose();
        return bmap;
    }
```

双击“绘制宗地图”按钮进入 Click 事件响应函数，将 DrawParcel()方法绘制的 Bitmap 赋值给 pictureBox1 的 Image 属性，并将 pictureBox1 的 BackgroundImageLayout 设置为拉伸模式。实现代码如下：

```
    private void button1_Click(object sender, EventArgs e)
    {
        pictureBox1.Image=DrawParcel(Points, "天河区土地勘察院");
        pictureBox1.BackgroundImageLayout=ImageLayout.Stretch;
    }
```

双击“保存宗地图”按钮进入 Click 事件响应函数，通过保存对话将 Bitmap 对象保存为指定格式，实现代码如下：

```
    private void button2_Click(object sender, EventArgs e)
    {
        pictureBox1.Image=DrawParcel(Points, "天河区土地勘察院");
        //检查图片是否为空
        if (pictureBox1.Image != null)
        {
            //选择保存文件的对话框
            SaveFileDialog saveFileDialog1=new SaveFileDialog();
            saveFileDialog1.Title="宗地保存为";
            saveFileDialog1.Filter = "JPEG Files (*.jpeg)|*.jpeg|PNG
Files (*.png)|*.png|All files (*.*)|*.*";
            if (saveFileDialog1.ShowDialog() == DialogResult.OK)
            {
                //保存图片到文件
                pictureBox1.Image.Save(saveFileDialog1.FileName);
            }
        }
    }
```

运行程序后，单击“绘制宗地图”按钮，实现简易宗地图绘制，结果如图 3.18 所示。单击“保存宗地图”按钮，实现宗地图保存为图片，可以是 jpeg 或 PNG 格式。

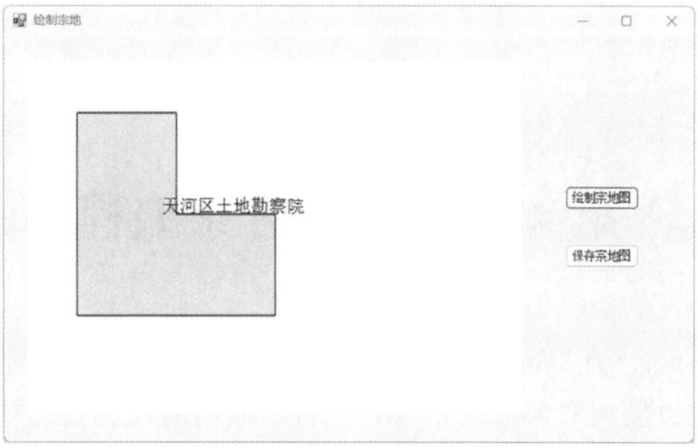

图 3.18 宗地图绘制

◎ 本章小结

本章是全书的重要章节之一，在介绍与测绘程序设计相关的变量与常量、表达式与运算符、字符与字符串、流程控制语句、数组和集合、文件读写和 GDI+编程等知识的基础上，以测绘程序实例重点讲解了编程易错问题和注意事项。本章并未全面介绍编程基础知识，而是有选择地列举了与测绘程序设计相关的知识内容，起到提点作用。本章所用编程知识覆盖较广，需要深入理解并多加练习才能灵活运用。

第4章　面向对象编程

面向对象编程(Object-Oriented Programming，OOP)是C#编程中的一个核心概念，它是一种编程范式，通过使用对象和类来设计软件。面向对象编程的核心概念包括类、对象、继承、封装、多态性和抽象。本章讲解和测绘程序设计密切相关的方法、类、异常处理和简单算法设计。

◎ 学习目标

掌握无参构造函数和有参构造函数的使用；掌握运算符重载方法；能够根据编程需要自定义类；掌握动态链接库的导出和使用；掌握异常的if语句处理方法和try…catch…语句处理方法；掌握卷积运算、迭代运算、反距离加权高程插值和地形图符号绘制等几种典型的测绘算法设计方法，能够进行简单算法设计。

4.1　方法

方法是测绘程序设计的核心，一个程序90%以上的任务是编写各类方法，因此说测绘程序是方法构成的毫不夸张。本节主要讲授方法设计、输入输出关系以及构造函数重载。

4.1.1　方法设计

C#中方法的声明比较简单，它是由访问修饰符、返回类型、方法名、参数列表和方法体组成，语法构成如下。

```
访问修饰符 返回类型 方法名(参数列表)
{
  方法体
}
```

对于方法的理解，可以比喻为一个工厂，如图4.1所示的Add()方法，整型参数列表a、b好比工厂的两种原材料，函数体好比工厂的生产车间，生产出的产品好比返回类型，而访问修饰符public则相当于产品归谁使用。理解了方法的这个逻辑，在程序设计时可以大量编写方法，实现“功能的重复使用”。

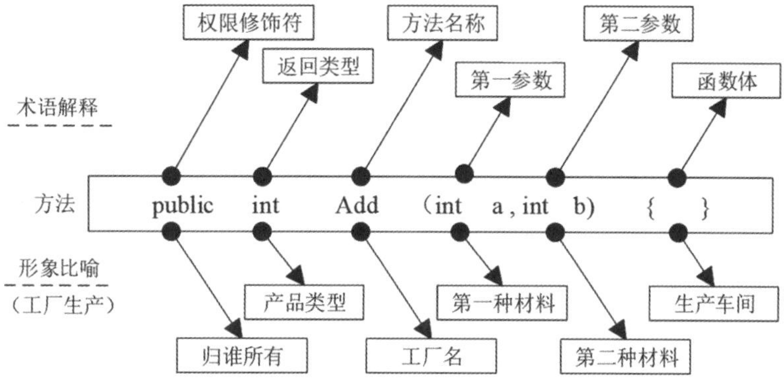

图 4.1 方法的术语解释与形象比喻

根据测绘程序设计的特点，将方法设计分为两类，一类是具有返回值的方法，可以是值类型或引用类型；另一类是不具有返回值的方法，返回值为 void，之所以将方法分为这两类，是因为它们在数据处理方式上有所不同。

1. 有返回值类型

有返回值的方法用于执行操作并返回一个结果。在 C#中，返回类型可以是任何数据类型，包括基本数据类型、自定义类型等。测绘数值计算类程序多采用这类方法，每次通过不同形参(如果有参数列表)计算出不同的值，完成重复性计算。

2. 无返回值类型

无返回值的方法通常用于执行一些低频次操作，比如读取数据、打印信息、修改对象状态等，使用 void 关键字作为返回类型。这类方法一般是对参数列表变量或类的字段进行编程操作。

在测绘程序设计中，两类方法选用的规则是，如果进行数值计算，选择有返回值类型；如果对类成员进行修改或执行非数值计算任务，选用无返回值类型。在程序设计中，编写方法前应对其是否有返回值进行充分考虑。

【例 Chapter04_1】：测量坐标和笛卡尔坐标的区别是坐标的 x 轴和 y 轴互换。如图 4.2 所示，一组测点的结构是“点号，X 坐标，Y 坐标，H 高程”。现将这组测点的 X、Y 坐标互换，试分别用有返回值方法和无返回值方法实现坐标互换。

如果设计为有返回值方法，则该方法参数列表为原始测点，输出为 X、Y 坐标互换测点；如果设计为无返回值类型，则在类中声明原始测点，通过设计方法实现 X、Y 坐标修改。

创建一个 Windows 窗体应用程序，命名为“WindowsFormsMethods”，窗体 Form1 的 Text 属性修改为“方法”。拖入 button1，Text 属性命名为“有返回值”，再拖入 button2，Text 属性命名为“无返回值”，拖入 button3，Text 属性命名为“清空”，添加 TabControl1，其 tabPage1 的 Text 属性修改为“原始测点”，tabPage2 的 Text 属性修改为“互换测点”，在 tabPage1 中拖入 dataGridView1，Dock 属性修改为“Fill”，用于显示原始测点。在 tabPage2 中添加 richTextBox1，Dock 属性修改为“Fill”，用于显示互换后数据。拖入 menuStrip1，建

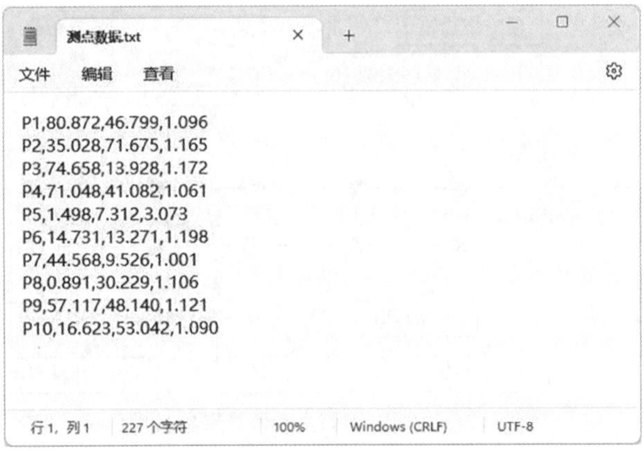

图 4.2　测点数据结构

立一个“打开数据”菜单项。

在 Form1 类中声明一个 Point3D 类，用于存储测点数据，实现如下：

```
public class Point3D
{
  public string Code;
  public double X;
  public double Y;
  public double H;
}
```

在 Form1 类中声明 List<Point3D>对象 OriPoints，以供无返回值方法修改其值，声明如下：

```
List<Point3D> OriPoints=new List<Point3D>();
```

在 Form1 类中编写 ReadData()方法，在“打开数据”菜单项调用此方法实现数据读取到 dataGridView1，该方法实现代码如下(本章后续内容提及 ReadData()方法，不再列举其实现代码)：

```
public void ReadData()
{
  DataTable dt=new DataTable();
  OpenFileDialog ofd=new OpenFileDialog();
  ofd.Title="打开测点数据";
  ofd.Filter="文件文本(*.txt)|*.txt";
  if (ofd.ShowDialog()==DialogResult.OK)
  {
    string str=ofd.FileName;
    if (File.Exists(str))
    {
```

```
        dt.Columns.Add("点号", typeof(String));
        dt.Columns.Add("X坐标", typeof(String));
        dt.Columns.Add("Y坐标", typeof(String));
        dt.Columns.Add("H高程", typeof(String));
        StreamReader sr=new StreamReader(str, Encoding.Default);
        while (! sr.EndOfStream)
        {
          string[] items=sr.ReadLine().Split(',');
          if (items.Length == 4)
          {
            DataRow dr=dt.NewRow();
              dr[0]=items[0];
              dr[1]=items[1];
              dr[2]=items[2];
              dr[3]=items[3];
              dt.Rows.Add(dr);
          }
        }
        dataGridView1.DataSource=dt;
        sr.Close();
      }
    }
    tabControl1.SelectedTab=tabPage1;
  }
```

设计并编写 DataToList( )方法，将 dataGridView1 的数据写入 List<Point3D>列表，代码如下(本章后续内容提及 DataToList( )方法时，不再列举其实现代码)：

```
  public List<Point3D> DataToList()
  {
    if (dataGridView1.DataSource != null)
    {
      List<Point3D> pts=new List<Point3D>();
      for (int i=0; i<dataGridView1.Rows.Count-1; i++)
      {
        Point3D p3=new Point3D();
        p3.Code=dataGridView1.Rows[i].Cells[0].Value.ToString();
        p3.X=double.Parse(dataGridView1.Rows[i].Cells[1].Value.
ToString());
        p3.Y=double.Parse(dataGridView1.Rows[i].Cells[2].Value.
```

```
ToString());
        p3.H=double.Parse(dataGridView1.Rows[i].Cells[3].Value.
ToString());
        pts.Add(p3);
      }
      return pts;
    }
    else
    {
      return null;
    }
  }
```

设计并编写 VoidSwapXY()方法，将交换原始测点数据中的 X、Y 坐标，没有任何返回值，代码如下：

```
  public void VoidSwapXY()
  {
    OriPoints= DataToList();
    richTextBox1.Clear();
    if (OriPoints != null)
    {
      richTextBox1.Text += "*******X、Y 坐标互换结果*******"+"\r\n";
      for (int i=0; i<OriPoints.Count; i++)
      {
        double tempXY=OriPoints[i].X;
        OriPoints[i].X=OriPoints[i].Y;
        OriPoints[i].Y=tempXY;
        richTextBox1.Text += OriPoints[i].Code+"\t"+OriPoints[i].
X.ToString("0.000")+"\t"
          + OriPoints[i].Y.ToString("0.000")+"\t"+OriPoints[i].
H.ToString("0.000")+"\r\n";
      }
      tabControl1.SelectedTab=tabPage2;
    }
  }
```

设计并编写 ValueSwapXY()方法，交换原始测点数据中的 X、Y 坐标，返回值为 List<Point3D>列表，代码如下：

```
  public List<Point3D> ValueSwapXY()
  {
```

```
  List<Point3D> points3D=DataToList();
  if (points3D != null)
  {
    for (int i=0; i<points3D.Count; i++)
    {
      double tempXY=points3D[i].X;
      points3D[i].X=points3D[i].Y;
      points3D[i].Y=tempXY;
    }
    return points3D;
  }
  else
  {
    return null;
  }
}
```

在“有返回值”按钮中添加以下代码，完成X、Y交换，代码如下：

```
private void button1_Click(object sender, EventArgs e)
{
  List<Point3D> pt3d=ValueSwapXY();
  richTextBox1.Clear();
  if (pt3d != null)
  {
    richTextBox1.Text += "*******X、Y坐标互换结果*******"+"\r\n";
    foreach (var p in pt3d)
    {
     richTextBox1.Text+=p.Code+"\t"+p.X.ToString("0.000")+"\t"
        +p.Y.ToString("0.000")+"\t"+p.H.ToString("0.000")+"\r\n";
    }
    tabControl1.SelectedTab=tabPage2;
  }
}
```

在“无返回值”按钮中添加以下代码，完成X、Y交换，代码如下：

```
private void button2_Click(object sender, EventArgs e)
{
  VoidSwapXY();
}
```

在“清空”按钮中添加以下代码，实现数据清空，代码如下：

```
private void button3_Click(object sender, EventArgs e)
{
  richTextBox1.Clear();
}
```

运行程序，实现无返回值方法和有返回值方法的 X、Y 坐标互换运算，结果如图 4.3 所示。

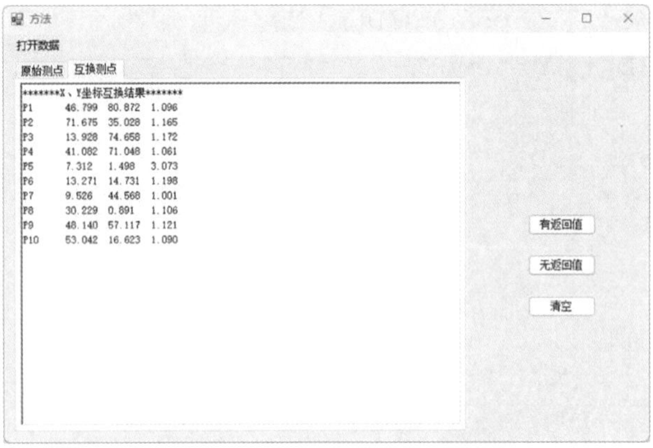

图 4.3　X、Y 坐标互换运算结果

从【例 Chapter04_1】可以看出，两种方法代码复杂程度差不多，但无返回值方法 VoidSwapXY( )调用后会使原始测点 OriPoints 发生变化，若下次使用 OriPoints，可能达不到预期计算结果，这对编程是非常不利的。相比之下，有返回值方法 ValueSwapXY( )利用局部变量实现坐标互换，计算后并不改变 OriPoints。因此，编程时尽量使用有返回值的方法。

4.1.2　输入输出关系

当一个方法的返回值为另一个方法的参数列表或其一部分时，表明这两个方法是输入输出关系，如果多个方法有如图 4.4 所示的连锁关系，称这些方法存在输入输出关系。

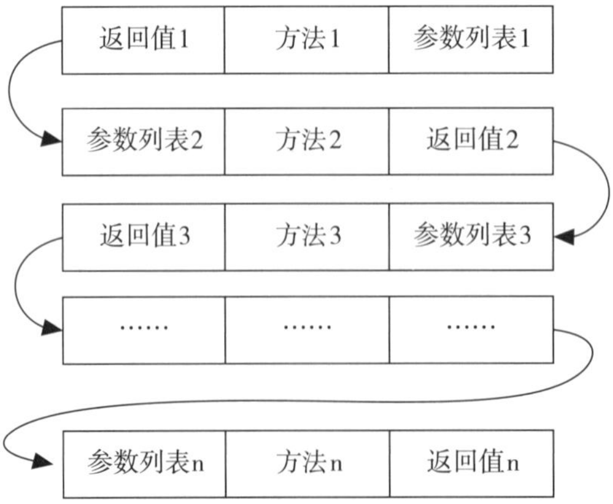

图 4.4　方法的输入输出关系

测绘程序设计中存在大量的输入输出关系方法，在程序设计时一定要组织好它们的衔接关系。编写输入输出关系方法需要注意的问题是：第一，理清变量关系，明确输入输出的逻辑，做到不遗漏不重复，各方法参数列表和返回值尽量简单；第二，各方法或参数列表尽量不要改变类的成员或全局变量，如若改变要特别注明；第三，方法体内核心代码、重要参数均需注释，以免随着代码的增加造成阅读困难；第四，每一个方法均需要正确性验证，必要时进行效率验证，尽可能降低计算复杂度。

4.1.3 构造函数重载

C#构造函数是一种特殊类型的成员函数，它主要用于初始化对象。在测绘程序设计中，常常需自定义类，建议这些类重载构造函数或采用编写构造对象的方法。

使用构造函数必须了解其特征：构造函数没有返回值(也不需要 void)，一个类中可以有多个重载的构造函数，构造函数的命名必须和类名相同，调用子类的构造函数时会先调用父类的无参构造函数，通常使用构造函数来进行类中字段的赋初值，构造函数不能直接被调用，必须通过关键字 new 在创建对象时自动调用，当一个类没有定义任何构造函数时，C#编译器会自动为其生成一个默认的隐式无参构造函数，如果一个类中定义了有参构造函数，实例化时需要调用无参构造函数，这时就必须定义一个显式无参构造函数，否则运行会报错。

【例 Chapter04_2】：四等水准测量顺序是后后前前-黑红黑红。抽象出水准测量一测站类，包括测站序号、后尺黑面上丝读数、后尺黑面中丝读数、后尺黑面下丝读数、后尺红面中丝读数、前尺黑面上丝读数、前尺黑面中丝读数、前尺黑面下丝读数、前尺红面中丝读数，要求为此类重载一个含参构造函数，并将无参构造函数和含参构造函数生成的对象进行比较，分析它们的不同。

新建 Windows 窗体应用程序，命名为“WindowsFormsConstructingFunctionOverLoad”，窗体 Form1 的 Text 属性修改为“构造函数重载”。拖入 button1，Text 属性命名为“无参构造”，再拖入 button2，Text 属性命名为“有参构造”，拖入 splitContainer1，调整好位置和大小后，在 Panel1 中添加 richTextBox1，用于显示无参构造函数创建的对象，在 Panel2 中添加 richTextBox2，用于显示有参构造函数创建的对象。richTextBox1 和 richTextBox2 的 Dock 属性均修改为“Fill”。

在 Form1 类中编写一个 Leveling 类，添加类字段，在增加有参构造函数后，显式增加无参构造函数，Leveling 类声明与实现代码如下：

```
public class leveling
{
  public string StationCode;//测站序号
  public double BackRodBlackUp;//后尺黑面上丝读数
  public double BackRodBlackMiddle;//后尺黑面中丝读数
  public double BackRodBlackLow;//后尺黑面下丝读数
  public double BackRodRedMiddle;//后尺红面中丝读数
  public double ForwardRodBlackUp;//前尺黑面上丝读数
```

```
    public double ForwardRodBlackMiddle;//前尺黑面中丝读数
    public double ForwardRodBlackLow;//前尺黑面下丝读数
    public double ForwardRodRedMiddle;//前尺红面中丝读数
    public leveling()
    {
    }
    public leveling(string code, double brbu, double brbm, double brbl,
        double brrm,double frbu,double frbm,double frbl,double frrm)
    {
        StationCode=code;
        BackRodBlackUp=brbu;
        BackRodBlackMiddle=brbm;
        BackRodBlackLow=brbl;
        BackRodRedMiddle=brrm;
        ForwardRodBlackUp=frbu;
        ForwardRodBlackMiddle=frbm;
        ForwardRodBlackLow=frbl;
        ForwardRodRedMiddle=frrm;
    }
}
```

在 button1 的 Click 事件响应函数中添加以下代码，实现无参构造对象创建。

```
private void button1_Click(object sender, EventArgs e)
{
    leveling level=new leveling();
    richTextBox1.Clear();
    richTextBox1.Text += "***无参构造函数创建的对象***"+"\r\n";
    richTextBox1.Text += "测站序号:"+level.StationCode+"\r\n";
    richTextBox1.Text += "后尺黑面上丝读数:"+level.BackRodBlackUp+"\r\n";
    richTextBox1.Text += "后尺黑面中丝读数:"+level.BackRodBlackMiddle+"\r\n";
    richTextBox1.Text += "后尺黑面下丝读数:"+level.BackRodBlackLow+"\r\n";
    richTextBox1.Text += "后尺红面中丝读数:"+level.BackRodRedMiddle+"\r\n";
    richTextBox1.Text += "前尺黑面上丝读数:"+level.ForwardRodBlackUp+"\r\n";
```

```
        richTextBox1.Text += "前尺黑面中丝读数:"+level.ForwardRod
BlackMiddle+"\r\n";
        richTextBox1.Text += "前尺黑面下丝读数:"+level.ForwardRod
BlackLow+"\r\n";
        richTextBox1.Text += "前尺红面中丝读数:"+level.ForwardRod
RedMiddle+"\r\n";
    }
```

在 button2 的 Click 事件响应函数中添加以下代码，实现有参构造对象创建。

```
    private void button2_Click(object sender, EventArgs e)
    {
        leveling level =new leveling("01",1891,1708,1525,6395,758,574,
390,5361);
        richTextBox2.Clear();
        richTextBox2.Text += " ***有参构造函数创建的对象 ***"+"\r\n";
        richTextBox2.Text += "测站序号:"+level.StationCode+"\r\n";
        richTextBox2.Text += "后尺黑面上丝读数:"+level.BackRodBlackUp+
"\r\n";
        richTextBox2.Text += "后尺黑面中丝读数:"+level.BackRodBlack
Middle+"\r\n";
        richTextBox2.Text += "后尺黑面下丝读数:"+level.BackRodBlack
Low+"\r\n";
        richTextBox2.Text += "后尺红面中丝读数:"+level.BackRodRed
Middle+"\r\n";
        richTextBox2.Text += "前尺黑面上丝读数:"+level.ForwardRodBlack
Up+"\r\n";
        richTextBox2.Text += "前尺黑面中丝读数:"+level.ForwardRodBlack
Middle+"\r\n";
        richTextBox2.Text += "前尺黑面下丝读数:"+level.ForwardRodBlack
Low+"\r\n";
        richTextBox2.Text += "前尺红面中丝读数:"+level.ForwardRodRed
Middle+"\r\n";
    }
```

程序运行，结果如图 4.5 所示，可见无参构造函数在创建对象时，字段均赋值为默认值，如 string 类型字段赋值为空字符串，double 类型字段赋值为 0。而有参构造函数在创建对象时，字段均被赋值为指定值，在构建自定义类对象时，建议重载构造函数，给类的成员一个初始值。

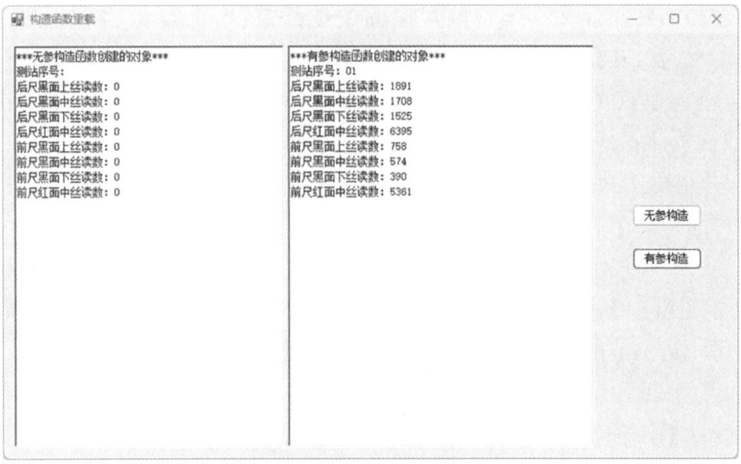

图 4.5　无参构造函数和有参构造函数

4.2　类

类是面向对象编程的基础，它是对现实生活中一类具有共同特征的事物的抽象。在测绘程序开发中，类的主要作用是描述数据类型，本节在回顾类的重点知识前提下，阐述构建测绘数据自定义类的方法。

4.2.1　基础知识

一个类可以包含字段(Field)、属性(Property)、方法(Method)、事件(Event)、索引器(Indexer)、操作符重载(Operator Overloading)等成员。

抽象、封装、继承、多态是类的基本特征，在测绘程序设计中，这四个特征的重要性依次递减。抽象和封装是类的设计基础，尤其是类的抽象，反映了编程者对客观事物的概括能力，体现了编程者的抽象思维和形象应用能力。

使用类要注意以下几点：第一，访问修饰符权限设置要合理，做到既能够访问类的成员，还能保证一定私密性和安全性；第二，类的成员丰富，几乎囊括了 C#所有数据类型，使用类完全可以替代结构体；第三，如果对类的成员进行创建，可以重载构造函数，使全部或部分成员在声明时完成创建；第四，在类中操作符也可以重载，完成一些特殊任务，这在测绘程序设计中会起到事半功倍的作用。

【例 Chapter04_3】：“点”数据类型是测绘程序设计中的重要类型之一，可以表述为“点号”“X 坐标”“Y 坐标”“H 高程”，其中点号是 string 类型，X、Y、H 为 double 类型。已知一组点的数据如图 4.2 所示，抽象出一个“三维点”类，要求重载“+”运算符，实现该类两个对象的 X 坐标、Y 坐标和 H 高程分别求和，并据此求取这组点的空间重心坐标。

新建 Windows 窗体应用程序，命名为“WindowsFormsClassDemo”，窗体 Form1 的 Text 属性修改为“类”。拖入 button1 和 button2，button1 的 Text 属性命名为“载入数据”，button2 的 Text 属性命名为“计算重心”，拖入 splitContainer1，调整好位置和大小后，在

Panel1 中添加 dataGridView1，用于显示点数据，在 Panel2 中添加 richTextBox1，用于显示这组点空间重心坐标。dataGridView1 和 richTextBox1 的 Dock 属性均修改为“Fill”。

在“WindowsFormsClassDemo”名字空间中声明 Point3D 类，描述点数据，并重载“+”运算符，实现两个对象 X、Y 坐标和 H 分别求和计算，代码如下：

```
public class Point3D
{
  public string Code;
  public double X;
  public double Y;
  public double H;
  //显式调用无参构造函数
  public Point3D()
  {
  }
  //构造函数重载之一:仅构造 X,Y,H
  public Point3D(double x, double y, double h)
  {
    X=x;
    Y=y;
    H=h;
  }
  //构造函数重载之二:构造 Code,X,Y,H
  public Point3D(string code, double x, double y, double h)
  {
    Code=code;
    X=x;
    Y=y;
    H=h;
  }
  //+运算符重载,计算三维坐标 X、Y、H 平均值,并返回计算后的点
  public static Point3D operator +(Point3D p1, Point3D p2)
  {
     Point3D pointAvr = new Point3D(p1.X+p2.X, p1.Y+p2.Y, p1.H+
p2.H);
    return pointAvr;
  }
}
```

双击“载入数据”按钮，进入 Click 事件响应函数，添加以下代码实现数据读取到

表格。

```
private void button1_Click(object sender, EventArgs e)
{
  ReadData();
}
```

双击"计算重心"按钮，进入 Click 事件响应函数，添加以下代码实现这组点空间重心坐标计算。

```
private void button2_Click(object sender, EventArgs e)
{
  List<Point3D> pts = DataToList();
  if (pts != null)
  {
    Point3D CenterPoint = new Point3D();
    for (int i = 0; i<pts.Count; i++)
    {
      CenterPoint += pts[i];
    }
    CenterPoint.X = CenterPoint.X/pts.Count;
    CenterPoint.Y = CenterPoint.Y/pts.Count;
    CenterPoint.H = CenterPoint.H/pts.Count;
    richTextBox1.Text += "*************空间重心坐标*************" + "\r\n";
    richTextBox1.Text += "重心坐标为:" + "X = " + CenterPoint.X.ToString("0.000") + " " +
        " Y = " + CenterPoint.Y.ToString("0.000") + " " + " H = " + CenterPoint.H.ToString("0.000") + "\r\n";
  }
}
```

运行程序后，结果如图 4.6 所示。与遍历坐标求重心的方法相比，"+"运算符重载简化了计算过程，使运算更符合认知习惯。运算符重载是解决复杂对象成员计算的一种有效方法。

4.2.2 自定义类

测绘程序设计时，有的类比较复杂，例如点云分割平面类、输出成果类等。这些复杂的类需要多次设计才能最终定型。类的设计优先考虑抽象性和封装性，其次才是继承性和多态性，以达到运算要求为标准。

【例 Chapter04_4】：在三维激光扫描的点云中，点云数据中的点可以表示为"点号""X 坐标""Y 坐标""H 高程"。对点云数据进行平面分割计算，具体算法是：选择点集中的前

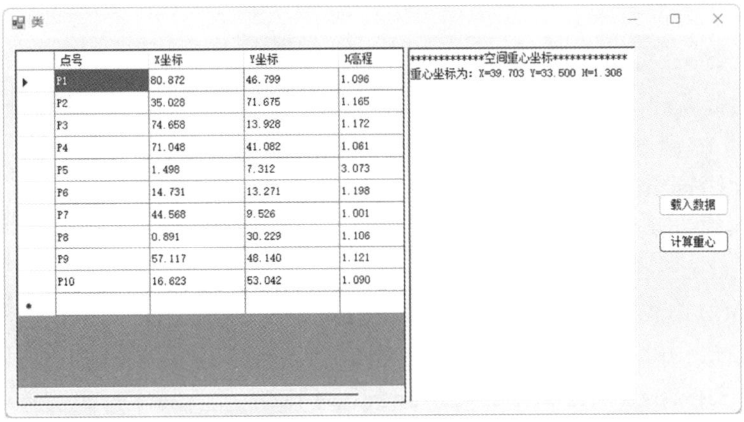

图 4.6 “+”运算符重载空间重心计算

三点，在剩余点集中计算这些点到前三点构成的平面距离，如果小于阈值，认为这些点是平面的内点，否则为外点。接下来把点云数据中第一点移动到点集最后，再重新计算点集中前三点的内点，如此不断迭代，当满足迭代次数后，统计所有平面的内点数目，取内点数目最多的平面为最佳分割平面。根据以上描述设计一个平面类，可以满足点云数据分割平面计算需要。

新建 Windows 窗体应用程序，命名为“WindowsFormsCustomClass”，窗体 Form1 的 Text 属性修改为“自定义类”。先声明一个 Point3d 类，代码如下：

```
public class Point3d
{
  //点号,X,Y,Z,内外点标记
  public string code;
  public double X;
  public double Y;
  public double Z;
  public string flag="0";//"0"为外点,"1"为内点
}
```

然后声明一个 Plane 类，用于描述所在平面的构点点号、构面 3 点点集、内点数目、内点点集。该类中还重载 Plane 类构造函数，声明了 GetInnerNum( ) 方法以获得内点数目，Plane 类声明如下：

```
public class Plane
{
  //平面 J 点号,如果 p1、p2、p3 构成 J,则 PointString 为“p1”
  public string PointString;
  //构面三点组成的点集,即组成平面 J 的三点 p1、p2、p3
  public List<Point3d> Points3;
```

```
    //平面 J 内点数
    public int InnerCount;
    //内点点集
    public List<Point3d> InnerPoints;
    public Plane()
    {
      PointString="";
      Points3=new List<Point3d>();
      InnerCount=0;
      InnerPoints=new List<Point3d>();
    }
    public void GetInnerNum()
    {
      InnerCount=Points3.Count+InnerPoints.Count;
    }
  }
```

这是一个比较复杂的类，在程序设计时根据计算需求随时增减成员，达到计算目的。自定义类需要不断深入学习才能领会其中的奥妙，逐步体会面向对象编程的魅力。

4.2.3　导出库文件

C#导出库文件指的是创建一个可以被其他程序(如 C++程序或其他 .NET 程序)调用的动态链接库(DLL)。创建库文件的方法是先编写 C#代码，然后将这些代码编译成 DLL，最后在其他应用程序中使用库文件。

【例 Chapter04_5】：以【例 Chapter04_3】设计的代码为基础，创建和导出 C#库文件，并利用导出的库文件进行程序设计。

动态链接库创建的步骤是：打开 Visual Studio 2022，选择“创建新项目”。在项目类型中选择“类库”(Class Library)。选择存储位置并进行项目命名(PointsAddDll)，选择 .NET Standard 2.0(尽量不要选择 .NET 8.0(长期支持)，否则程序运行时可能找不到文件)，点击“创建”完成类库创建。

向类库中添加以下代码，然后在 Visual Studio 2022 中点击“生成”菜单中的“生成解决方案”来编译项目。默认情况下，生成的 DLL 文件位于 bin \ Debug \ netstandard2.0 文件夹中，本例生成的库文件为“PointsAddDll.dll”。

```
using System;

namespace PointsAddDll
{
  public class Point3D
  {
```

```
        public string Code;
        public double X;
        public double Y;
        public double H;
        //显示调用无参构造函数
        public Point3D()
        {
        }
        //构造函数重载之一:仅构造X,Y,H
        public Point3D(double x, double y, double h)
        {
          X=x;
          Y=y;
          H=h;
        }
        //构造函数重载之二:构造Code,X,Y,H
        public Point3D(string code, double x, double y, double h)
        {
          Code=code;
          X=x;
          Y=y;
          H=h;
        }
        //+运算符重载,计算三维坐标X、Y、H的平均值,并返回计算后的点
        public static Point3D operator +(Point3D p1, Point3D p2)
        {
          Point3D pointAvr=new Point3D(p1.X+p2.X, p1.Y+p2.Y, p1.H+
p2.H);
          return pointAvr;
        }
      }
    }
```

新创建一个 Windows 窗体应用程序，命名为“WindowsFormsDll”，窗体 Form1 的 Text 属性修改为“调用库文件”。拖入 button1，其 Text 属性命名为“点计算”，添加一个 richTextBox1，用于显示点计算结果。

右键点击解决方案资源管理器的“引用”下的“添加引用”。选择“浏览”，然后导航到 DLL 文件的位置，选择“PointsAddDll. dll”文件点击“添加”，最后点击“确定”完成引用添加。

在"WindowsFormsDll"名字空间上方增加动态库引用代码"using PointsAddDll;"(PointsAddDll 是库文件源码的名字空间名称)，然后进行程序设计。双击"点计算"按钮，进入 button1 的 Click 事件响应函数，添加以下代码实现两个 Point3D 类型点 P1、P2 的"+"运算，结果为 Point3D 类型点 PA。

```
private void button1_Click(object sender, EventArgs e)
{
  Point3D P1=new Point3D(140.361, 562.964, 143.857);
  Point3D P2=new Point3D(169.755, 524.240, 137.258);
  Point3D PA=P1+P2;
  richTextBox1.Text += "********************点运算结果********************"+"\r\n";
  richTextBox1.Text += "P1 坐标为:"+"X1="+P1.X.ToString("0.000")+"\t"+"Y1="+P1.Y.ToString("0.000")+"\t"+"H1="+P1.H.ToString("0.000")+"\t"+"\r\n";
  richTextBox1.Text += "P2 坐标为:"+"X2="+P2.X.ToString("0.000")+"\t"+"Y2="+P2.Y.ToString("0.000")+"\t"+"H2="+P2.H.ToString("0.000")+"\t"+"\r\n";
  richTextBox1.Text += "PA 坐标为:"+"XA="+PA.X.ToString("0.000")+"\t"+"YA="+PA.Y.ToString("0.000")+"\t"+"HA="+PA.H.ToString("0.000")+"\t"+"\r\n";
}
```

运行程序，结果如图 4.7 所示。从本例中可以看出，导出库文件的优势体现在代码重用、模块化开发、跨平台兼容性以及简化维护等方面。通过将功能封装在库中，其他项目可以引用这些库来重用相同的代码，减少重复编码，提高开发效率。库文件将功能分解为独立的模块，每个模块负责特定的功能，有助于保持代码的清晰性和可管理性，便于团队

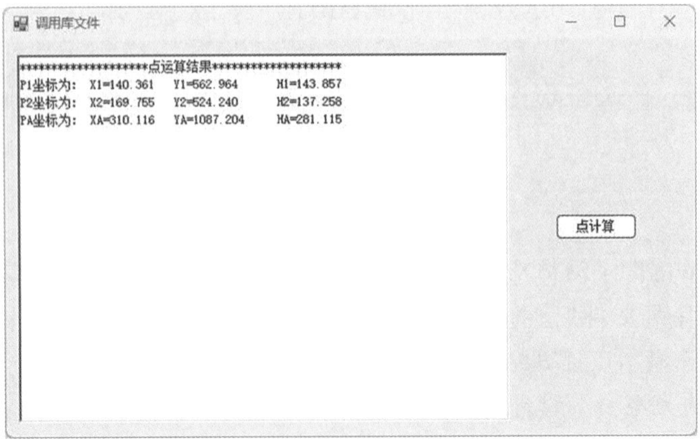

图 4.7　动态链接库文件导出与应用

成员理解和维护。随着 .NET Core 的出现和后续版本的更新，.NET 库具有更好的跨平台支持能力，意味着用 C#编写的库可以在 Windows、Linux 和 macOS 上运行，无须重写代码。

4.3 异常处理

测绘程序设计中经常会出现异常，异常(Exception)是程序在执行过程中发生的意外或异常情况，例如除零错误、空引用访问、文件不存在等。在 C#语言中，异常处理是一种重要的机制，用于捕获和处理程序运行时可能出现的错误，以保证程序的健壮性和稳定性。本节详细介绍测绘程序设计中常见的异常类型及其处理方法。

4.3.1 常见异常

测绘程序数值计算较多，最常出现的异常是索引超限异常(IndexOutOfRangeException)和空引用异常(NullReferenceException)。索引超限异常是指在使用数组或集合时，索引超出了合理值范围，解决方法是通过调试修改索引值。空引用异常是在尝试访问一个未被实例化的对象的成员时发生，解决方法是添加 if 语句或将代码写入try…catch…语句块中。

4.3.2 常见处理方法

出现索引超限异常时，要查看索引变量范围，验证其是否在数组或集合合法范围之内。如将 dataGridView1 表格数据写到点集中时，需要遍历 dataGridView1，若使用以下代码，则会出现索引超限异常，原因是 dataGridView1 表格末尾有一行为空行，因此循环变量 i 的范围超限，将其范围改为“i<dataGridView1. Rows. Count-1”，方可正确运行。

```
for (int i=0; i<dataGridView1.Rows.Count; i++)
{
  //添加处理代码
}
```

空引用异常是使用引用类型常见错误之一，大多数情况是引用类型不存在，但程序却在访问该类型。第一种处理方法是将处理代码置于 if 语句中，如果对象不为空才进行数据处理操作，如声明并初始化点集 pts，将处理代码置于 if 语句中，可避免此类错误，代码片段如下：

```
if(pts.Count>0)
{
  //添加处理代码
}
```

空引用异常处理方法之二是将可能出现异常的代码置于 try … catch … 语句块中。try 块就像一个特殊的“保护区”，它标识出了一段可能会引发异常的代码块，后续会紧跟一个或多个 catch 块与之配合使用。这个被 try 包裹的代码区，就是受保护代码，一旦其中的语句执行出现异常情况，程序就会立即跳转到对应的 catch 块进行异常处理。catch 关键字就是用于表示异常捕获的关键标识，可以根据可能出现的不同类型的异常，列出多个 catch 语句来分别捕获它们。

【例 Chapter04_6】：创建一个 Windows 应用程序，建立一个引用类型，不进行初始化，观察其被调用时出现的异常。分别用 if 语句和 try…catch…解决此异常，并弹出消息框进行提示。

新建 Windows 窗体应用程序，命名为“WindowsFormsExceptionHandling”，窗体 Form1 的 Text 属性修改为“异常处理”。拖入 button1、button2 和 button3，它们的 Text 属性分别改为“有异常”“if 修改”和“try 修改”，添加 richTextBox1，用于显示计算信息。

首先在 Form1 类中声明点集，代码如下：

```
List<Point> pts=new List<Point>();
```

在 button1 的 Click 事件响应函数中添加以下代码,实现有异常计算。

```
private void button1_Click(object sender, EventArgs e)
{
    richTextBox1.Text += "列表第一个元素为:"+pts[0].X.ToString();
    MessageBox.Show("计算成功!");
}
```

单击“有异常”按钮运行程序，出现如图 4.8 所示的“System. ArgumentOutofRange Exception”异常，致使消息框无法弹出，原因是 pts 列表没有初始化，导致索引超限。

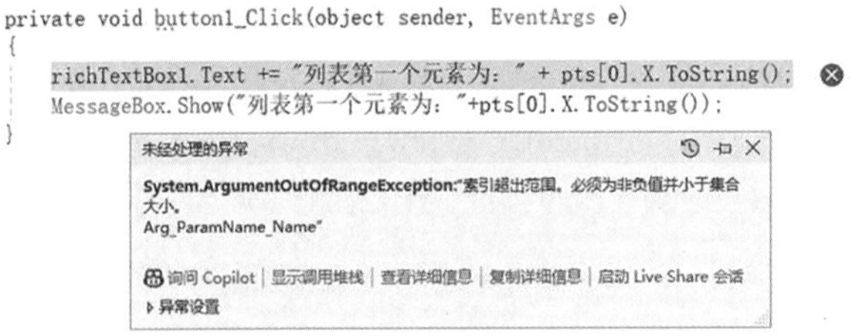

图 4.8　索引超限异常

在 button2 的 Click 事件响应函数中添加以下代码，实现 if 修正。程序运行异常时进入 else 分支，程序不会报错。

```
private void button2_Click(object sender, EventArgs e)
{
  if (pts.Count>0)
  {
    richTextBox1.Text += "列表第一个元素为:"+pts[0].X.ToString();
    MessageBox.Show("计算成功!");
  }
  else
```

```
        {
          MessageBox.Show("计算失败！请先初始化点集列表！");
        }
    }
```

在 button3 的 Click 事件响应函数中添加以下代码，实现 try...catch...语句修正。添加到 try...catch...语句块后，即使 pts 为空，程序也不会报错，可见使用 try...catch...语句块可以增强程序的健壮性，本书推荐使用本方法解决程序异常问题。

```
    private void button3_Click(object sender, EventArgs e)
    {
      try
      {
        richTextBox1.Text += "列表第一个元素为:"+pts[0].X.ToString();
        MessageBox.Show("计算成功!");
      }
      catch (Exception ex)
      {
        MessageBox.Show(ex.ToString(),"异常信息",MessageBoxButtons.
OK,MessageBoxIcon.Warning);
      }
    }
```

4.4 测绘算法设计

算法是实现特定任务的一系列计算方法和步骤，C#编程基础中曾学过一些典型算法，如数值交换、各类排序算法、二分查找算法等。本节结合测绘工作中的具体问题，讲解算法设计原理和几个典型测绘算法设计与实现。

4.4.1 算法设计原理

算法设计原理是指导算法设计的基本思想和方法，它的特点是抽象化、逐步求解、迭代与递归、优化和健壮性。抽象化体现在它忽略问题的非本质细节，只保留关键特征；逐步求解是将问题分解成若干子问题，逐步求解；迭代与递归是通过重复计算或自相似的方式解决问题；优化是在解决问题的前提下，尽可能提高算法的效率；健壮性体现在算法具有较好的运行稳定性、计算正确性和可移植性。测绘程序算法设计步骤如下。

1. 理解问题

深入理解问题，抓住问题本质，明确问题的输入、输出、约束条件，粗略提出问题的计算步骤和编程思想。

2. 建立数学模型

将问题抽象成数学模型，对数学计算步骤进行分解，将复杂问题分为几个模块或部分，设计好各部分的输入输出。

3. 设计算法

根据问题类型选择合适的算法设计，包括已有典型算法的应用等。这一步从宏观上规划算法步骤和流程控制，具有严密的逻辑要求。

4. 分析算法

评估算法的时间复杂度和空间复杂度。中小型程序可以忽略，大型程序必须考虑。

5. 实现算法

使用编程语言实现算法，是将“设计算法”进行具体化的过程，对逻辑思维能力和编程能力要求较高，编程时必须保证每一步计算结果的正确性。

6. 测试算法

通过测试验证算法的正确性和效率。应选择尽量多的用例来测试程序在各种可能情况下的运行情况，它是保证程序健壮性、降低时间复杂度和空间复杂度的必选步骤。

4.4.2　方法与算法

测绘程序设计需要编写大量方法，方法算法没有固定的对应关系，一个方法可以体现一个或几个算法，一个算法也可能是由一个或几个方法组成。从算法原理看，一个方法实质就是一个算法，目的是解决一类问题而非一个问题。

【例 Chapter04_7】：设计一个 Windows 应用程序，实现弧度转度分秒计算。转换弧度值 2.35，将结果输出到 richTextBox 控件中。(说明：弧度是一个无量纲的数，角度是一个有量纲的数，且常常写成小数形式，如 15°17′46″表示为 15.1746，这里的 15.1746 不再表示数值。)

新建 Windows 窗体应用程序，命名为“WindowsFormsRad2Angle”，窗体 Form1 的 Text 属性修改为“弧度转角度”。拖入 button1，Text 属性命名为“转换为数值”，拖入 button2，Text 属性命名为“转换为字符串”，添加 splitContainer1，在 Panel1 上添加 richTextBox1 控件，用于显示转换后的数值，在 Panel2 上添加 richTextBox2 控件，用于显示转换后的字符串，两个 RichTextBox 控件的 Dock 属性均修改为“Fill”。

1. 算法设计

弧度转角度的计算方法如公式(4-1)所示，其中 R 是弧度，A 是角度，公式虽简单，但转化过来的单位是度(°)，还要转换为度分秒形式。

$$A = R \times \frac{180^\circ}{\pi} \tag{4-1}$$

为了实现计算，设计以下计算流程：

(1)将弧度数代入公式(4-1)计算出数值。

(2)进行度、分、秒位数字提取，按照取位相减乘以进制的方法取值，例如 3.6245°，先取数字“3”作为度位数值，然后用(3.6245−3)°×60=37.47′求取分位数值 37，最后用(37.47−37)′×60=28″，得秒位数值 28。

(3)组成角度数值，度位数值+分位数值/100+秒位数值/10000，如第(2)步数值最终为 A=3+37/100+28/10000=3.3728，即 3°37′28″。

(4)利用典型数值进行计算验证，如利用 C#的 Math.PI 进行验证。

2. 编程实现

按照算法的设计步骤编程，在 Form1 类中编写 Rad2Angle( )方法，实现代码如下：

```
public double Rad2Angle(double r)
{
  double a=r*180/Math.PI;
  double d=Math.Truncate(a);
  double m=Math.Truncate((a-d)*60);
  double s=Math.Truncate((((a-d)*60)-m)*60);
  return d+m/100+s/10000;
}
```

在 button1 的 Click 事件响应函数中调用 Rad2Angle( )方法，并将结果显示到 richTextBox1 中，代码如下：

```
private void button1_Click(object sender, EventArgs e)
{
  double t=Rad2Angle(2.35);
  richTextBox1.Text="2.35 转换为角度值为:"+t.ToString("0.0000");
}
```

弧度 2.35 转换为角度数值 134.3842，即 134°38′42″。Rad2Angle( )方法转换的角度数值并不友好，为此封装了一个 Rad2Angle_ string( )方法，使弧度转换角度的结果是字符串形式，Rad2Angle_ string( )方法代码如下：

```
public string Rad2Angle_string(double r)
{
  double a=r*180/Math.PI;
  if (a<0)
  {
    a=Math.Abs(a);
    double d=Math.Truncate(a);
```

```
        double m=Math.Truncate((a-d) * 60);
        double s=Math.Truncate((((a-d) * 60)-m) * 60);
        string str="-"+d.ToString()+"°"+m.ToString()+"′"+s.ToString
()+"″";
        return str;
      }
      else
      {
        double d=Math.Truncate(a);
        double m=Math.Truncate((a-d) * 60);
        double s=Math.Truncate((((a-d) * 60)-m) * 60);
        string str=d.ToString()+"°"+m.ToString()+"′"+s.ToString
()+"″";
        return str;
      }
    }
```

在 Button2 的 Click 事件响应函数中调用 Rad2Angle_string( ) 方法，并将结果显示到 richTextBox2 中，代码如下：

```
    private void button2_Click(object sender, EventArgs e)
    {
      string t=Rad2Angle_string(2.35);
      richTextBox2.Text="2.35 转换为角度值为:"+t;
    }
```

运行程序，结果如图 4.9 所示。可以仿照这个算法编写一个角度到弧度的转换算法，要注意度位数字不变，分、秒位上的数值分别除以 60 和 3600，然后和度位数值相加，得到无量纲弧度值。

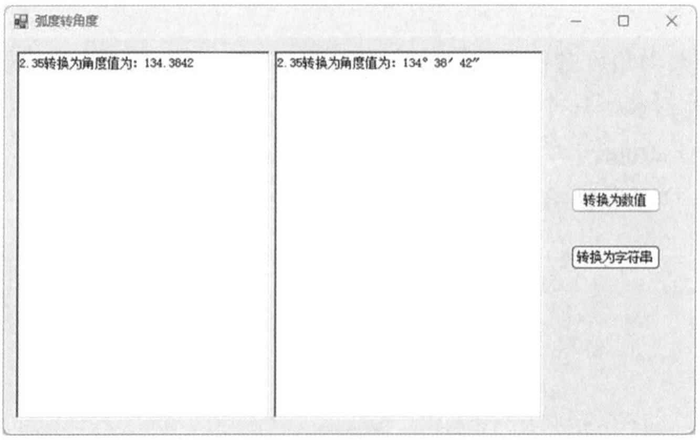

图 4.9　弧度转角度算法

4.4.3　典型算法

测绘程序设计中有许多典型算法，如寻找坐标最值、卷积运算、迭代运算、反距离加权插值算法、绘制地形图符号、凸包生成算法等，这里以卷积运算、迭代运算、反距离加权高程插值和绘制地形图符号为例，讲授算法设计方法及其编程实现。

1. 卷积运算

在遥感图像处理中，经常要进行图像增强、图像滤波、边缘提取等操作，将原始影像与算子模板进行卷积计算。本题采用文本数据做矩阵卷积运算，这种思想可应用于图像处理。

【例 Chapter04_8】：模板数据(M)和图像数据(N)均是二维分布数据，在数学中可以用矩阵表示，在 C#中可以用数组表示。模板数据(3×3 矩阵)和图像数据(10×10 矩阵)如图 4.10 所示。为了进行卷积运算，这里提供两种计算方法，算法 1 采用公式(4-2)计算，算法 2 采用公式(4-3)计算。

(a)模板数据　　　　(b)图像数据

图 4.10　模板数据和图像数据

$$V_{I,J}=\frac{\sum_{i=0}^{2}\sum_{j=0}^{2}M_{i,j}\cdot N_{I-i-1,J-j-1}}{\sum_{i=0}^{2}\sum_{j=0}^{2}M_{i,j}} \tag{4-2}$$

$$V_{I,J}=\frac{\sum_{i=0}^{2}\sum_{j=0}^{2}M_{i,j}\cdot N_{9-(I-i-1),9-(J-j-1)}}{\sum_{i=0}^{2}\sum_{j=0}^{2}M_{i,j}} \tag{4-3}$$

说明：当 $I-i-1<0$ 或 $J-j-1<0$ 或 $I-i-1>9$ 或 $J-j-1>9$ 时，$M_{i,j}=0$。

创建一个 Windows 窗体应用程序，命名为“WindowsFormsConvolution”，窗体 Form1 的 Text 属性修改为“卷积运算”。拖入 button1，Text 属性命名为“卷积运算”，添加 splitContainer1，其 Panel1 上添加 richTextBox1 和 richTextBox2 控件，调整好位置和大小，使之完全覆盖 Panel1。Panel2 上添加 richTextBox3 控件，其 Dock 属性修改为“Fill”。添加 openFileDialog1，用于打开模板和图像。

首先在 Form1 类中声明模板 M 和图像 N，代码如下：

```
public double[,] N=new double[10, 10];
public double[,] M=new double[3, 3];
```

封装 getM_txt( )方法，实现 txt 格式模板数据读取，读取的结果保存到一个 double 类型二维数组中，实现代码如下：

```
private double[,] getM_txt()
{
  openFileDialog1.Title="打开模板";
  openFileDialog1.Filter="文本文件(*.txt)|*.txt";
  if (openFileDialog1.ShowDialog() == DialogResult.OK)
  {
    string str=openFileDialog1.FileName;
    if (File.Exists(str))
    {
      StreamReader sr=new StreamReader(str, Encoding.Default);
      while (! sr.EndOfStream)
      {
        for (int i=0; i<3; i++)
        {
          string[] items=sr.ReadLine().Split(',');
          for (int j=0; j<items.Length; j++)
          {
            M[i, j]=double.Parse(items[j]);
          }
        }
      }
      sr.Close();
    }
  }
  return M;
}
```

类似地，封装 getN_txt( )方法，实现 txt 格式图像读取，读取的结果也保存到一个 double 类型二维数组中，实现代码如下：

```
public double[,] getN_txt()
{
  openFileDialog1.Title="打开图像";
  openFileDialog1.Filter="文本文件(*.txt)|*.txt";
  if (openFileDialog1.ShowDialog() == DialogResult.OK)
```

```
    }
    string str=openFileDialog1.FileName;
    if (File.Exists(str))
    {
      StreamReader sr=new StreamReader(str, Encoding.Default);
      while (! sr.EndOfStream)
      {
        for (int i=0; i<10; i++)
        {
          string[] items=sr.ReadLine().Split(',');
          for (int j=0; j<items.Length; j++)
          {
            N[i, j]=double.Parse(items[j]);
          }
        }
      }
      sr.Close();
    }
  }
  return N;
}
```

接下来封装 Algorithm12( )，实现算法 1 和算法 2 卷积运算，该方法有 3 个参数，第一个参数是模板 M，第二个参数是图像 N，第三个参数是算法类型，该值为 1 时是第一种算法，为 2 时是第二种算法，返回值为 10×10 卷积运算后图像。Algorithm12( )方法实现代码如下：

```
public static double[,] Algorithm12(double[,] M, double[,] N, int mode)
{
  double[,] V=new double[10, 10];
  for (int I=0; I<10; I++)
  {
    for (int J=0; J<10; J++)
    {
      double upper=0;
      double under=0;
      for (int i=0; i<3; i++)
      {
        for (int j=0; j<3; j++)
```

```
            {
              if (I-i-1<0 || J-j-1<0 || I-i-1>9 || J-j-1>9)
              {
                  upper += 0;
                  under += 0;
              }
              else
              {
                switch (mode)
                {
                  case 1:
                    upper += M[i, j] * N[I-i-1, J-j-1];
                    under += M[i, j];
                    break;
                  case 2:
                    upper += M[i, j] * N[9-(I-i-1), 9-(J-j-1)];
                    under += M[i, j];
                    break;
                }
              }
            }
          }
          V[I, J]=upper/under;
          V[I, J]=Math.Round(V[I, J], 2);
        }
      }
      return V;
    }
```

双击“卷积运算”按钮进入 button1 的 Click 事件响应函数，添加以下代码，实现卷积运算，并将读取的模板 M 显示在 richTextBox1 中，图像显示在 richTextBox2 中，卷积运算结果显示在 richTextBox3 中，程序运行结果如图 4.11 所示。

```
    private void button1_Click(object sender, EventArgs e)
    {
      double[,] result=new double[10, 10];
      M=getM_txt();
      N=getN_txt();
      result=Algorithm12(M, N, 1);//卷积运算
```

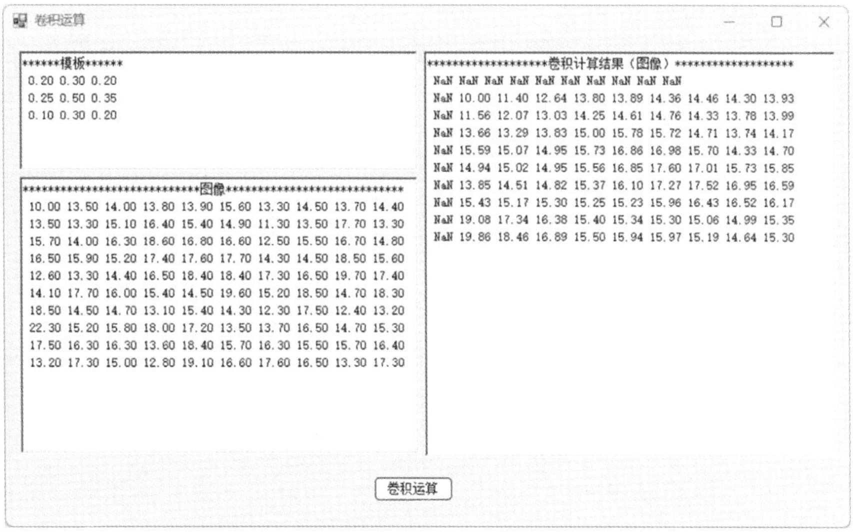

图 4.11　卷积运算(算法 1)

```
//显示模板
richTextBox1.Text += " ******模板 ******"+"\r\n";
for (int i=0; i<3; i++)
{
  string temp=" ";
  for (int j=0; j<3; j++)
  {
    richTextBox1.Text += temp+M[i, j].ToString("0.00");
  }
  richTextBox1.Text += "\r\n";
}
//显示图像
richTextBox2.Text += " ****************************图像 ****************************"+"\r\n";
for (int i=0; i<10; i++)
{
  string temp=" ";
  for (int j=0; j<10; j++)
  {
    richTextBox2.Text += temp+N[i, j].ToString("0.00");
  }
  richTextBox2.Text += "\r\n";
}
```

```
    //显示卷积计算结果(图像)
    richTextBox3.Text += "*******************卷积计算结果(图像)*******************"+"\r\n";
    for (int i=0; i<10; i++)
    {
      string temp=" ";
      for (int j=0; j<10; j++)
      {
        richTextBox3.Text += temp+result[i, j].ToString("0.00");
      }
      richTextBox3.Text += "\r\n";
    }
}
```

卷积运算是一种典型的数字图像处理运算，它是集二维数组遍历和赋值运算于一体的算法，在测绘程序设计中会经常使用。二维数组遍历要熟练掌握流程控制语言，编程前要通盘考虑需要几个循环，每个循环中做哪些操作，还要考虑计算值异常情况或特殊要求，只有通过不断练习方能巩固此项技能。

2. 迭代运算

迭代运算是一种数值计算方法，通过重复执行一系列运算步骤来逼近所需的目标或结果。其基本思想是逐次逼近，先取一个粗糙的初值，然后用同一个递推公式反复校正此初值，直至达到预定精度要求为止。

【例 Chapter04_9】：空间直角坐标向大地坐标转换的公式如式(4-4)所示，式中 X、Y、Z 为空间坐标，L、B、H 分别为经度、纬度和椭球高。参数 N 的计算方法是：椭球长半轴为 a=6378137.000，椭球扁率 f=1/298.3，短半轴 b=a·(1-f)，椭球第一偏心率平方 $e^2=\frac{a^2-b^2}{a^2}$，由 e^2 计算 $W=\sqrt{1-e^2\sin^2 B}$，再由 W 计算 $N=\frac{a}{W}$。若 X=-1707607.700，Y=4870585.527，Z=3744106.706，通过式(4-4)迭代算出 L、B、H。

$$
\begin{cases}
L=\arctan\dfrac{Y}{X}\\
B=\arctan\left(\dfrac{Z+Ne^2\sin B}{\sqrt{X^2+Y^2}}\right)\\
H=\dfrac{\sqrt{X^2+Y^2}}{\cos B}-N
\end{cases}
\tag{4-4}
$$

创建一个 Windows 窗体应用程序，命名为“WindowsFormsIteration”，窗体 Form1 的 Text 属性修改为“迭代运算”。拖入 button1，Text 属性命名为“迭代运算”，添加 richTextBox1，用于显示计算结果。

由于 L、B 均为角度制，因此先编写一个弧度数转换为度、分、秒字符串的方法

ConvertRadiansToString( )，声明代码如下：

```
public string ConvertRadiansToString(double radians)
{
  string symbol="";
  if (radians<0)
  {
    radians=Math.Abs(radians);
    symbol="-";
  }
  double dd=radians/Math.PI*180;
  double d=Math.Truncate(dd);
  double m=Math.Truncate((dd-d)*60);
  double s=Math.Round(((dd-d)*60-m)*60, 4);//返回四位小数
  string dms=symbol+d.ToString()+"°"+m.ToString()+"′"+s.
ToString()+"″";
  return dms;
}
```

双击“迭代运算”按钮进入 button1 的 Click 事件响应函数，添加以下代码实现 B 的迭代运算，并把计算前 X、Y、Z 空间直角坐标和计算后 B、L、H 大地坐标显示在richTextBox1中。

```
private void button1_Click(object sender, EventArgs e)
{
  double a=6378137.000;
  double f=1/298.3;
  double b=a-a*f;
  double e2=(Math.Pow(a, 2)-Math.Pow(b, 2))/Math.Pow(a, 2);
  double X=-1707607.700;
  double Y=4870585.527;
  double Z=3744106.706;
  double L1=Math.Atan(Y/X);
  if (X<0)//判断 L1 是否位于首子午面以西
  {
    L1 += Math.PI;
  }
  double r=Math.Sqrt(X*X+Y*Y);//中间变量
  double B0=Math.Atan(Z/r);//B 的初始值,与所求值可能差距较大
  double B1;//第一次计算结果
  while (true)
```

```
    {
        double W1 =Math.Sqrt(1-e2 * Math.Pow(Math.Sin(B0), 2));
        double N1 =a /W1;
        B1 =Math.Atan((Z+N1 * e2 * Math.Sin(B0)) /r);
        if (Math.Abs(B1-B0) <= 0.0000000001) //如果小于阈值,跳出,B1 为最终值
        {
          break;
        }
        B0 =B1; //交换值,
    }
    double W2 =Math.Sqrt(1-e2 * Math.Sin(B1) * Math.Sin(B1)); //最终 W
    double N2 =a / W2; //最终 N
    double H1 =r / Math.Cos(B1)-N2; //最终 H
    string B =ConvertRadiansToString(B1);
    string L =ConvertRadiansToString(L1);
    double H =H1;
    //显示计算结果
    richTextBox1.Text += " ************空间直角坐标转换为大地坐标迭代运算结果 ************"+"\r\n";
    richTextBox1.Text += "转换前坐标: "+"X =-1707607.700  "+"Y =4870585.527  "+"Z =3744106.706  "+"\r\n";
    richTextBox1.Text += "转换后坐标: "+"B ="+B+" L ="+L+" H ="+H.ToString("0.000")+"\r\n";
}
```

运行程序，结果如图 4. 12 所示。从【例 Chapter04_9】中可以看出，迭代运算具有如下特征：迭代计算均是在循环结构中完成的，当满足迭代条件后，跳出循环。迭代计算要找出变量初始值，从第 2 次计算开始，如果结果不满足迭代精度要求，则将结果再循环计算一次。迭代运算是一种重要的数值计算方法，在测绘程序设计时经常用到，需要熟练掌握。

3. 反距离加权高程插值

在一组点集中有某个点，该点有平面坐标但没有高程，可以此点为中心，计算它到邻近若干点(这些点具有平面坐标和高程)的水平距离，采用反距离加权方法获得内插点高程。反距离加权高程插值是一种常见的数据插值方法，常用于数字高程模型生成和等高线插值。在遥感数字图像处理中，也运用此法进行像素插值。

【例 Chapter04_10】：采用反距离加权法求内插点 P 的高程，计算方法为：以点 P(x, y)为圆心，寻找邻近的 n 个离散点 $Q_i(x_i, y_i)$，形成点集 Q，计算 P 到 Q 中每一已知点的

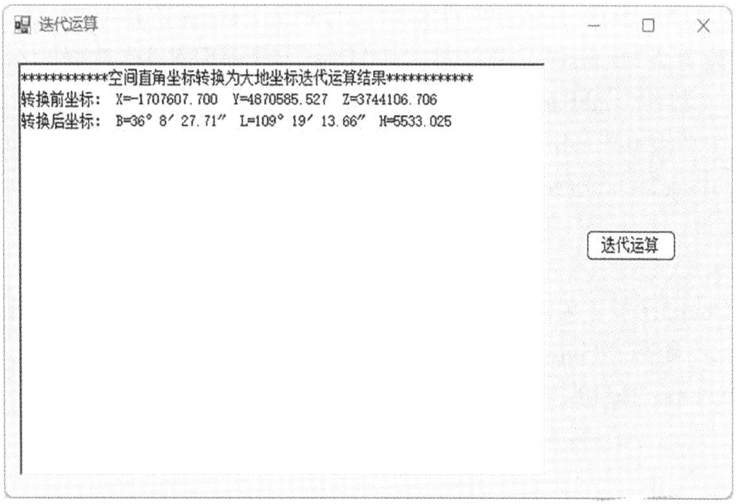

图 4.12　纬度 B 迭代运算

距离 d_i，计算公式为：

$$d_i=\sqrt{(x-x_i)^2+(y-y_i)^2} \tag{4-5}$$

计算 P 点的内插高程，设 $Q_i(x_i,\ y_i)$ 的高程为 h_i，P 点高程 h 的插值为：

$$h=\frac{\sum_{i=1}^{n}(h_i/d_i)}{\sum_{i=1}^{n}(1/d_i)} \tag{4-6}$$

点集数据如图 4.13 所示，格式为(点号，X 坐标，Y 坐标，H 高程)，利用反距离加权高程插值方法计算出点 P(115.127，539.431)的高程。

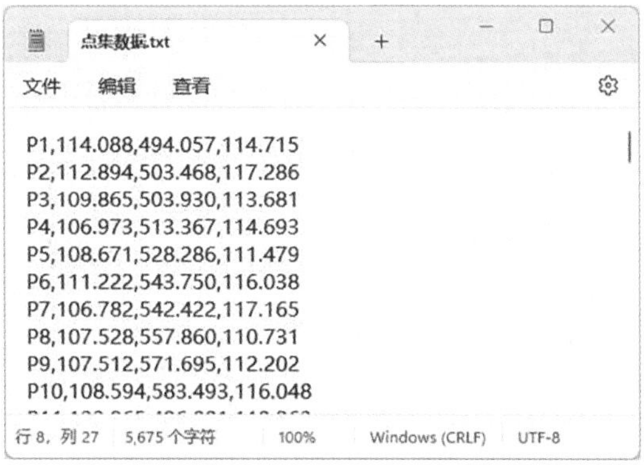

图 4.13　原始点集数据

(1)设计界面

创建一个 Windows 窗体应用程序，命名为“WindowsFormsInterpolation”，窗体 Form1 的

Text 属性修改为“反距离加权高程插值”。拖入 button1、button2、button3 和 button4，Text 属性分别修改为“读取数据”“邻近点计算”“高程插值”和“图形展示”，添加 TabControl1，Alignment 属性设置为“Bottom”，添加 4 个 tabPage，分别命名为“数据”“邻近点”“插值”和“图形”。在“数据”tabPage1 上添加 dataGridView1，在“邻近点”tabPage2 上添加 richTextBox1，在“插值”tabPage3 上添加 richTextBox2，在“图形”tabPage4 上添加 pictureBox1，tabPage1～tabPage4 上的控件 Dock 属性全部修改为“Fill”。

(2)编程实现

①读取数据

首先声明 Point3D 类，要注意此类中包含一个 double 类型字段 dist，用于记录 P 点到点集中各点的水平距离，Point3D 在 Form1 类中声明如下：

```
public class Point3D
{
  //点号
  public string Code;
  //坐标 X,Y,H
  public double X;
  public double Y;
  public double H;
  //距离
  public double dist;
  //设置点的三维坐标
  public void setXYZ(string code,double x, double y, double h)
  {
    Code=code;
    X=x;
    Y=y;
    H=h;
  }
}
```

调用 ReadData()方法读取数据，在 button1 的 Click 事件响应函数中添加以下代码，实现数据读取到表格，结果如图 4.14 所示。

```
private void button1_Click(object sender, EventArgs e)
{
  ReadData();
  tabControl1.SelectedTab=tabPage1;
}
```

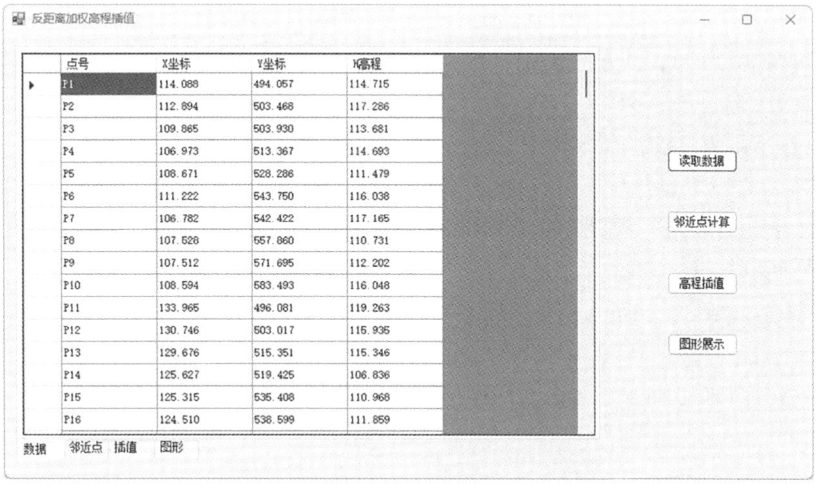

点号	X坐标	Y坐标	H高程
P1	114.088	494.057	114.715
P2	112.894	503.468	117.286
P3	109.865	503.930	113.681
P4	106.973	513.367	114.693
P5	108.671	528.286	111.479
P6	111.222	543.750	116.038
P7	106.782	542.422	117.165
P8	107.528	557.860	110.731
P9	107.512	571.695	112.202
P10	108.594	583.493	116.048
P11	133.965	496.081	119.263
P12	130.746	503.017	115.935
P13	129.676	515.351	115.346
P14	125.627	519.425	106.836
P15	125.315	535.408	110.968
P16	124.510	538.599	111.859

图 4.14　原始点集数据读取到表格

②邻近点计算

这一步是算法的核心和关键，算法流程是：首先遍历原始点集，计算所有点到 P 点的水平距离，将这些距离保存为 double 类型列表 m，然后将列表 m 升序排列，再构建一个新列表 distance，用于保存前 n 个距离。对原始列表进行遍历，如果其中的某个元素的 dist 字段等于 n 个最短距离，就把该点保存到新的 pn 中。为此封装了 get_Q( )方法，该方法第 1 个参数 n 是邻近点数，第 2 个参数 P 是插值点，第 3 个参数 OP 是原始点集，实现代码如下：

```
public List<Point3D> get_Q(int n, Point3D P, List<Point3D> OP)
{
  //新建一个 List m,用于保存 P 到各点 p 的距离
  List<double> m=new List<double>();
  foreach (Point3D p in OP)
  {
    //计算当前点 p 到原始点集每一点的距离
    double L=Math.Sqrt((P.X-p.X)*(P.X-p.X)+(P.Y-p.Y)*(P.Y-p.Y));
    if (L ! = 0)//剔除 P 点,即自身
    {
      p.dist=L;
      m.Add(L);
    }
  }
  m.Sort();
  //再新建一个 List distance,用于保存前 n 个距离(最短距离)
```

```
    List<double> distance=new List<double>();
    for (int i=0; i<n; i++)
    {
      distance.Add(m[i]);
    }
    //对原始列表进行遍历,如果其中的某个元素的 dist 变量等于 5 个最短距离,就把该点保存到新的 p5 中。
    List<Point3D> pn=new List<Point3D>();
    int C=0;
    foreach (double temp in distance)
    {
      foreach (Point3D p in OP)
        if (p.dist == temp)
        {
          C++;
          pn.Add(p);
          if (pn.Count == n)
          {
            break;
          }
        }
      }
    }
    return pn;
  }
```

调用 get_Q( )方法进行 P 的邻近点计算，并将结果显示在 richTextBox1 中。在 button2 的 Click 事件响应函数中添加以下代码实现指定数目邻近点寻找，结果如图 4.15 所示。

```
  private void button2_Click(object sender, EventArgs e)
  {
    Point3D P=new Point3D();
    P.setXYZ("P", 115.127, 539.431, 0);
    List<Point3D> OriPoints=DataToList();
    if (OriPoints != null)
    {
      //计算邻近 5 点
      List<Point3D> pts5=get_Q(5, P, OriPoints);
      richTextBox1.Clear();
      richTextBox1.Font=new Font("Arial", 12, FontStyle.Regular);
      richTextBox1.Text += " ****************P 点的邻近 5 点点集*********
```

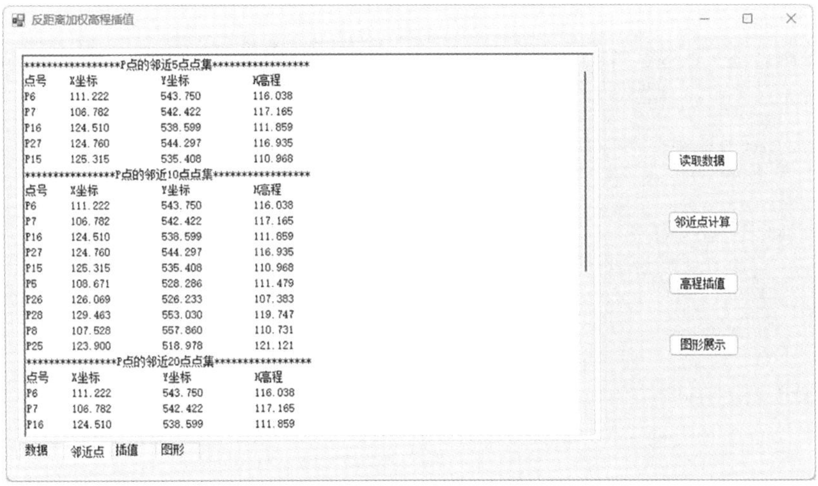

图 4.15 P 点邻近点寻找

```
********"+"\r\n";
        richTextBox1.Text+="点号"+"\t"+"X 坐标"+"\t\t"+"Y 坐标"+"\t\t"+"H 高程"+"\t\t"+"\r\n";
        foreach (var p in pts5)
        {
          richTextBox1.Text += p.Code+"\t"+p.X.ToString("0.000")+"\t\t"+p.Y.ToString("0.000")+"\t\t"+p.H.ToString("0.000")+"\t\t"+"\r\n";
        }
        //计算邻近 10 点
        List<Point3D> pts10=get_Q(10, P, OriPoints);
        richTextBox1.Text += " *****************P 点的邻近 10 点点集*****************"+"\r\n";
        richTextBox1.Text += "点号"+"\t"+"X 坐标"+"\t\t"+"Y 坐标"+"\t\t"+"H 高程"+"\t\t"+"\r\n";
        foreach (var p in pts10)
        {
          richTextBox1.Text += p.Code+"\t"+p.X.ToString("0.000")+"\t\t"+p.Y.ToString("0.000")+"\t\t"+p.H.ToString("0.000")+"\t\t"+"\r\n";
        }
        //计算邻近 20 点
        List<Point3D> pts20=get_Q(20, P, OriPoints);
```

```
        richTextBox1.Text += " ****************P 点的邻近 20 点点集 *****************"+"\r\n";
        richTextBox1.Text+="点号"+"\t"+"X 坐标"+"\t\t"+"Y 坐标"+"\t\t"+"H 高程"+"\t\t"+"\r\n";
        foreach (var p in pts20)
        {
          richTextBox1.Text += p.Code+"\t"+p.X.ToString("0.000")+"\t\t"+p.Y.ToString("0.000")+"\t\t"+p.H.ToString("0.000")+"\t\t"+"\r\n";
        }
        tabControl1.SelectedTab=tabPage2;
      }
      else
      {
        MessageBox.Show("请先读取数据!", "邻近点信息读取", MessageBoxButtons.OK, MessageBoxIcon.Warning);
      }
    }
```

③高程插值

反距离高程加权插值是利用式(4-6)计算 P 点高程，为此封装了 Interpolation( )方法进行 P 点的高程计算(请读者自行编写 Interpolation( )方法)，并将结果显示在 richTextBox2 中。在 button3 的 Click 事件响应函数中添加以下代码进行反距离高程插值计算。

```
    private void button3_Click(object sender, EventArgs e)
    {
      Point3D P=new Point3D();
      P.setXYZ("P", 115.127, 539.431, 0);
      List<Point3D> OriPoints=DataToList();
      if (OriPoints != null)
      {
        //计算邻近 5 点插值结果
        List<Point3D> pts5=get_Q(5, P, OriPoints);
        P.H=Interpolation(P, pts5);
        richTextBox2.Clear();
        richTextBox2.Font=new Font("Arial", 12, FontStyle.Regular);
        richTextBox2.Text += " ***********P 邻近 5 点高程插值 ***********"+"\r\n";
        richTextBox2.Text += "P 点的高程为:"+"PH="+P.H.ToString("0.000")+"\t"+"\r\n";
```

```
        //计算邻近 10 点插值结果
        List<Point3D> pts10=get_Q(10, P, OriPoints);
        P.H=Interpolation(P, pts10);
        richTextBox2.Text += " ***********P 邻近 10 点高程插值 ********** "+
"\r\n";
        richTextBox2.Text += "P 点的高程为:"+"PH="+P.H.ToString
("0.000")+"\t"+"\r\n";
        //计算邻近 20 点插值结果
        List<Point3D> pts20=get_Q(20, P, OriPoints);
        P.H=Interpolation(P, pts20);
        richTextBox2.Text += " ***********P 邻近 20 点高程插值 ********** "+
"\r\n";
        richTextBox2.Text+="P 点的高程为:"+"PH="+P.H.ToString("0.000")+
"\t"+"\r\n";
        tabControl1.SelectedTab=tabPage3;
      }
      else
      {
        MessageBox.Show("请先读取数据!", "邻近点信息读取", MessageBox
Buttons.OK, MessageBoxIcon.Warning);
      }
    }
```

运行程序后，单击“高程插值”按钮，结果如图 4.16 所示。由图中结果可以看出，随着 P 点周围点数的变化，其高程插值也在发生变化。

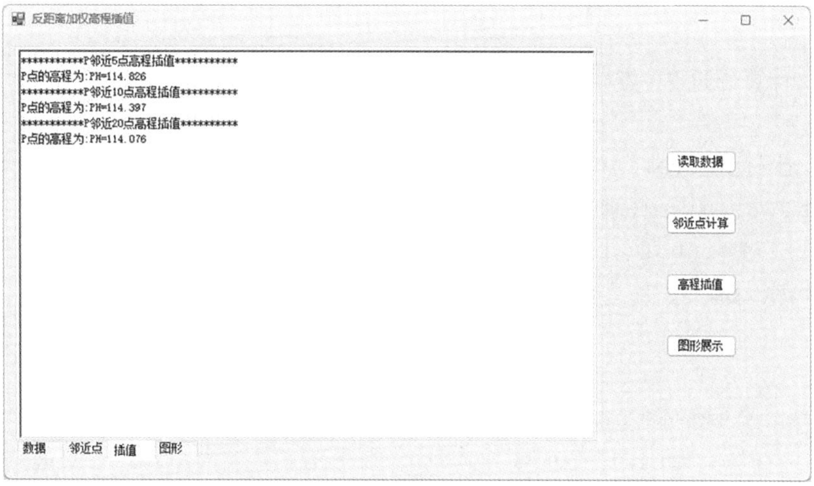

图 4.16　P 点反距离加权高程插值计算

④图像显示

这一步是为了验证步骤①~②的计算结果是否正确，编程基本思想是：首先声明一个 DrawingPoints( )方法，绘制出 P 点与其邻近点集(本例选邻近 20 点)，然后以 P 点为圆心，P 点到各邻近点的水平距离为半径绘制同心圆，与图 4.15 结果进行比对，最终验证程序计算的正确性。

DrawingPoints( )方法是在位图对象中绘制图形，返回结果为 Bitmap 对象，其声明与实现如下：

```
public Bitmap DrawPoints()
{
  Bitmap bmap=new Bitmap(pictureBox1.Width, pictureBox1.
Height);
  Graphics gph=Graphics.FromImage(bmap);
  gph.CompositingQuality=CompositingQuality.HighQuality;
  gph.InterpolationMode=InterpolationMode.HighQualityBicubic;
  gph.SmoothingMode=SmoothingMode.HighQuality;
  gph.PixelOffsetMode=PixelOffsetMode.HighQuality;
  gph.Clear(Color.White); //清空背景
  //定义画笔画刷
  Pen pen=new Pen(Color.Blue, 0.2f);
  Brush brush=new SolidBrush(Color.Black);
  Brush brush1=new SolidBrush(Color.Red);
  Point3D P=new Point3D();
  P.setXYZ("P", 115.127, 539.431, 0);
  List<Point3D> OriPoints=DataToList();
  if (OriPoints ! = null)
  {
    //计算邻近 20 点
    List<Point3D> pts20=get_Q(20, P, OriPoints);
    //坐标变换,pictureBox1 左下角为坐标原点,X 轴向上,Y 轴向右
    P=TransformCoods(P, pictureBox1.Height, 200, -75);
    List<Point3D> pts20_3D=new List<Point3D>();
    for (int i=0; i<pts20.Count; i++)
    {
      Point3D ptsTemp=new Point3D();
      ptsTemp=TransformCoods(pts20[i], pictureBox1.Height, 200,
-75);
      pts20_3D.Add(ptsTemp);
    }
```

```
        gph.ScaleTransform(5f, 5f);
        //绘制 P 点,用小正方形表示
        gph.FillRectangle(brush, (int)(P.X-1), (int)(P.Y-1), 1, 1);
        //绘制 P 点点号
        gph.DrawString(P.Code, new Font("TimesNewRoman", 3f), brush1,
new Point((int)P.X, (int)P.Y));
        //绘制邻近 20 点
        foreach (var p in pts20_3D)
        {
          gph.FillEllipse(brush1, (int)p.X, (int)p.Y, 0.5f, 0.5f);
        }
        //绘制同心圆
        foreach (var p in pts20_3D)
        {
          //求半径
          double r=Math.Sqrt((p.X-P.X)*(p.X-P.X)+(p.Y-P.Y)*(p.Y-
P.Y));
          //绘制同心圆
          gph.DrawEllipse(pen, (int)(P.X-r), (int)(P.Y-r), (int)(r*
2), (int)(r*2));
          //绘制点号
           gph.DrawString(p.Code, new Font("TimesNewRoman", 2f),
brush1, new Point((int)p.X, (int)p.Y));
        }
        gph.Dispose();
        return bmap;
      }
      else
      {
        MessageBox.Show("绘图失败!", "绘图信息", MessageBoxButtons.OK,
MessageBoxIcon.Warning);
        return null;
      }
    }
```

为了将 pictureBox1 的控件坐标系改为和测量坐标系一致，设计了 TransformCoods( )方法，该方法参数 pt 为控件坐标，h 为控件高度，deltaX 和 deltaY 是分别沿着新的 X、Y 方向偏移量。TransformCoods( )方法可将第②步计算的点集进行坐标转换，实现代码如下：

```
    public Point3D TransformCoods(Point3D pt, int h, int deltaX, int
```

```
deltaY)
    {
      double x=pt.X;
      double y=pt.Y;
      double X=h-y;
      double Y=x;
      Point3D temp=new Point3D();
      temp.Code=pt.Code;
      temp.X=X+deltaX;
      temp.Y=Y+deltaY;
      temp.H=pt.H;
      temp.dist=pt.dist;
      return temp;
    }
```

在 button4 的 Click 事件响应函数中添加以下代码以实现邻近点绘图。

```
private void button4_Click(object sender, EventArgs e)
{
  Bitmap bmp=DrawPoints();  //得到画布
  if (bmp ! = null)
  {
    pictureBox1.BackgroundImage=bmp;  //得到图片
    pictureBox1.BackgroundImageLayout=ImageLayout.Stretch;
    tabControl1.SelectedTab=tabPage4;
  }
  else
  {
    MessageBox.Show("查看是否读入数据!","图像信息",MessageBox
Buttons.OK,MessageBoxIcon.Warning);
  }
}
```

运行程序，结果如图 4.17 所示。从图中可见邻近点顺序与图 4.15 所示结果一致，但由于进行了坐标转换，其坐标值与图 4.15 不同。由于绘制点位的像素偏差，部分测点不在同心圆上。

4. 绘制地形图符号

地形图符号包括地物符号、地貌符号和注记符号。地物符号用于表示地物的类别、形状、大小及位置。根据描绘方法的不同，地物符号可以分为比例符号、非比例符号、半比例符号和填充符号。地貌符号主要用于表示大、中比例尺地形图中的地貌特征，主要采用

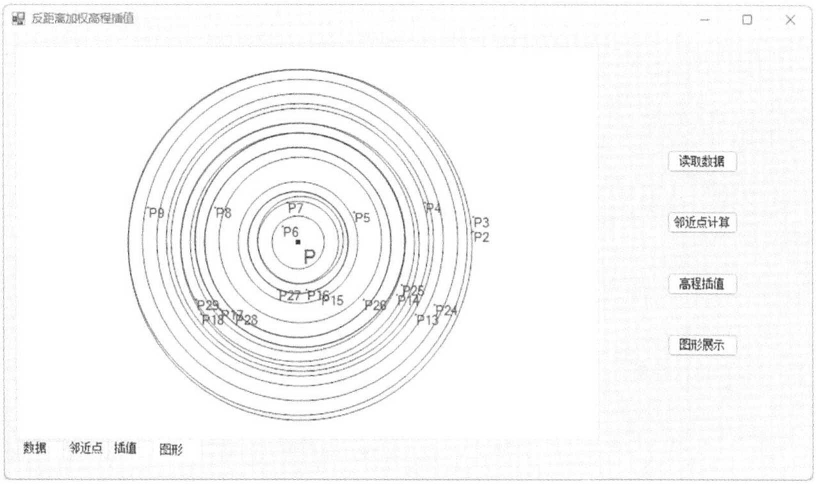

图 4.17 P 的邻近点绘图

等高线法。对于特殊地貌，如峭壁、冲沟、梯田等，采用特殊符号表示。注记符号用于补充说明地物的信息，分为地名注记和说明注记。地名注记包括行政区划、居民地、道路、河流、湖泊等的名称；说明注记则包括文字和数字注记，如房屋的结构与层数、管线的性质与输送物质等。

【例 Chapter04_11】：在地图中常用五角星符号"★"表示首都北京。五角星符号可以看作其内接圆分割的图形，据此设计一个绘图算法，实现"★"符号绘制。要求：根据五角星的内接圆的圆心和半径进行符号绘制。

(1)绘图算法设计

算法设计思路是，根据五角星各凸顶点夹角为36°的特性，进行假设和推理，推算出各顶点坐标，然后利用这些顶点进行多边形填充，实现五角星绘制。

五角星绘图原理如图 4.18 所示，假设已知五角星中心点坐标为 $O(x_0, y_0)$，中心点到凸角点的半径为 R，到凹角点的半径为 r，A 点坐标为 $A(x_0, y_0-R)$，然后由 A 点坐标推算 B~J 点坐标。在△AOB 中，$r=\frac{\sin 18°}{\sin 126°}R$，运用坐标正算原理，得 B 点坐标为 $B(x_0+r\sin 36°, y_0-r\cos 36°)$，同理 C 点坐标为 $C(x_0+R\sin(2\times 36°), y_0-R\cos(2\times 36°))$，D 点坐标为 $D(x_0+r\sin(3\times 36°), y_0-r\cos(3\times 36°))$，由此归纳五角星奇数编号点(A、C、E、G、I)坐标计算如公式(4-7)所示，偶数编号点(B、D、F、H、J)坐标计算如式(4-8)所示。

$$\begin{cases}X_i=x_0+R\sin(i\times 36°)\\Y_i=y_0-R\cos(i\times 36°)\end{cases}\quad(i=0, 2, 4, 6, 8)\tag{4-7}$$

$$\begin{cases}X_i=x_0+r\sin(i\times 36°)\\Y_i=y_0-r\cos(i\times 36°)\end{cases}\quad(i=1, 3, 5, 7, 9)\tag{4-8}$$

(2)编程与实现

创建 Windows 窗体应用程序，项目和解决方案命名为"WindowsFormsDrawingFiveStar"，窗体 Form1 的 Text 属性修改为"绘制地形图符号"。拖入 button1，Text 属性修

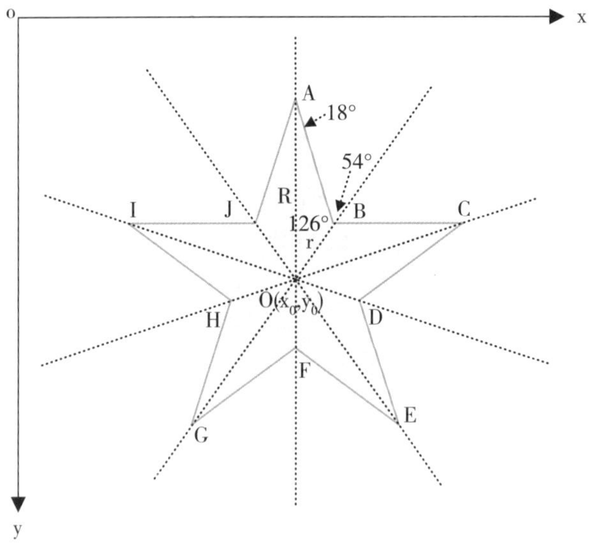

图 4.18　五角星绘图原理

改为“绘制五角星”，拖入 pictureBox1，用于绘制五角星。

在 Form1 类中编写 FiveStarPoints( )方法，实现式(4-7)和式(4-8)五角星的坐标点计算，将计算结果封装为 List<PointF>进行返回。

```
public List<PointF> FiveStarPoints(float R, PointF P)
{
  float r = (float)((R * Math.Sin(Math.PI/10))/(Math.Sin(7 * Math.PI/10)));
  List<PointF> pts = new List<PointF>();
  for (int i = 0; i<10; i++)
  {
    if (i % 2 == 1)
    {
      PointF ptemp = new PointF((float)(P.X + r * Math.Sin(i * Math.PI/5)), (float)(P.Y-r * Math.Cos(i * Math.PI/5)));
     pts.Add(ptemp);
    }
    else
    {
      PointF ptemp = new PointF((float)(P.X + R * Math.Sin(i * Math.PI/5)), (float)(P.Y-R * Math.Cos(i * Math.PI/5)));
     pts.Add(ptemp);
    }
```

```
    }
    return pts;
}
```

在 button1 的 Click 事件响应函数中，调用 FiveStarPoints( )方法，利用获取的五角星边界顶点，用黄色画笔绘制轮廓，用红色画刷填充内部，响应函数调用代码如下：

```
private void button1_Click(object sender, EventArgs e)
{
    Graphics g=pictureBox1.CreateGraphics(); //创建画板
    Pen p=new Pen(Color.Yellow, 2);//定义了一个蓝色,宽度为 2 的画笔
    List<PointF> fps=FiveStarPoints(100, new PointF(200,200));
    g.DrawPolygon(p, fps.ToArray());
    g.FillPolygon(new SolidBrush(Color.Red), fps.ToArray());
}
```

运行程序后，单击"绘制五角星"按钮，结果如图 4.19 所示。【例 Chapter04_11】展示了绘制图形的简单算法设计过程，在测绘程序设计中经常需要设计一些小算法，这些算法实现时需将数学推演和计算机编程相结合。

图 4.19　五角星地图符号绘制

◎ 本章小结

本章也是全书的重要章节之一，通过列举大量实例，阐述了测绘程序设计中方法、类、异常处理和简单算法设计。在方法、类、异常处理的学习中介绍了编程知识要点、易错点和注意事项，重点讲解了测绘程序简单算法设计，以卷积运算、迭代运算、反距离加权高程插值算法和绘制地形图符号为例展开了详细讲解。建议初学者在学习实例之后，多做类似的简单算法设计，以提升测绘程序算法设计能力。

项目篇：
测绘程序开发案例

第5章　高 程 测 量

常规高程测量方法有水准测量和电磁波测距三角高程测量(以下简称三角高程测量)，水准测量适合所有高程测量，而电磁波测距三角高程测量仅适用于低等级高程测量，如四、五等水准测量。本章以三角高程测量平差计算为例说明三角高程计算原理，并对编程关键知识进行详细讲解。

◎ 学习目标

掌握三角高程测量平差计算原理；掌握函数封装的基本方法；重点掌握 DataGridView 控件各种操作，包括将 txt 数据读到 DataGridView 控件，用遍历的方式读写含有数据的 DataGridView 单元格数值等；掌握文件的读写基本方法；掌握程序调试方法。

5.1　三角高程测量平差计算原理

由"测量学"可知，三角高程测量工作效率明显高于同等级水准测量，尤其适用于高差较大区域的高程测量，如图 5.1 所示，A、B 分别为全站仪测站点和棱镜点，A 到 B 的竖直角为 α，水平距离为 D，仪器高为 i，棱镜高为 v，假设观测时的球气差为 f，则 A、B 测站的高差 h 计算方法如式(5-1)所示。

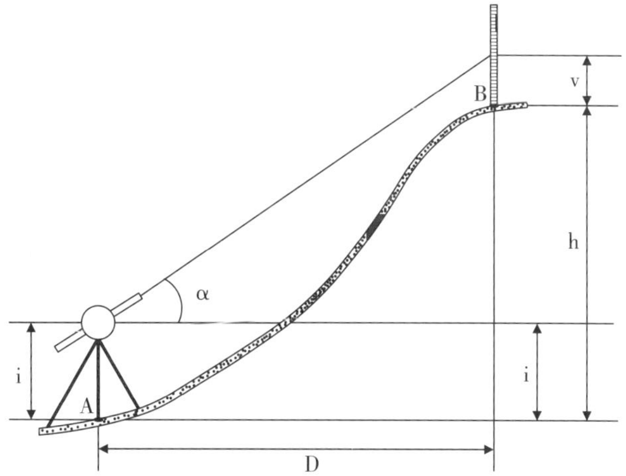

图 5.1　电磁波测距三角高程测量原理

$$h = D\tan\alpha + i - v + f \tag{5-1}$$

式中，f为球气差，表示地球曲率和大气折光对高程测量的影响。f计算方法如式(5-2)所示，其中R为地球平均曲率半径，一般取6371000m。

$$f = 0.43\frac{D^2}{R} \tag{5-2}$$

由式(5-1)易知，如要测定A、B两测站高差，必须观测仪器高i、镜高v、水平距离D和竖直角α，平差计算时还要考虑球气差f。根据工程测量规范，电磁波测距三角高程测量代替四、五等水准测量需要对向(往返)观测，因此对于某一测段，有往返两组观测值(表5.1)。

表5.1　**三角高程测量平差计算**

编号	点名	往返	仪器高	镜高	平距	竖直角(度.分秒)	两差改正	实测高差	平均高差	高差改正数	改正后高差	高程
1	BMA	往	1.508	1.456	243.168	1.0842	**0.004**	**4.916**				153.886
2	1	返	1.486	1.700	243.168	−1.0636	**0.004**	**−4.922**	**4.919**	**0**	**4.919**	**158.805**
3	1	往	1.486	1.637	295.618	0.3248	**0.006**	**2.676**				
4	2	返	1.560	1.600	295.618	−0.3236	**0.006**	**−2.837**	**2.756**	**−0.001**	**2.755**	**161.560**
5	2	往	1.560	1.514	329.750	0.1842	**0.007**	**1.847**				
6	3	返	1.488	1.442	329.750	−0.1954	**0.007**	**−1.856**	**1.852**	**−0.001**	**1.851**	**163.411**
7	3	往	1.488	1.389	284.549	2.3330	**0.005**	**12.818**				
8	4	返	1.503	1.520	284.549	−2.3330	**0.005**	**−12.726**	**12.772**	**−0.001**	**12.771**	**176.182**
9	4	往	1.503	1.456	252.087	−1.3654	**0.004**	**−7.056**				
10	5	返	1.464	1.340	252.087	1.3424	**0.004**	**7.052**	**−7.054**	**0**	**−7.054**	**169.128**
11	5	往	1.464	1.662	238.789	−0.1848	**0.004**	**−1.500**				
12	BMB	返	1.513	1.425	238.789	0.2012	**0.004**	**1.495**	**−1.498**	**0**	**−1.498**	167.630
13	$\sum$				**3287.992**				**13.747**	**−0.003**	**13.744**	

仿照四等附合水准测量平差计算方法，在表5.1中增加了过程计算：两差改正、实测高差、平均高差、高差改正数和改正后高差，最后一列计算各未知点高程，最后一行进行参数求和统计。具体的计算流程是：两差改正按照式(5-2)计算，实测高差按式(5-1)计算，平均高差=(往测高差−返测高差)/2，高差改正数=−高差闭合差×测段水平距离/每公里高差改正数，其中高差闭合差=平均高差累积和−理论高差=平均高差累积和−(终点高程−起点高程)，即高差改正数=(终点高程−平均高差累积和−起点高程)×测段水平距离/每公里高差改正数，改正后高差=平均高差+高差改正数，未知点高程=前一点高程+前一点至本点改正后高差。

表5.1所有距离单位均为米，竖直角格式为度.分秒，如1.0842表示1°08′42″，因此程序设计时需要考虑角度和弧度互换问题。按照前述计算方法，两差改正、实测高差、平均高差、高差改正数、改正后高差、高程和有意义参量累加计算结果如表5.1粗体文字所示。计算结束后，需要验证是否超限，四等、五等三角高程测量限差要求如式(5-3)所示，f_h 为附合路线闭合差，$\sum D$ 为水平距离累加和。

$$\begin{cases} f_h \leqslant 20\sqrt{\sum D}\,(\text{四等}) \\ f_h \leqslant 30\sqrt{\sum D}\,(\text{五等}) \end{cases} \tag{5-3}$$

5.2 程序设计

三角高程测量平差计算程序设计时，要在充分理解计算原理的基础上进行界面设计，然后编程实现。程序的计算正确性、健壮性是必备条件，此外界面简洁性、易用性和交互性也是程序应具备的基本条件。

5.2.1 界面设计

创建一个C# Windows(.NET Framework)程序，项目和解决方案命名为“Trigonometric Leveling”，将Form1窗体调整到合适大小，将Text属性改为“三角高程测量平差计算”，添加三个GroupBox控件，上方的groupBox1的Text属性改为“等级”，中间的groupBox2的Text属性改为“方案”，下方的groupBox3的Text属性改为“计算与显示”，添加两个RadioButton控件，置于上方的GroupBox1内，其Text属性分别改为“四等”和“五等”。在groupBox2中添加两个Label控件，Text属性分别修改为“方案1：输入未知点个数”和“方案2：导入已有数据”，添加一个TextBox控件，用于接收输入未知点数目，添加第一个Button控件，Text属性修改为“手工输入数据”，添加第二个Button控件，其Text属性修改为“读入数据”。在groupBox3中添加第三个Button控件，其Text属性修改为“平差计算”，再添加一个RichTextBox控件，用于显示平差计算结果。最后增加一个DataGridView控件，Name属性设置为“sanjiao_dt”，用于测量数据显示、输入和计算。程序界面如图5.2所示。

5.2.2 设计弧度与角度转换类

右击“TrigonometricLeveling”项目，添加一个处理弧度与角度转换的类，命名为“Angleclass”，编写角度转换成度分秒、角度转弧度、弧度转角度三个方法，具体实现代码如下。

1. 角度转换成度分秒函数

```
public void Trance(double jiaodu, ref double du, ref double fen, ref double miao)
{
  double fuhao=Math.Sign(jiaodu);
```

图 5.2　三角高程测量平差计算程序界面

```
    jiaodu=Math.Abs(jiaodu);
    du=(int)(jiaodu);//取“度”上的数字
    fen=(int)((jiaodu-du)*100);//取“分”上的数字
    miao=((jiaodu-du)*100-fen)*100;//取“秒”上的数字
    du=fuhao*du;
    fen=fuhao*fen;
    miao=fuhao*miao;
}
```

2. 角度转弧度

```
public void JiaozhuanHu(double jiaodu_1, ref double jiaodu_2)
{
    double du_1=0, fen_1=0, miao_1=0;
    double J_temp=0;
    Trance(jiaodu_1, ref du_1, ref fen_1, ref miao_1);
    J_temp=du_1+fen_1/60+miao_1/3600;
    jiaodu_2=J_temp*Math.PI/180;
}
```

3. 弧度转角度

```
public void HuzhuanJiao(double jiaodu_3, ref double jiaodu_4)
{
```

```
    double du_2=0, fen_2=0, miao_2=0;
    double deg=0;
    double fuhao=Math.Sign(jiaodu_3);
    deg=Math.Abs(jiaodu_3*180/Math.PI);
    du_2=(int)deg;
    fen_2=(int)((deg-du_2)*60);
    miao_2=((deg-du_2)*60-fen_2)*60;
    jiaodu_4=fuhao*(du_2+fen_2/100+miao_2/10000);
}
```

5.2.3 添加事件

分别为程序界面的两个 RadioButton 添加 CheckedChanged 事件，选中 RadioButton 控件，在右侧属性窗口中事件按钮 中双击 CheckedChanged 事件，进入事件代码区。由于 RadioButton1 和 RadioButton2 是互斥的，因此式(5-3)限差系数赋值代码如下。为了设置等级默认值，在窗体 Form1 的 Form1_Load 事件中添加代码“radioButton1. Checked = true;”，即在默认条件下进行四等精度计算。

```
//n 为限差系数,四等为 20,五等为 30
private int n=0; //n 在 Form1 类中声明,为 Form1 类字段
private void radioButton1_CheckedChanged(object sender, EventArgs e)
{
  if (radioButton1.Checked == true)
  {
    n=20;
  }
  else if (radioButton2.Checked == true)
  {
    n=30;
  }
}
private void radioButton2_CheckedChanged(object sender, EventArgs e)
{
  if (radioButton1.Checked == true)
  {
    n=20;
  }
  else if (radioButton2.Checked == true)
```

```
    }
    n=30;
  }
}
```

5.2.4　构建 DataGridView 数据表

为了开发一种同时兼容自定义数据和已知数据的程序，允许用户键入任意个数的点动态构建 DataGridView 数据表，在此封装一个 Loading( )方法，构建一个如表 5.1 所示的数据表，代码如下：

```
//d 为未知点数,接受 textBox1 输入,初始化为 0
private int d=0; //d 在 Form1 类中声明,为 Form1 类字段
private DataTable Loading()
{
  DataTable mydt =new DataTable();
  mydt.Columns.Add("编号", Type.GetType("System.String"));
  mydt.Columns.Add("点名", Type.GetType("System.String"));
  mydt.Columns.Add("往返", Type.GetType("System.String"));
  mydt.Columns.Add("仪器高(m)", Type.GetType("System.String"));
  mydt.Columns.Add("镜高(m)", Type.GetType("System.String"));
  mydt.Columns.Add("平距(m)", Type.GetType("System.String"));
  mydt.Columns.Add("竖直角(d.ms)", Type.GetType("System.String"));
  mydt.Columns.Add("两差改正(m)", Type.GetType("System.String"));
  mydt.Columns.Add("实测高差(m)", Type.GetType("System.String"));
  mydt.Columns.Add("平均高差(m)", Type.GetType("System.String"));
  mydt.Columns.Add("高差改正数(m)", Type.GetType("System.String"));
  mydt.Columns.Add("改正后高差(m)", Type.GetType("System.String"));
  mydt.Columns.Add("高程(m)", Type.GetType("System.String"));
  for (int myr=0; myr<(2 * d+2); myr++)
  {
    mydt.Rows.Add(myr+1);
  }
  return mydt;
}
```

5.2.5　主要功能实现

1. 手工输入数据

双击 button1(手工输入数据)进入 button1_Click 事件，利用 Loading( )方法构建数据

表，为了避免出现异常，将代码置于 try…catch…语句块中，实现代码如下：

```
private void button1_Click(object sender, EventArgs e)
{
  try
  {
    //获取未知点数,由此计算 DataGridView 表格行数
    d=Convert.ToInt16(textBox1.Text);
    //构建表格列
    sanjiao_dt.DataSource=Loading();
    //设置起点、终点和求和单元格
    sanjiao_dt.Rows[0].Cells[1].Value="起点";
    sanjiao_dt.Rows[2 * d+1].Cells[1].Value="终点";
    sanjiao_dt.Rows[2 * d+2].Cells[1].Value="Σ";
    //设置往返单元格
    if (d ! = 0)
    {
      for (int idd=0; idd<2 * d+2; idd++)
      {
        if (idd % 2 == 0)
        {
          sanjiao_dt.Rows[idd].Cells[2].Value="往";
        }
        else
        {
          sanjiao_dt.Rows[idd].Cells[2].Value="返";
        }
      }
    }
  }
  catch (Exception ex)
  {
    MessageBox.Show("你可能未输入数据或者输入的格式有误! \n"+ex.
Message);
  }
}
```

按照上述代码进行构建表格测试，在文本框中输入“5”，单击“手工输入数据”按钮，程序绘出的表格如图 5.3 所示，证明程序运行无误。

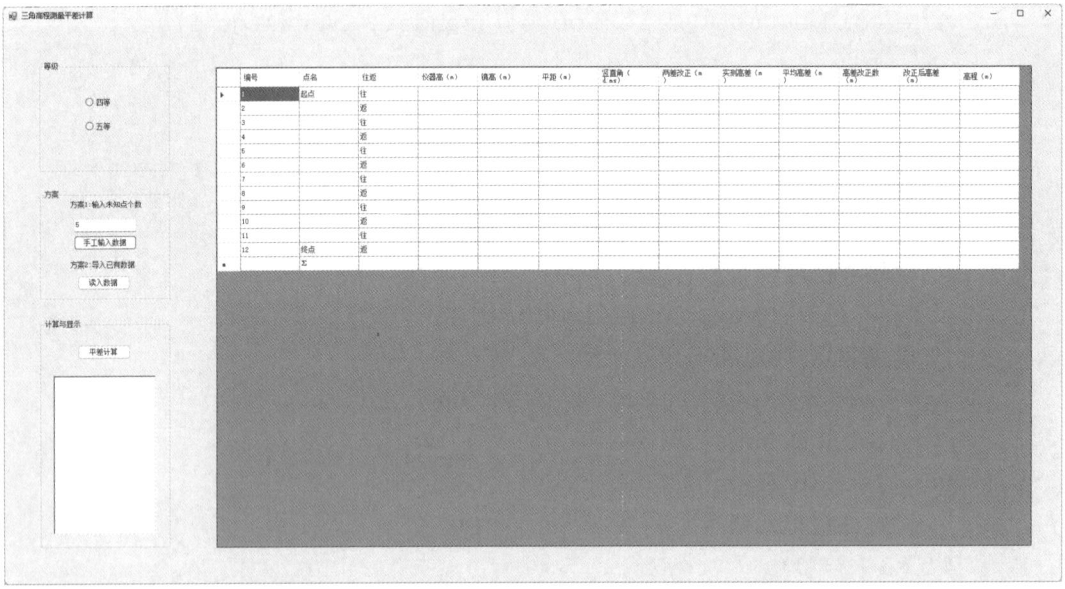

图5.3 平差计算表格构建

2. 读入数据

读入数据整体思路是：首先创建一个打开对话框，先构建列，再构建行，完成txt文件读取。读入数据代码及注释如下：

```
private void button2_Click(object sender, EventArgs e)
{
  OpenFileDialog opfDial =new OpenFileDialog();
  if (opfDial.ShowDialog() = = DialogResult.OK)
  {
    DataTable mydt =new DataTable();
    mydt.Columns.Add("编号", Type.GetType("System.String"));
    mydt.Columns.Add("点名", Type.GetType("System.String"));
    mydt.Columns.Add("往返", Type.GetType("System.String"));
    mydt.Columns.Add("仪器高(m)", Type.GetType("System.String"));
    mydt.Columns.Add("镜高(m)", Type.GetType("System.String"));
    mydt.Columns.Add("平距(m)", Type.GetType("System.String"));
    mydt.Columns.Add("竖直角(d.ms)", Type.GetType("System.String"));
    mydt.Columns.Add("两差改正(m)", Type.GetType("System.String"));
    mydt.Columns.Add("实测高差(m)", Type.GetType("System.String"));
    mydt.Columns.Add("平均高差(m)", Type.GetType("System.String"));
```

```
mydt.Columns.Add("高差改正数(m)", Type.GetType("System.String"));
mydt.Columns.Add("改正后高差(m)", Type.GetType("System.String"));
mydt.Columns.Add("高程(m)", Type.GetType("System.String"));
//将文件写入流
FileStream fs=new FileStream(opfDial.FileName, FileMode.Open);
StreamReader sr=new StreamReader(fs);
int id=0;
while (sr.Peek() ! =-1)
{
  string st1="";
  st1=sr.ReadLine();
  int[] h=new int[st1.Length];
  char[] ch1=st1.ToCharArray();
  int j=0;
  for (int i=0; i<st1.Length; i++)
  {
    if (ch1[i] == ',')
    {
      h[j]=i;
      j++;
    }
  }
  //读取点名
  int t1=0;
  string ID="";
  t1=h[1]-h[0]-1;
  ID=st1.Substring(h[0]+1, t1);
  //读取仪器高
  int t2=0;
  string yigao="";
  t2=h[2]-h[1]-1;
  yigao=st1.Substring(h[1]+1, t2);
  //读取镜高
  int t3=0;
  string jinggao="";
  t3=h[3]-h[2]-1;
  jinggao=st1.Substring(h[2]+1, t3);
```

```
      //读取平距
      int t4=0;
      string pingju="";
      t4=h[4]-h[3]-1;
      pingju=st1.Substring(h[3]+1, t4);
      int t5=0;
      t5=h[5]-h[4]-1;
      string shukiaozhi="";
      shukiaozhi=st1.Substring(h[4]+1, t5);
      //读取起点与高程
      int t6=0;
      string Gaocheng="";
      t6=h[6]-h[5]-1;
      Gaocheng=st1.Substring(h[5]+1, t6);
      //新建行对象,对各参数进行赋值
      DataRow dr=mydt.NewRow();
      dr[0]=id+1;
      dr[1]=ID;
      dr[3]=yigao;
      dr[4]=jinggao;
      dr[5]=pingju;
      dr[6]=shukiaozhi;
      dr[12]=Gaocheng;
      mydt.Rows.Add(dr);
      id++;
    }
    d=(id/2)-1;
    //mydt 作为 DataGridView 控件数据源
    this.sanjiao_dt.DataSource=mydt;
    sanjiao_dt.Rows[2*d+2].Cells[1].Value="Σ";
    if (d != 0)
    {
      for (int idd=0; idd<2*d+2; idd++)
      {
        if (idd % 2 == 0)
        {
          //标注"往"
```

```
            sanjiao_dt.Rows[idd].Cells[2].Value="往";
          }
          else
          {
            //标注"返"
            sanjiao_dt.Rows[idd].Cells[2].Value="返";
          }
        }
      }
    }
}
```

读入数据格式是 UTF-8 编码 txt 文本，第 1 行、第 12 行分别表示编号、点名、仪器高、镜高、平距、竖直角和高程，第 2~11 行最后一列“高程”为空，每行字符之间用半角“,”分割，行末以“,”结束，读取数据格式如图 5.4 所示。

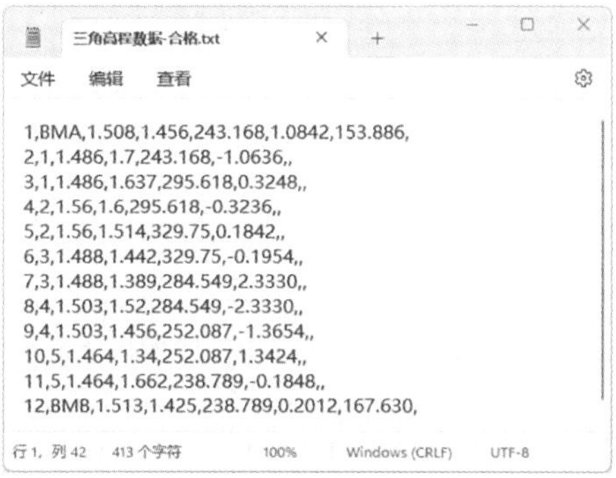

图 5.4 数据格式

3. 平差计算

平差计算的各类中间量和最终高程计算依照 5.1 节中的方法进行，平差计算的难点在于表格数据的获取和赋值，对于 dataGridView1 控件，读取和写入数据的语法是：dataGridView1. Rows[i]. Cells[j]. Value。具体计算代码和解释如下：

```
private void button3_Click(object sender, EventArgs e)
{
  //创建 Angleclass 对象
  Angleclass angle=new Angleclass();
  try
  {
```

```
        double Qidian=0, Zhongdian=0;//获取起点与终点高程
        Qidian=Convert.ToDouble(sanjiao_dt.Rows[0].Cells[12].Value);
        Zhongdian = Convert.ToDouble(sanjiao_dt.Rows[2 * d+1].Cells
[12].Value);
        int weishu=0;
        //求出保留位数
        string Xx="";
        Xx=Convert.ToString(sanjiao_dt.Rows[0].Cells[12].Value);
        int[] h=new int[Xx.Length];
        char[] ch1=Xx.ToCharArray();
        int j=0;
        for (int i=0; i<Xx.Length; i++)
        {
          if (ch1[i] == '.')
          {
            h[j]=i;
            j++;
          }
        }
        weishu=Xx.Length-h[0]-1;
        //以下为计算过程中的变量
        double[] Yigao=new double[2 * d+2];//仪器高
        double[] Jinggao=new double[2 * d+2];//镜高
        double[] Pingju=new double[2 * d+2];//平距
        double[] Shujiao=new double[2 * d+2];//竖直角
        double pingjuhe=0;//平距之和
        double[] Lianggai=new double[2 * d+2];//两差改正
        double[] shigao=new double[2 * d+2];//实高
        double R=6371000.0;//半径长
        double Pjgaochahe=0;
        double[] Pjgaocha=new double[2 * d+2];
        double yigaohe=0;//仪器高之和
        double jinggaohe=0;//对镜高求和
        //提取输入的数据
        for (int i=0; i<2 * d+2; i++)
        {
          Yigao[i] = Convert.ToDouble(sanjiao_dt.Rows[i].Cells[3].
```

```
Value);
        yigaohe += Yigao[i];//对仪器高求和
        Jinggao[i]=Convert.ToDouble(sanjiao_dt.Rows[i].Cells[4].
Value);
        jinggaohe += Jinggao[i];//对镜高求和
        Pingju[i]=Convert.ToDouble(sanjiao_dt.Rows[i].Cells[5].
Value);
        Shujiao[i]=Convert.ToDouble(sanjiao_dt.Rows[i].Cells[6].
Value);
        angle.JiaozhuanHu(Shujiao[i], ref Shujiao[i]);//角度转弧度
        pingjuhe += Pingju[i];//对平距求和
        shigao[i]=Pingju[i] * Math.Tan(Shujiao[i])+Yigao[i]-
Jinggao[i];
        Lianggai[i]=Math.Round(0.43 * (Pingju[i] * Pingju[i]/R),
weishu);
        shigao[i] += Lianggai[i];
        shigao[i]=Math.Round(shigao[i], weishu);
        sanjiao_dt.Rows[i].Cells[7].Value=Lianggai[i];//两差改正
        sanjiao_dt.Rows[i].Cells[8].Value=shigao[i];//实测高差
      }
      int num=0;
      //平均高差
      for (int i=0; i<2 * d+2; i++)
      {
        if (i % 2 ! = 0)
        {
          Pjgaocha[num]=(shigao[i-1]-shigao[i])/2;
          Pjgaocha[num]=Math.Round(Pjgaocha[num], weishu);
          sanjiao_dt.Rows[i].Cells[9].Value=Pjgaocha[num];
          Pjgaochahe += Pjgaocha[num];
          num++;
        }
      }
      //高差改正数
      int k=0;
      double[] GCgaizheng=new double[num];
      double gaizhengshu=0;
```

```
double[] pingjun_pingju=new double[num];//平距的平均值
gaizhengshu=Zhongdian-Qidian-Pjgaochahe;
double[] gaizhenggao=new double[num];
double[] H=new double[num];
double gaizzhengshuhe=0;//高差改正数之和
double gzgaochahe=0;//改正后高差之和
//求出平均平距
for (int i=0; i<2*d+2; i++)
{
  if (i % 2 ! = 0)
  {
    //高差改正数
    pingjun_pingju[k]=Math.Round((Pingju[i-1]+Pingju[i])/2,
weishu);
    GCgaizheng[k]=Math.Round(gaizhengshu*pingjun_pingju
[k]/(pingjuhe/2), weishu);
    gaizzhengshuhe += GCgaizheng[k];//高差改正数之和
    sanjiao_dt.Rows[i].Cells[10].Value=GCgaizheng[k];
    gaizhenggao[k]=Pjgaocha[k]+GCgaizheng[k];
    gzgaochahe += gaizhenggao[k];//改正后高差之和
    sanjiao_dt.Rows[i].Cells[11].Value=Math.Round(gaizhenggao
[k], weishu);
    Qidian=Qidian+gaizhenggao[k];
    sanjiao_dt.Rows[i].Cells[12].Value=Math.Round(Qidian,
weishu);
    k++;
  }
}
//求和
sanjiao_dt.Rows[2*d+2].Cells[3].Value=yigaohe;//仪器高之和
sanjiao_dt.Rows[2*d+2].Cells[4].Value=jinggaohe;//镜高之和
sanjiao_dt.Rows[2*d+2].Cells[5].Value=pingjuhe;//对平距求和
sanjiao_dt.Rows[2*d+2].Cells[9].Value=Pjgaochahe;//平均高
差和
sanjiao_dt.Rows[2*d+2].Cells[10].Value=gaizzhengshuhe;//高
差改正数之和
sanjiao_dt.Rows[2*d+2].Cells[11].Value=gzgaochahe;//改正后
```

```
高差之和
        //平差结果
        gaizhengshu=Math.Round(gaizhengshu, weishu);
        Qidian=Convert.ToDouble(sanjiao_dt.Rows[0].Cells[12].Value);
        Zhongdian = Convert.ToDouble(sanjiao_dt.Rows[2 * d+1].Cells
[12].Value);
        if (Math.Abs((Zhongdian-Qidian-Pjgaochahe) * 1000)>Math.Abs
(n*Math.Sqrt(pingjuhe/1000)))
        {
          MessageBox.Show("闭合差已经超限");
          richTextBox1.Clear();
        }
        else
        {
          MessageBox.Show("闭合差计算合格");
          richTextBox1.Clear();
          double gai_km=0;
          gai_km=Math.Round(1000*gaizhengshu/pingjuhe/2, weishu);
          double fh1=Math.Round(n*Math.Sqrt((pingjuhe/1000)), 0);
          richTextBox1.Text += "平差结果为:\n";
          richTextBox1.Text += "fh"+"="+(1000*gaizhengshu).
ToString()+"mm"+"\n";
          richTextBox1.Text += "fh允"+"="+"±"+fh1.ToString()+"mm"+
"\n";
          richTextBox1.Text += "每千米高差改正数="+"-fh/线路总长="+gai_
km.ToString()+"mm"+"\n";
        }
      }
      catch (Exception ex)
      {
        MessageBox.Show("你输入的数据可能不完整! \n"+ex.Message);
      }
    }
```

按照以上方法设计程序，分别用一组合格数据和不合格数据验证程序，结果如图5.5所示。实际上，这个程序仍有很多不足之处，如代码整合不够简练，缺少菜单和工具栏等，希望读者在练习基础上逐步完善。

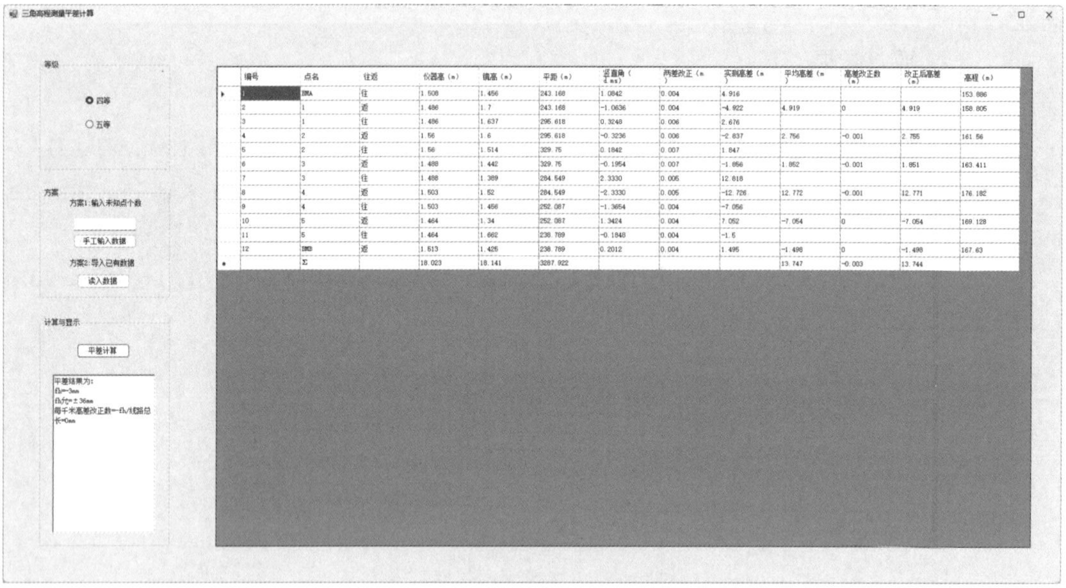

图 5.5　合格数据平差计算结果

◎ 本章小结

本章讲解了电磁波测距高程测量平差计算原理与实现，帮助读者经历了利用 C#语言编写测绘程序一般过程：首先进行界面设计，然后编写必要的类或方法，最后进行算法设计与编程。DataGridView 控件是测绘程序设计的核心控件之一，要熟练掌握其单元格的数据读写方法。本章封装的度分秒转弧度和弧度转度分秒方法采用参数传递方式，这与基础篇编程采用的方法有所不同，为读者提供了一种解决问题的新视角。

第6章　导线测量

导线测量是测量学中控制测量的重要方法，本章编程实现附合导线平差计算，运用面向对象编程方法，代码集成度高，需要对面向对象编程有较为深入的理解。

◎ 学习目标

掌握附合导线近似测量平差计算原理；掌握面向对象程序设计方法，灵活使用结构体、类和方法；掌握常用控件的使用方法，能进行控件优化布局，掌握 DataGridVic 控件数据的遍历读写；理解复杂程序编程思想，提高逻辑思维能力；掌握程序调试方法；理解常见事件的发生条件及其响应方法。

6.1　附合导线近似平差原理

导线测量是利用全站仪测量一系列点及测站之间的距离及转角，从而根据已知点坐标和方位角推算出未知测站点的平面坐标。附合导线如图 6.1 所示。

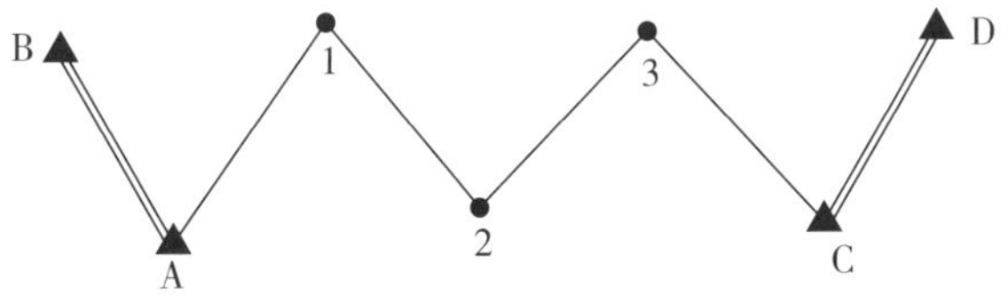

图 6.1　附合导线

6.1.1　平差算法

1. 计算附合导线的起始方位角与截止方位角

边长和方位角示意图如图 6.2 所示，若 A、B 点已知，其坐标反算边长和方位角的计算公式为：

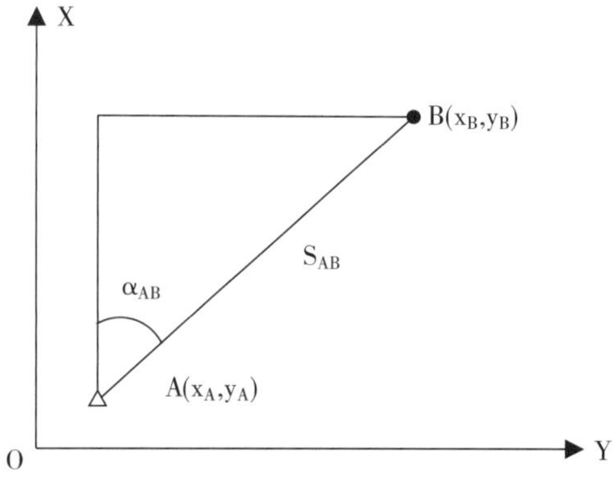

图 6.2　边长和方位角示意图

$$\begin{cases} \alpha_{AB} = \arctan\left(\dfrac{y_B - y_A}{x_B - x_A}\right) = \arctan\left(\dfrac{\Delta y_{AB}}{\Delta x_{AB}}\right) \\ S_{AB} = \dfrac{\Delta y_{AB}}{\sin\alpha_{AB}} = \dfrac{\Delta x_{AB}}{\cos\alpha_{AB}} \end{cases} \tag{6-1}$$

求解 α_{AB}的取值方式如表 6.1 所示。

表 6.1　**坐标方位角取值方式**

Δy_{AB}	Δx_{AB}	坐标方位角
+或-	-	$180° + \alpha_{AB}$
+或-	+	α_{AB}
>0	0	90°
<0	0	270°

注：若 $\alpha_{AB} < 0$ 则 $\alpha_{AB} = \alpha_{AB} + 360°$；若 $\alpha_{AB} > 360°$则 $\alpha_{AB} = \alpha_{AB} - 360°$。

2. 转角计算

若前视点的角度观测值为 L_2，后视点的角度观测值为 L_1，转角 β 的计算公式为：

$$\beta = L_2 - L_1 \pm 360° \tag{6-2}$$

3. 根据已知方位角和转角计算目标方位角

如图 6.3 所示，已知直线 AB 的坐标方位角为 α_{AB}，B 点为转折点，C 点为目标点，B 点的转折角为 β。

如果为左角：

$$\alpha_{BC} = \alpha_{AB} + \beta - 180° \tag{6-3}$$

如果为右角：

$$\alpha_{BC}=\alpha_{AB}-\beta+180° \tag{6-4}$$

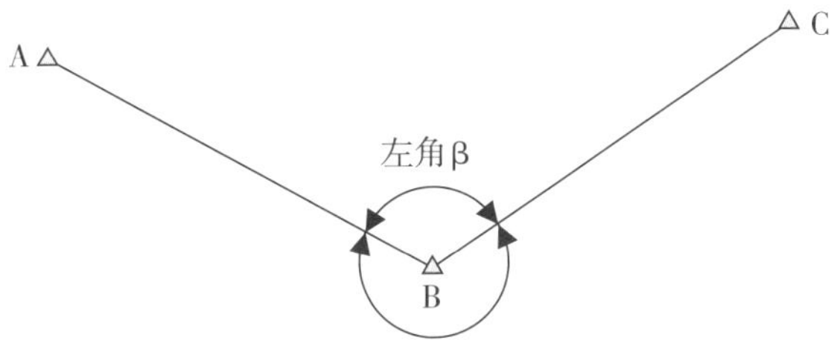

图 6.3 转角与方位角

4. 计算方位角闭合差

如果起始方位角为 α_{AB}，截止方位角为 α_{CD}，测站数为 n，方位角闭合差为：

$$f_\beta = \alpha_{AB} + \sum_{i=1}^{n}\beta_i \pm n \cdot 180° - \alpha_{CD} \tag{6-5}$$

5. 方位角闭合差限差检查

导线测量限差见表 6.2，以三级导线限差为准，判断方位角闭合差 f_β 是否在限差内。

$$f_\beta \leqslant f_{\beta容许} = \pm 24\sqrt{n}'' \tag{6-6}$$

表 6.2　　**各等级导线测量限差**

等级	导线长/km	平均长/km	测角中误差/(″)	测距中误差/mm	测距相对中误差	方位角闭合差/″	导线全长相对闭合差
三等	14	3	1.8	20	1/150000	$3.6\sqrt{n}$	≤1/55000
四等	9	1.5	2.5	18	1/80000	$5\sqrt{n}$	≤1/35000
一级	4	0.5	5	15	1/30000	$10\sqrt{n}$	≤1/15000
二级	2.4	0.25	8	15	1/14000	$16\sqrt{n}$	≤1/10000
三级	0.1	0.1	12	15	1/7000	$24\sqrt{n}$	≤1/5000

6. 计算改正后的各转折角

将闭合差按照测站数分配到转折角上，转折角的改正数：

$$V_\beta = \frac{-f_\beta}{n} \tag{6-7}$$

计算改正后的各转折角：

$$\beta'_i = \beta_i + V_\beta \tag{6-8}$$

7. 更新坐标方位角

$$\alpha_{BC}=\alpha_{AB}\pm\beta'_i\mp 180^\circ \tag{6-9}$$

8. 计算纵、横坐标增量

根据距离和近似平差后的方位角，计算纵、横坐标增量：

$$\begin{cases}\Delta x_{ij}=S\cos\alpha\\ \Delta y_{ij}=S\sin\alpha\end{cases} \tag{6-10}$$

9. 闭合差计算及限差检验

计算纵、横坐标闭合差及导线全长闭合差：

$$\begin{cases}f_x = x_A + \sum \Delta x - x_C\\ f_y = y_A + \sum \Delta y - y_C\\ f_S = \sqrt{f_x^{\ 2} + f_y^{\ 2}}\end{cases} \tag{6-11}$$

计算导线全长相对闭合差并判断是否在限差内：

$$\frac{f_S}{\sum S}=\frac{1}{K}\leqslant\frac{1}{5000} \tag{6-12}$$

10. 计算坐标增量的改正数

计算各边的纵、横坐标增量的改正数：

$$\begin{cases}V_{\Delta x_i}=\dfrac{-f_x}{\sum S}S_i\\ V_{\Delta y_i}=\dfrac{-f_y}{\sum S}S_i\end{cases} \tag{6-13}$$

11. 计算各点的坐标

$$\begin{cases}x_j=x_i+\Delta_{x_{ij}}+V_{\Delta x_{ij}}\\ y_j=y_i+\Delta_{y_{ij}}+V_{\Delta y_{ij}}\end{cases} \tag{6-14}$$

6.1.2 数据文件读取

数据文件名称为“附合导线数据.txt”文件。数据由四部分组成：角度和距离的观测精度、已知点的坐标、方向观测数据、距离观测值，数据内容与标注详见图6.4，其中标注为“L”的数值表示观测角为左角，标注为“S”的数值表示水平距离。

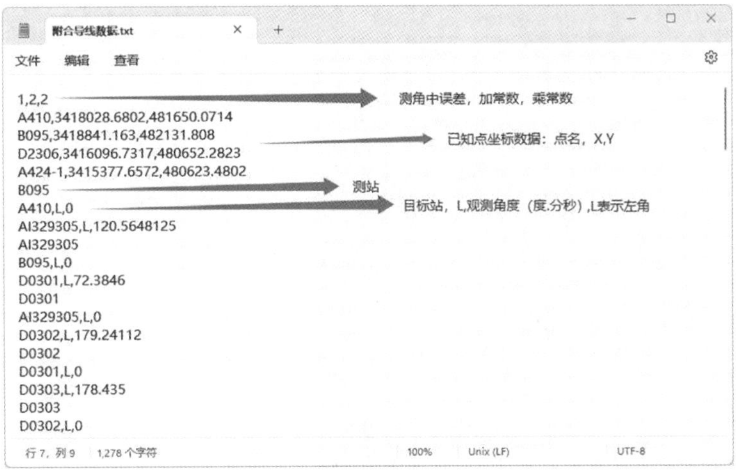

图 6.4 数据与格式说明

6.2 编程与实现

附合导线近似平差编程应先进行界面设计，然后按 6.1 节描述的原理进行程序设计。对于数据结构，采用声明类的方法来描述，对于功能的实现，采用封装方法来解决，程序设计充分利用了 C#面向对象特征。

6.2.1 界面设计

新建一个窗体应用程序，解决方案和项目名为 ConnectingTraverse，将窗体 Text 属性改为“附合导线近似平差”，新建一个 DataGridView 控件和一个 RichTextBox 控件，分别用于显示计算数据和输出计算结果。拖入一个 SplitContainer 控件，其 Panel1 用于容纳 dataGridView1，Panel2 用于容纳 richTextBox1，为了让 SplitContainer 控件运行时能够动态调整中间的“竖线”，将 dataGridView1 和 richTextBox1 的 Dock 属性改为“Fill”。类似地，将 SplitContainer 控件的 Dock 属性也改为“Fill”，这样即使窗体最大化后 SplitContainer 仍能填满窗体 Form1。新建一个 MenuStrip 控件，建立两个菜单，一个菜单命名为“文件”，其下包含“打开数据”和“退出”两个子菜单，另一个菜单命名为“计算”，其下包含“平差计算”一个子菜单，程序界面如图 6.5 所示。

6.2.2 添加 structing 类和 calculate 类

右击“ConnectingTraverse”项目，添加一个 structing 类，分别定义 JD 结构体、CZ 类、Point 类和 GCZ 类，其代码和解释如下：

```
using System;
using System.Collections.Generic;
using System.Linq;
using System.Text;
```

图 6.5 附合导线测量近似平差程序界面

```
using System.Threading.Tasks;

namespace ConnectingTraverse
{
  internal class structing
  {
  }
  //结构体 JD 用于记录度、分、秒数据
  struct JD
  {
    public double d, f, m; //度分秒
  }
  //类 CZ 用于记录测站信息,X、Y 表示测站坐标, ZJ 表示测站转角,
  //dx、dy 表示测站坐标增量, A 表示方位角
  class CZ
  {
    public string name; //前后测站
    public List<GCZ> gczs = new List<GCZ>(); //观测值
    public double X, Y, ZJ, dx, dy, A;
  }
  //定义一个点类,坐标为 double 类型
  class Point
```

```
  {
    public string name;//点名
    public double X, Y;//坐标
    public bool known;//是否为已知点
  }
  //定义观测值
  class GCZ
  {
    public string CZ, type;//CZ 表示测站名,type 为 L 时表示左角,为 S 时
表示距离
    public double value;//value 表示角度值
  }
}
```

再增加一个 calculate 类，用于封装程序基本运算，包括计算方位角、角度转弧度、弧度转角度(2 个版本)、计算邻边方位角和计算坐标增量 6 个方法。calculate 类所有代码如下：

```
using System;
using System.Collections.Generic;
using System.Linq;
using System.Text;
using System.Threading.Tasks;

namespace ConnectingTraverse
{
  internal class calculate
  {
    static public double G_A(Point p1, Point p2)//计算方位角
    {
      double dx=p2.X-p1.X;
      double dy=p2.Y-p1.Y;
      double A=-1;
      if (dy==0)
      {
        if (dx==0)
        {
          A=-1;
        }
        else
```

```
    {
      if (dx>0)
      {
        A=0;
      }
      else
      {
        A=Math.PI;
      }
    }
  }
  else
  {
    A=Math.PI-Math.PI/2*Math.Sign(dy)-Math.Atan(dx/dy);
  }
  if (A>Math.PI*2)
  {
    A-=Math.PI*2;
  }
  if (A<0)
  {
    A += Math.PI*2;
  }
  return A;
}
static public double JTH(JD j)//角度转弧度
{
  return (j.d+j.f/60+j.m/3600)*Math.PI/180;
}
static public JD HTJ(double H)//弧度转角度,输入为弧度
{
  JD j=new JD();
  double temp=H*180/Math.PI;
  j.d=Math.Floor(temp);
  j.f=Math.Floor(60*(temp-j.d));
  j.m=3600*(temp-j.d-j.f/60);
  return j;
}
```

```
    static public double JTH2(string j)//弧度转角度,输入为字符串
    {
      double d=Math.Floor(double.Parse(j));
      double f=Math.Floor((double.Parse(j)-d)*100);
      double m=((double.Parse(j)-d)*100-f)*100;
      return (d+f/60+m/3600)*Math.PI/180;
    }
    //计算邻边之间方位角,以列表形式存储
    static public void JSA(List<Point> konwn_Ps, List<CZ> CZs,
List<double> As, ref double fj, bool flag)
    {
      As.Clear();
      As.Add(G_A(konwn_Ps[0], konwn_Ps[1]));
      int i=0;
      double sum=0;
      foreach (CZ cz in CZs)
      {
        cz.ZJ=cz.gczs[1].value-cz.gczs[0].value;//前-后=左角
        if (cz.ZJ<0)
        {
          cz.ZJ += Math.PI*2;
        }
        sum += cz.ZJ;
        double A;//方位角
        if (flag)//左角
        {
          A=cz.ZJ+As[i]-Math.PI;
          while (A<0)
          {
            A += Math.PI*2;
          }
          while (A>Math.PI*2)
          {
            A-=Math.PI*2;
          }
        }
        else//右角
        {
```

```
            A=cz.ZJ-As[i]+Math.PI;
            while (A<0)
            {
              A += Math.PI*2;
            }
            while (A>Math.PI*2)
            {
              A-=Math.PI*2;
            }
          }
          As.Add(A);
          i++;
        }
        double temp1=G_A(konwn_Ps[2], konwn_Ps[3]);
        double temp2=(As[0]+sum-(CZs.Count)*Math.PI);
        while (temp2<0)
        {
          temp2 += Math.PI*2;
        }
        while (temp2>Math.PI*2)
        {
          temp2-=Math.PI*2;
        }
        fj=temp2-temp1;//角度闭合差
        if (Math.Abs(fj)*180/Math.PI*3600 <= 40*Math.Sqrt(CZs.
Count))//注意单位
        {
          double v=-fj/CZs.Count;//反号按测站分配角度闭合差
          int j=1;
          foreach (CZ cz in CZs)
          {
            cz.ZJ=cz.gczs[1].value-cz.gczs[0].value+v;
            if (cz.ZJ>Math.PI*2)
            {
              cz.ZJ-=Math.PI*2;
            }
            if (cz.ZJ<0)
            {
```

```
                cz.ZJ += Math.PI * 2;
            }
            if (flag)//左角
            {
                As[j]=cz.ZJ+As[j-1]-Math.PI;
                while (As[j]<0)
                {
                    As[j] += Math.PI * 2;
                }
                while (As[j]>Math.PI * 2)
                {
                    As[j]-=Math.PI * 2;
                }
            }
            else//右角
            {
                As[j]=cz.ZJ-As[j-1]+Math.PI;
                while (As[j]<0)
                {
                    As[j] += Math.PI * 2;
                }
                while (As[j]>Math.PI * 2)
                {
                    As[j]-=Math.PI * 2;
                }
            }
            j++;
        }
    }
    else
    {
        return;
    }
}
//计算坐标增量
static public void JSZBZL(List<CZ> CZs, List<double> As, ref
double fx, ref double fy, ref double sumS, Point PA, Point PC)
{
```

```
double sumx=0, sumy=0;
int i=1;
for (int k=0; k<CZs.Count-1; k++)
{
  CZ cz=CZs[k];
  cz.dx=cz.gczs[2].value*Math.Cos(As[i]);//纵坐标的坐标增量
  cz.dy=cz.gczs[2].value*Math.Sin(As[i]);//横坐标的坐标增量
  sumx += cz.dx;
  sumy += cz.dy;
  sumS += cz.gczs[2].value; //距离和(导线全长)
  i++;
}
fx=PA.X+sumx-PC.X;
fy=PA.Y+sumy-PC.Y;
 double fs = Math.Sqrt(Math.Pow(fx, 2)+Math.Pow(fy, 2))/
sumS;//纵、横坐标闭合差
double fsxc=(double)1/5000;//fs 限差
if (fs<fsxc)
{
  //第一个测站传递
  CZs[0].X=PA.X;
  CZs[0].Y=PA.Y;
  for (int j=1; j<CZs.Count-1; j++)
  {
    CZ czj=CZs[j];
    CZ czi=CZs[j-1];
    czi.dx=czi.dx-fx*czi.gczs[2].value/sumS;//X 改正后坐标
增量
    czi.dy=czi.dy-fy*czi.gczs[2].value/sumS;//Y 改正后坐标
增量
    czj.X=czi.X+czi.dx;
    czj.Y=czi.Y+czi.dy;
  }
  //最后一个测站坐标
  CZs[CZs.Count-1].X=PC.X;
  CZs[CZs.Count-1].Y=PC.Y;
}
else
```

```
        }
          return;
        }


      }
    }
  }
```

6.2.3 声明字段

在 Form1 类中增加附合导线计算必需的字段，作为导线计算的全局变量，声明和解释如下：

```
//已知点泛型列表
private List<Point> knownPoints=new List<Point>();
//测站泛型列表
private List<CZ> measurementStations=new List<CZ>();
//数据表,作为 DataGridView 的数据源
private DataTable dataTable=new DataTable();
//观测角
private List<double> observationAngles=new List<double>();
//X 坐标累积和,Y 坐标累积和,角度闭合差,导线全长
private double totalX, totalY, totalJ, totalDistance;
//标记数据是否加载
private bool isDataLoaded=true;
```

6.2.4 编写各类方法

编写初始化数据表方法 InitializeDataTable()，对 DataGridView 赋值，并将填充后的数据表作为 DataGridView 的数据源，具体代码如下：

```
//初始化数据表
private void InitializeDataTable()
{
  dataTable.Rows.Add(knownPoints[0].name, "", "", "", "", "",
knownPoints[0].X, knownPoints[0].Y);
  dataTable.Rows.Add();
  //已知点坐标赋值给测站点
  measurementStations[0].X=knownPoints[1].X;
  measurementStations[0].Y=knownPoints[1].Y;
  measurementStations.Last().X=knownPoints[2].X;
  measurementStations.Last().Y=knownPoints[2].Y;
```

```
    foreach (var station in measurementStations.Take(measurement
Stations.Count-1))
    {
      JD jd=calculate.HTJ(station.gczs[1].value-station.gczs[0].
value);
      dataTable.Rows.Add(station.name, FormatAngle(jd), "", "", "",
"", station.X, station.Y);
      dataTable.Rows.Add("", "", "", station.gczs[2].value, "", "",
"", "");
    }
    JD lastJD=calculate.HTJ(measurementStations.Last().gczs[1].
value-measurementStations.Last().gczs[0].value);
      dataTable.Rows.Add (measurementStations.Last() .name,
FormatAngle(lastJD), "", "", "", "", measurementStations.Last().X,
measurementStations.Last().Y);
    dataTable.Rows.Add("", "", "", "", "", "", "", "");
    dataTable.Rows.Add(knownPoints[3].name, "", "", "", "", "",
knownPoints[3].X, knownPoints[3].Y);
    dataTable.Rows.Add();
    dataGridView1.DataSource=dataTable;
  }
```

封装 LoadData()方法填充数据表行数据，通过 while 循环不断读取 txt 数据的行数据，代码如下：

```
  //装载数据
  private void LoadData(string filePath)
  {
    string line;
    char[] separator={','};
    using (StreamReader reader=new StreamReader(filePath))
    {
      reader.ReadLine(); //忽略第一行(错误数据)
      while (! string.IsNullOrEmpty(line=reader.ReadLine()))
      {
        string[] data=line.Split(separator, StringSplitOptions.
RemoveEmptyEntries);
        ProcessDataLine(data, reader);
      }
    }
```

```
}
```

封装 ProcessDataLine( )方法，通过数据数组的长度判断读取的是已知点还是控制点，如果是已知点，对其进行赋值，如果是控制点，调用控制点处理方法。ProcessDataLine( )方法代码如下：

```
//处理数据"行"
private void ProcessDataLine(string[] data, StreamReader reader)
{
  int dataLength=data.Length;
  if (dataLength == 3)
  {
    //已知点
    Point point=new Point
    {
      name=data[0],
      X=double.Parse(data[1]),
      Y=double.Parse(data[2]),
      known=true
    };
    knownPoints.Add(point);
  }
  else if (dataLength == 1)
  {
    //控制点
    ProcessControlPoint(data[0], reader);
  }
}
```

封装处理控制点的方法 ProcessControlPoint( )，首先创建控制点，然后以逗号作为分割符，将分割的数据记录在字符串数组中，如果第二个元素为"L"，将角度添加到控制点中，如果为"S"，则将距离添加到控制点中，该方法实现如下：

```
//处理控制点
private void ProcessControlPoint ( string name, StreamReader
reader)
{
  CZ controlPoint=measurementStations.FirstOrDefault(cz => cz.
name == name);
  if (controlPoint == null)
  {
    controlPoint=new CZ { name=name };
```

```
    measurementStations.Add(controlPoint);
  }
  //读取行,以逗号作为分割符,将分割的数据记录在字符串数组中
  string[] data=reader.ReadLine().Split(',');
  if (data[1] == "L")
  {
    AddAngleDataToControlPoint(controlPoint, data, reader);
  }
  else if (data[1] == "S")
  {
    AddDistanceDataToControlPoint(controlPoint, data);
  }
}
```

为了将角度添加到控制点，编写了 AddAngleDataToControlPoint( )方法，将本站和邻站数据添加到控制点，实现代码如下：

```
//将角度数据添加到控制点,包括本站和邻站数据
private void AddAngleDataToControlPoint(CZ controlPoint, string
[] data, StreamReader reader)
{
  GCZ angleData1=new GCZ
  {
    CZ=data[0],
    type=data[1],
    value=calculate.JTH2(data[2])
  };
  controlPoint.gczs.Add(angleData1);
  string[] nextData=reader.ReadLine().Split(',');
  GCZ angleData2=new GCZ
  {
    CZ=nextData[0],
    type=nextData[1],
    value=calculate.JTH2(nextData[2])
  };
  controlPoint.gczs.Add(angleData2);
}
```

与添加角度相似，添加距离时封装了 AddDistanceDataToControlPoint( )方法，该方法的实现代码如下：

```
//水平距离数据添加到控制点
```

```
private void AddDistanceDataToControlPoint (CZ controlPoint, string[] data)
{
  GCZ distanceData=new GCZ
  {
    CZ=data[0],
    type=data[1],
    value=double.Parse(data[2])
  };
  controlPoint.gczs.Add(distanceData);
}
```

编写一个度分秒格式化的 FormatAngle( )方法，对角度结构体变量的度、分、秒进行格式化操作，秒位保留两位小数。

```
//度分秒格式化
private string FormatAngle(JD jd)
{
  return string.Format("{0}°{1}'{2:0.00}"", jd.d, jd.f, jd.m);
}
```

编写一个 GenerateReport( )方法，在 richTextBox1 中书写阶段计算结果和最终结果，实现代码如下：

```
public void GenerateReport()
{
  try
  {
    richTextBox1.Clear();
    AppendText("--------------------限差要求-------------------- \n");
    AppendText(string.Format("角度闭合差限差:{0:0.000}"\n", (24 * Math.Sqrt(measurementStations.Count))));
    AppendText("导线全长相对闭合差限差:1/5000 \n \n");
    AppendText("--------------------导线基本信息-------------------- \n");
    AppendText(string.Format("测站数:{0} \n", measurement Stations.Count));
    totalDistance=Math.Round(totalDistance, 4);
    AppendText(string.Format("导线全长:{0} \n", totalDistance));
    AppendText(string.Format("角度闭合差:{0:0.000}"\n", (totalJ * 180/Math.PI * 3600)));
    AppendText(string.Format("各站角度改正值:{0:0.000}"\n", (totalJ * 180/Math.PI * 3600)/measurementStations.Count));
```

```
        totalX=Math.Round(totalX, 4);
        totalY=Math.Round(totalY, 4);
        AppendText(string.Format("Y坐标闭合差:{0}\n", totalX));
        AppendText(string.Format("X坐标闭合差:{0}\n", totalY));
        AppendText(string.Format("导线全长相对闭合差:1/{0}\n\n", (int)
(totalDistance/(Math.Sqrt(Math.Pow(totalX, 2)+Math.Pow(totalY,
2))))));
        AppendText("----------测站点坐标----------\n");
        AppendText("测站名        X坐标            Y坐标    \n");
        foreach (var station in measurementStations)
        {
          AppendText(string.Format("{0,10}{1,15:0.0000}{2,15:0.0000}
\n", station.name, station.X, station.Y));
        }
        AppendText("\n----------角度数据----------\n");
        AppendText("测站名                  观测角                  方位角\n");
        int i=1;
        JD a1=calculate.HTJ(observationAngles[0]);
        AppendText(string.Format("{0}°{1}'{2:0.00}\"\n", a1.d, a1.f,
a1.m));
        foreach (var station in measurementStations)
        {
          JD j=calculate.HTJ(station.ZJ);
          JD a=calculate.HTJ(observationAngles[i]);
          AppendText(string.Format("{0,-20}{1}°{2}'{3:0.00}\"\n",
station.name, j.d, j.f, j.m));
          AppendText(string.Format("        {0}°{1}'{2:0.00}\"\n", a.d,
a.f, a.m));
          i++;
        }
      }
      catch (Exception ex)
      {
        MessageBox.Show(ex.Message);
      }
    }
```

为了简化书写量，将 richTextBox1 的 AppendText()方法进行封装改写，形成 AppendText()方法，实现代码如下：

```
private void AppendText(string text)
{
  richTextBox1.AppendText(text);
}
```

6.2.5 事件响应

在窗体 Form1 的 Load 事件中，为 dataTable 创建列，包括点名、观测角、坐标方位角等 8 列，代码如下：

```
private void Form1_Load(object sender, EventArgs e)
{
  //创建数据表中的“列”
  dataTable.Columns.Add("点名");
  dataTable.Columns.Add("观测角(°′″)");
  dataTable.Columns.Add("坐标方位角(°′″)");
  dataTable.Columns.Add("边长(m)");
  dataTable.Columns.Add("dx(m)");
  dataTable.Columns.Add("dy(m)");
  dataTable.Columns.Add("x(m)");
  dataTable.Columns.Add("y(m)");
}
```

双击“打开数据”子菜单，利用打开对话框实现 txt 文本读取到 DataGridView 控件，并使用消息框提示数据导入状态，代码如下：

```
private void 打开数据ToolStripMenuItem_Click(object sender,
EventArgs e)
{
  try
  {
    OpenFileDialog openFileDialog=new OpenFileDialog
    {
      Title="导入数据",
      Filter="文本文件|*.txt"
    };
    if (openFileDialog.ShowDialog() == DialogResult.OK)
    {
      string filePath=openFileDialog.FileName;
      LoadData(filePath);
      InitializeDataTable();
      MessageBox.Show("数据导入成功");
```

```
    }
  }
  catch (Exception ex)
  {
    MessageBox.Show(ex.Message);
  }
}
```

双击“退出”子菜单，添加程序退出代码，如下所示：

```
private void 退出ToolStripMenuItem_Click(object sender, EventArgs e)
{
  Application.Exit();
}
```

双击“平差计算”子菜单，首先计算方位角，然后计算坐标增量，获得第一个角度后，通过遍历 dataGridView1 进行改正后角度、坐标增量、方位角等变量赋值，最后弹出提示，生成计算报告，代码如下：

```
private void 平差计算ToolStripMenuItem_Click(object sender, EventArgs e)
{
  try
  {
    calculate.JSA(knownPoints, measurementStations, observationAngles, ref totalJ, isDataLoaded);
    calculate.JSZBZL(measurementStations, observationAngles, ref totalX, ref totalY, ref totalDistance, knownPoints[1], knownPoints[2]);
    int k=1;
    JD firstJD = calculate.HTJ(calculate.G_A(knownPoints[0], knownPoints[1]));
    dataGridView1.Rows[1].Cells[2].Value=FormatAngle(firstJD);
    for (int i=0; i<measurementStations.Count-1; i++)
    {
      CZ station=measurementStations[i];
      JD angleJD=calculate.HTJ(station.ZJ);
      JD correctionJD=calculate.HTJ(observationAngles[k]);
      int rowIndex=2+2*(i+1)-1;
      dataGridView1.Rows[rowIndex].Cells[2].Value = FormatAngle(correctionJD);
      dataGridView1.Rows[rowIndex].Cells[4].Value=station.dx;
      dataGridView1.Rows[rowIndex].Cells[5].Value=station.dy;
```

```
            dataGridView1.Rows[rowIndex+1].Cells[1].Value=FormatAngle
(angleJD);
            dataGridView1.Rows[rowIndex-1].Cells[6].Value=station.X.
ToString("0.0000");
            dataGridView1.Rows[rowIndex-1].Cells[7].Value=station.Y.
ToString("0.0000");
            k++;
          }
          JD lastJD = calculate.HTJ(calculate.G_A(knownPoints[2],
knownPoints[3]));
          dataGridView1.Rows[2*measurementStations.Count+2-1].Cells
[2].Value=FormatAngle(lastJD);
          MessageBox.Show("计算成功");
          GenerateReport();
        }
        catch (Exception ex)
        {
          MessageBox.Show(ex.Message);
        }
      }
```

运行程序，点击导入“文件”下“打开数据”，然后单击“计算”下的“平差计算”，计算结果如图6.6所示。

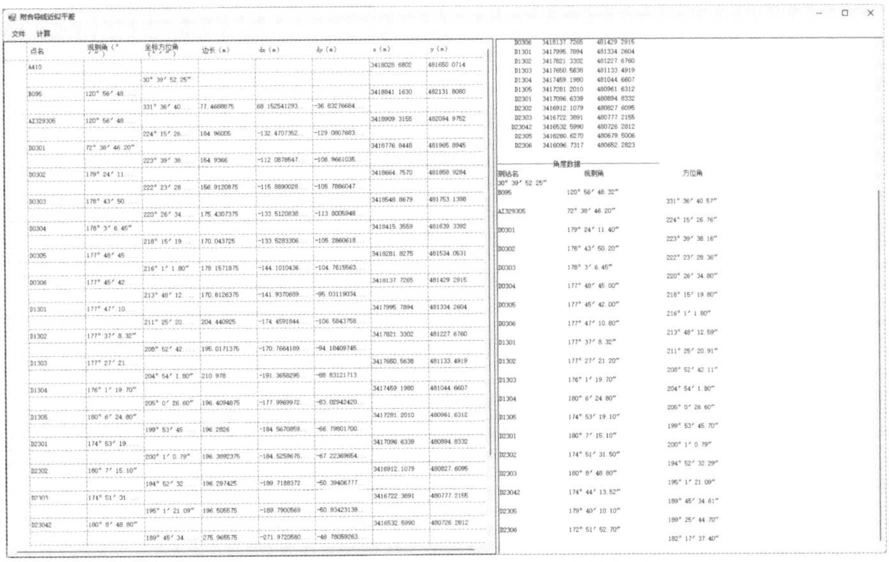

图6.6 附合导线测量近似平差计算结果

◎ 本章小结

本章通过程序设计实现了附合导线近似平差计算，程序设计时充分利用了面向对象特征，编程时设计好各个类或方法的入口和出口，加强对象之间的交互，对编程者要求较高。为了增加交互性和灵活性，也可以参考第5章的做法，动态生成表格计算。

第7章　坐标转换

坐标转换是大地测量中的常见任务，本章以大地坐标与空间坐标转换为例阐述坐标转换程序设计。在大地坐标到空间坐标的转换中，正向转换比较简单，逆向转换则稍难，有时会用到迭代算法。通过本章学习，可以深入理解代码整合、迭代计算、批量计算等程序设计方法，对提高编程水平大有裨益。

◎ 学习目标

掌握大地坐标与空间坐标的相互转换算法，掌握文件流读写 txt 文本方法，掌握 DataGridView 控件增加列的方法，掌握 txt 数据读到 DataGridView 控件及反向写入 txt 文本的方法，掌握迭代计算的编程方法，理解代码整合方法，深入理解程序调试方法。

7.1　坐标转换原理

空间位置可以表示为大地坐标、空间直角坐标、高斯平面坐标等多种格式，通过坐标转换进行不同表示格式之间的转换。本节讲授大地坐标(B，L，H)与空间直角坐标(X，Y，Z)之间的相互转换。

7.1.1　文件格式与读取

编写程序，读取“大地坐标数据.txt”文件，数据内容和格式如图7.1所示，点的数据结构是：点名，纬度 B，经度 L，椭球高 H。纬度和经度用度分秒表示，格式为 dd.mmssssss，表示 dd° mm′ ss.ssss″，椭球高单位为米。另外：椭球长半轴为 a = 6378137.000，椭球扁率 f = 1/298.3。

7.1.2　算法流程

1. 地球椭球基本公式

地球椭球是地球的数学模型，由椭圆绕其短半轴旋转而成。若用 a 表示椭球长半轴，f 表示椭球扁率，则椭球短半轴 b、第一偏心率平方 e^2，第二偏心率平方 e'^2 的计算公式为：

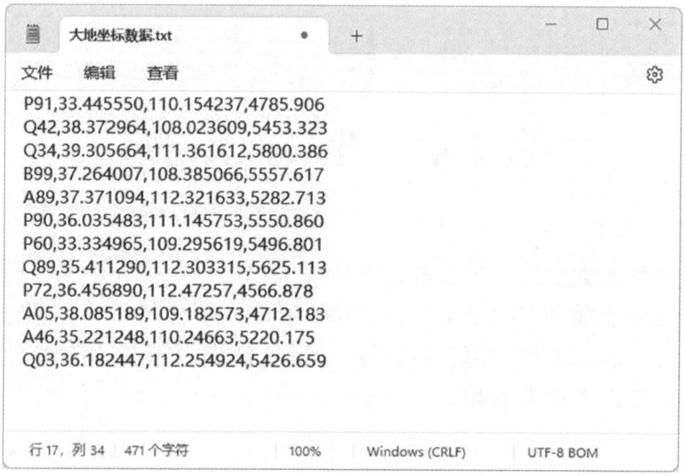


```
P91,33.445550,110.154237,4785.906
Q42,38.372964,108.023609,5453.323
Q34,39.305664,111.361612,5800.386
B99,37.264007,108.385066,5557.617
A89,37.371094,112.321633,5282.713
P90,36.035483,111.145753,5550.860
P60,33.334965,109.295619,5496.801
Q89,35.411290,112.303315,5625.113
P72,36.456890,112.47257,4566.878
A05,38.085189,109.182573,4712.183
A46,35.221248,110.24663,5220.175
Q03,36.182447,112.254924,5426.659
```

图 7.1　大地坐标数据格式

$$\begin{cases} b=a(1-f) \\ e^2=\dfrac{a^2-b^2}{a^2} \\ e'^2=\dfrac{e^2}{1-e^2} \end{cases} \tag{7-1}$$

辅助计算公式：

$$W=\sqrt{1-e^2\sin^2 B} \tag{7-2}$$

其中 B 为纬度。

卯酉圈的曲率半径 N：

$$N=\frac{a}{W} \tag{7-3}$$

2. 大地坐标(B，L，H)转换为空间坐标(X，Y，Z)

如图 7.2 所示，已知点 P 的大地坐标为(B，L，H)，计算其空间直角坐标(X，Y，Z)，计算公式为：

$$\begin{cases} X=(N+H)\cos B\cos L \\ Y=(N+H)\cos B\sin L \\ Z=[N(1-e^2)+H]\sin B \end{cases} \tag{7-4}$$

其中 B 是纬度，L 是经度，H 是椭球高，X、Y、Z 是空间直角坐标系的三个分量。

3. 空间直角坐标(X，Y，Z)转换为大地坐标(B，L，H)

已知空间直角坐标为(X，Y，Z)，计算其大地坐标(B，L，H)，计算公式为：

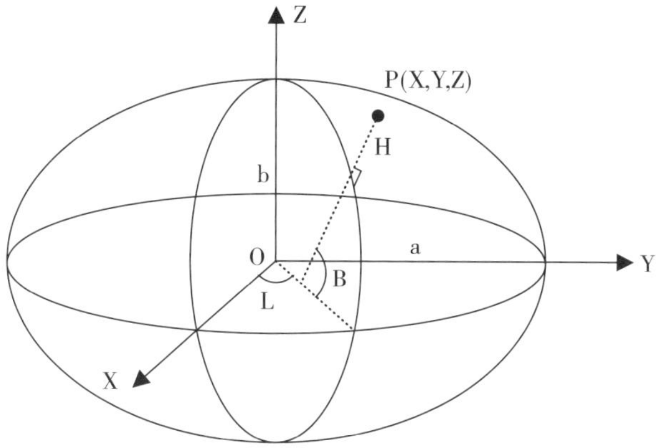

图 7.2 大地坐标与空间直角坐标

$$\begin{cases} L=\arctan\dfrac{Y}{X} \\ B=\arctan\left(\dfrac{Z+Nc^2\sin B}{\sqrt{X^2+Y^2}}\right) \\ H=\dfrac{\sqrt{X^2+Y^2}}{\cos B}-N \end{cases} \tag{7-5}$$

7.2 编程与实现

坐标转换程序设计的思路是，首先进行单点计算正确性验证，使大地坐标(B，L，H)和空间坐标(X，Y，Z)数据能够相互转换，然后进行数据批量读入和计算输出。程序实现的基本功能有数据读取、单点计算、批量计算和计算结果输出。

7.2.1 程序界面设计

创建一个基于 .NET 的窗体应用程序，解决方案和项目均命名为 CoordinateTransform，将窗体 Text 属性改为“坐标转换”。加入一个 MenuStrip 控件，建立两个菜单，一个菜单命名为“文件”，其下包含“打开数据”“导出转换结果”和“退出”三个子菜单，另一个菜单命名为“转换”，其下包含“BLH→XYZ”和“XYZ→BLH”两个子菜单。拖入一个 SplitContainer 控件，其 Orientation 属性修改为“Horizontal”，Dock 属性修改为“Fill”，便于随着窗体变动。splitContainer1 控件 Panel1 用于布局单点计算，Panel2 用于布局批量计算。再增加两个 SplitContainer 控件(splitContainer2 和 splitContainer3)，splitContainer2 将 splitContainer1 控件的 Panel1 分割为 splitContainer2 的 Panel1 和 Panel2，splitContainer3 将 splitContainer1 控件的 Panel2 分割为 splitContainer3 的 Panel1 和 Panel2。splitContainer1、splitContainer2 和 splitContainer3 的 BorderStyle 属性均修改为“Fixed3D”，SplitContainer 控件这种布局将菜单下方窗体分割为 4 部分。增加 3 个 GroupBox 控件，12 个 TextBox 控件、12 个 Label 控件和 4 个 Button 控件，它们的 Name 属性不变，GroupBox、Label 和 Button 控件的 Text 属性均不

做修改，所有控件布局与 Name 标注(Label 未标注)如图 7.3 所示。

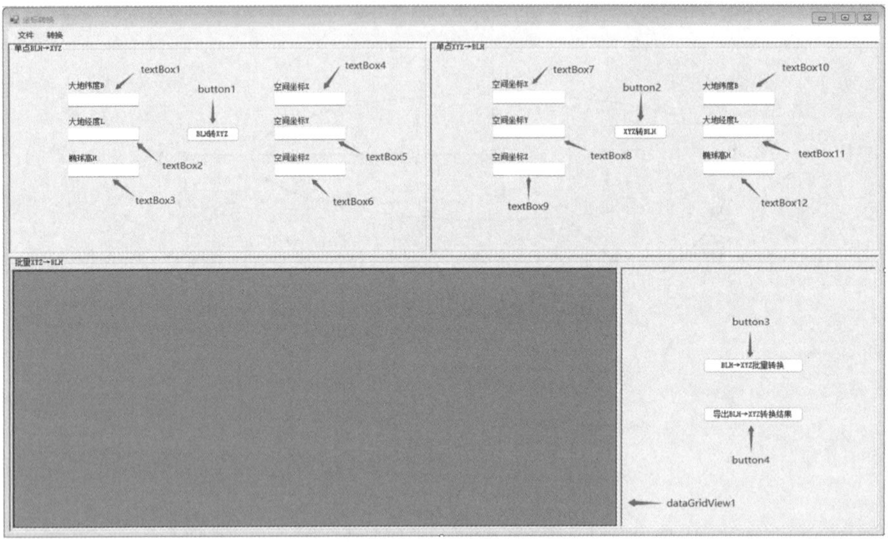

图 7.3　程序界面与控件布局

7.2.2　角度与弧度转换

度分秒在程序中以小数形式表示，如 36°45′24″表示为 36.4524，此时 36.4524 并不表示实数 36.4524。封装一个角度转弧度的方法 ConvertDegreesToRadians( )，参数列表为 double 类型度分秒小数，输出为弧度(实数，没有量纲)，ConvertDegreesToRadians( )方法在 Form1 类中声明和实现如下：

```
public double ConvertDegreesToRadians(double d)
{
  double du=Math.Truncate(d);
  double fen=Math.Truncate((d-du)*100);
  double miao=((d-du)*100-fen)*100;
  double Radians=(du+fen/60+miao/3600)/180*Math.PI;
  return Radians;
}
```

再写一个弧度转角度的方法 ConvertRadiansToDegrees( )，参数列表为弧度，返回值为角度(double 类型，有量纲)，该方法在 Form1 类中声明和实现如下：

```
public double ConvertRadiansToDegrees(double radians)
{
  double dd=radians/Math.PI*180;
  double d=Math.Truncate(dd);
  double m=Math.Truncate((dd-d)*60);
```

```
    double s=Math.Round(((dd-d)*60-m)*60, 4);//返回四位小数
    double degrees=d+m/100+s/10000;
    return degrees;
}
```

为了显示方便，对 ConvertRadiansToDegrees()方法内的代码进行改写，使返回值为字符串格式，ConvertRadiansToString()方法在 Form1 类中声明和实现如下：

```
public string ConvertRadiansToString(double radians)
{
    string symbol="";
    if (radians<0)
    {
        radians=Math.Abs(radians);
        symbol="-";
    }
    double dd=radians/Math.PI*180;
    double d=Math.Truncate(dd);
    double m=Math.Truncate((dd-d)*60);
    double s=Math.Round(((dd-d)*60-m)*60, 4);//返回四位小数
     string dms = symbol + d.ToString ( ) + "°" + m.ToString ( ) + "′" +
s.ToString()+"″";
    return dms;
}
```

7.2.3 封装计算方法

由于读写数据均在 txt 文本和 DataGridView 控件之间进行交互，因此程序封装了用于读取文件的方法 Open()、写文件的方法 OutPut()、大地坐标到空间坐标转换的方法 BLH2XYZ()和空间坐标到大地坐标的转换方法 XYZ2BLH()。在声明方法之前，在 Form1 类中声明数据表“DataTable dt=new DataTable();”，以方便操作表格。各方法的实现代码及释义如下：

1. Open()方法

```
public void Open()
{
  try
  {
    //清空 dataGridView1 各列
    while (dataGridView1.Columns.Count>0)
    {
      dataGridView1.Columns.RemoveAt(0);
```

```
        }
        OpenFileDialog ofd=new OpenFileDialog();
        ofd.Title="打开 txt 文本";
        ofd.Filter="文本文件(*.txt)|*.txt";
        if (ofd.ShowDialog() == DialogResult.OK)
        {
          string str=ofd.FileName;
          if (File.Exists(str))
          {
            dt.Columns.Add("点号", typeof(String));
            dt.Columns.Add("B", typeof(String));
            dt.Columns.Add("L", typeof(String));
            dt.Columns.Add("H", typeof(String));
            StreamReader sr=new StreamReader(str, Encoding.Default);
            while (! sr.EndOfStream)
            {
              string[] items=sr.ReadLine().Split(',');
              if (items.Length == 4)
              {
                DataRow dr=dt.NewRow();
                dr[0]=items[0];
                dr[1]=items[1];
                dr[2]=items[2];
                dr[3]=items[3];
                dt.Rows.Add(dr);
              }
            }
            dataGridView1.DataSource=dt;
            sr.Close();
          }
        }
      }
      catch (Exception ex)
      {
        MessageBox.Show(ex.ToString(),"错误提示:",MessageBoxButtons.
OK,MessageBoxIcon.Error,MessageBoxDefaultButton.Button1);
      }
    }
```

2. OutPut( )方法

```
public void OutPut()
{
    //实例化一个保存文件对话框
    SaveFileDialog sfd=new SaveFileDialog();
    //给保存对话框命名
    sfd.Title="计算数据另存为";
    //设置文件过滤
    sfd.Filter="文本文件(*.txt)|*.txt";
    //设置扩展名属性,如果用户没有输入扩展名,自动增加扩展名
    sfd.AddExtension=true;
    //获取保存对话框选择的路径
    //sfd.FileName="计算成果";
    //临时存储 dataGridView 读取的一行数据
    //string tempString="";
    //如果用户点击了保存按钮
    if (sfd.ShowDialog()==DialogResult.OK)
    {
        //实例化一个文件流--->与写入文件相关联
        //if (File.Exists(path))
        //{
        FileStream fs=new FileStream(sfd.FileName, FileMode.
Create);
        //实例化一个 StreamWriter-->与 fs 相关联
        StreamWriter sw=new StreamWriter(fs);
        sw.WriteLine("------------------------------计 算 成 果------------------------------");
        //因为 DataGridView 最后一行为空,所以减 1
        for (int i=0; i<dataGridView1.Rows.Count-1; i++)
        {
            string LineString="";
            for (int j=0; j<dataGridView1.ColumnCount; j++)
            {
                string tempString=dataGridView1.Rows[i].Cells[j].
Value.ToString();
                LineString+=("\t"+tempString);
            }
            sw.WriteLine(LineString);
```

```
            }
            //清空缓冲区
            sw.Flush();
            //关闭流
            sw.Close();
            fs.Close();
            MessageBox.Show("计算结果导出成功!", "提示", MessageBox
Buttons.OK, MessageBoxIcon.Information);
        }
    }
```

3. BLH2XYZ()方法

```
    //将BLH转换为XYZ,返回由XYZ组成的double类型数组。
    public double[] BLH2XYZ(double B,double L,double H)
    {
      double a=6378137.000;
      double f=1/298.3;
      double b=a-a*f;
      double e2=(Math.Pow(a, 2)-Math.Pow(b, 2))/Math.Pow(a, 2);
      double e12=e2/(1-e2);
      double W=Math.Sqrt(1-e2*Math.Pow(Math.Sin(ConvertDegrees
ToRadians(B)), 2));
      double elta = e12 * Math.Pow(Math.Cos(ConvertDegreesToRadians
(B)), 2);
      double t=Math.Tan(ConvertDegreesToRadians(B));
      double N=a/W;
      double X = (N+H) * Math.Cos(ConvertDegreesToRadians(B)) *
Math.Cos(ConvertDegreesToRadians(L));
      double Y = (N+H) * Math.Cos(ConvertDegreesToRadians(B)) *
Math.Sin(ConvertDegreesToRadians(L));
      double Z=(N*(1-e2)+H)*Math.Sin(ConvertDegreesToRadians(B));
      double[]XYZ={X,Y,Z};
      return XYZ;
    }
```

4. XYZ2BLH()方法

```
    //将XYZ转换为BLH,返回由BLH组成的double类型数组。
    public double[] XYZ2BLH(double X, double Y, double Z)
```

```
{
  double a=6378137.000;
  double f=1/298.3;
  double b=a-a*f;
  double e2=(Math.Pow(a, 2)-Math.Pow(b, 2))/Math.Pow(a, 2);
  double L=Math.Atan(Y/X);
  if (X<0)
  {
    L += Math.PI;
  }
  double r=Math.Sqrt(X*X+Y*Y);
  double B0=Math.Atan(Z/r);
  double B1;
  while (true)
  {
    double W1=Math.Sqrt(1-e2*Math.Pow(Math.Sin(B0), 2));
    double N1=a/W1;
    B1=Math.Atan((Z+N1*e2*Math.Sin(B0))/r);
    if (Math.Abs(B1-B0) <= 0.0000000001)
    {
      break;
    }
    B0=B1;
  }
  double B=B1;
  double W2=Math.Sqrt(1-e2*Math.Sin(B)*Math.Sin(B));
  double N2=a/W2;
  double H=r/Math.Cos(B)-N2;
  double[] BLH={ B, L, H };
  return BLH;
}
```

7.2.4 功能实现

1. 单点计算功能实现

大地坐标到空间坐标转换调用 BLH2XYZ( ) 方法，空间坐标到大地坐标转换调用 XYZ2BLH( ) 方法，textBox1、textBox2、textBox3 用于读取大地坐标 B、L、H 数据，textBox4、textBox5、textBox6 用于显示对应的空间坐标 X、Y、Z。在 button1 的 Click 事件

中增加如下代码，实现大地坐标到空间坐标单点转换计算。

```
private void button1_Click(object sender, EventArgs e)
{
  //读取 textBox1、textBox2、textBox3 文本作为、L、H
  if ((! String.IsNullOrEmpty(textBox1.Text) )&& (! String.Is
NullOrEmpty(textBox2.Text)) && (! String.IsNullOrEmpty(textBox3.
Text)))
  {
    double B=double.Parse(textBox1.Text);
    double L=double.Parse(textBox2.Text);
    double H=double.Parse(textBox3.Text);
    double[] XYZ=BLH2XYZ(B, L, H);
    //将计算结果显示在 textBox4、textBox5、textBox6 中
    textBox4.Text=XYZ[0].ToString("0.000");
    textBox5.Text=XYZ[1].ToString("0.000");
    textBox6.Text=XYZ[2].ToString("0.000");
  }
  else
  {
    MessageBox.Show("请输入或补全数据!");
  }
}
```

采用类似方法读取 textBox7、textBox8、textBox9 中的 X、Y、Z 空间坐标数据，在 textBox10、textBox11、textBox12 显示计算出的大地坐标 B、L、H。在 button2 的 Click 事件中增加以下代码，实现空间坐标到大地坐标的单点转换。

```
private void button2_Click(object sender, EventArgs e)
{
  if ((! String.IsNullOrEmpty(textBox7.Text)) && (! String.Is
NullOrEmpty(textBox8.Text)) && (! String.IsNullOrEmpty(textBox9.
Text)))
  {
    double X=double.Parse(textBox7.Text);
    double Y=double.Parse(textBox8.Text);
    double Z=double.Parse(textBox9.Text);
    double[] BLH= XYZ2BLH(X, Y, Z);
    //将计算结果显示在 textBox10、textBox11、textBox12 中
    textBox10.Text=ConvertRadiansToString(BLH[0]);
    textBox11.Text=ConvertRadiansToString(BLH[1]);
```

```
        textBox12.Text=BLH[2].ToString("0.000");
    }
    else
    {
        MessageBox.Show("请输入或补全数据!");
    }
}
```

为了验证计算的正确性，用上一步 textBox4、textBox5、textBox6 计算出的空间坐标作为 textBox7、textBox8、textBox9 的输入数据，观察 textBox10、textBox11、textBox12 计算结果与 textBox1、textBox2、textBox3 原始数据是否一致。程序单点转换结果如图 7.4 所示，可见大地坐标转化为空间坐标后再转换为大地坐标，结果与原始数据一致，证明计算准确无误。

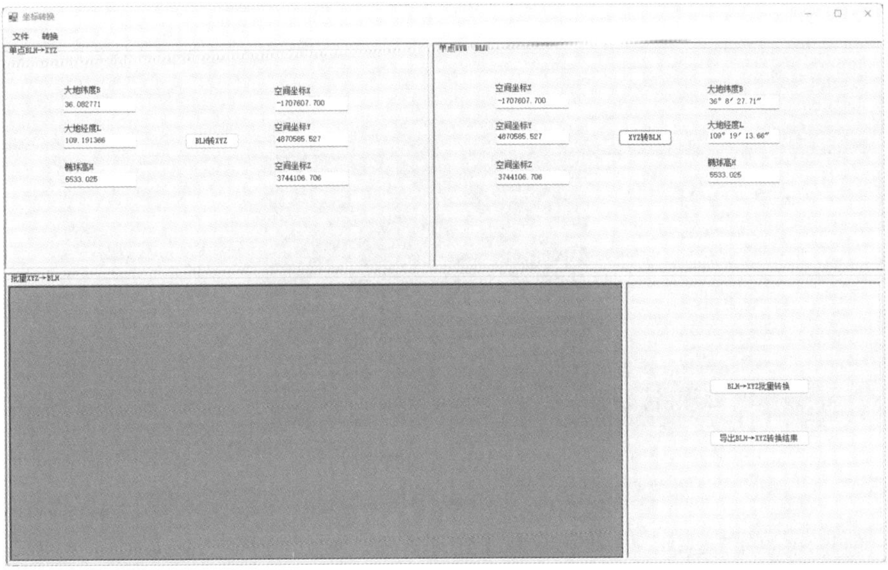

图 7.4 单点坐标转换

2. 菜单 Click 事件响应

在窗体设计界面双击“文件”菜单下“打开数据”菜单子项，调用 Open( )方法，可将 txt 文本数据读取到 dataGridView1 控件上，实现代码如下：

```
private void 打开数据 ToolStripMenuItem_Click(object sender, EventArgs e)
{
    Open();
}
```

类似地，双击“文件”菜单下“导出转换结果”菜单子项，调用 OutPut( )方法，可将 dataGridView1 控件数据写入 txt 文本，实现代码如下：

```
private void 导出转换结果ToolStripMenuItem_Click(object sender, EventArgs e)
{
  OutPut();
}
```

运行程序后，单击菜单项“打开数据”读入“大地坐标数据.txt”，显示结果如图 7.5 所示。

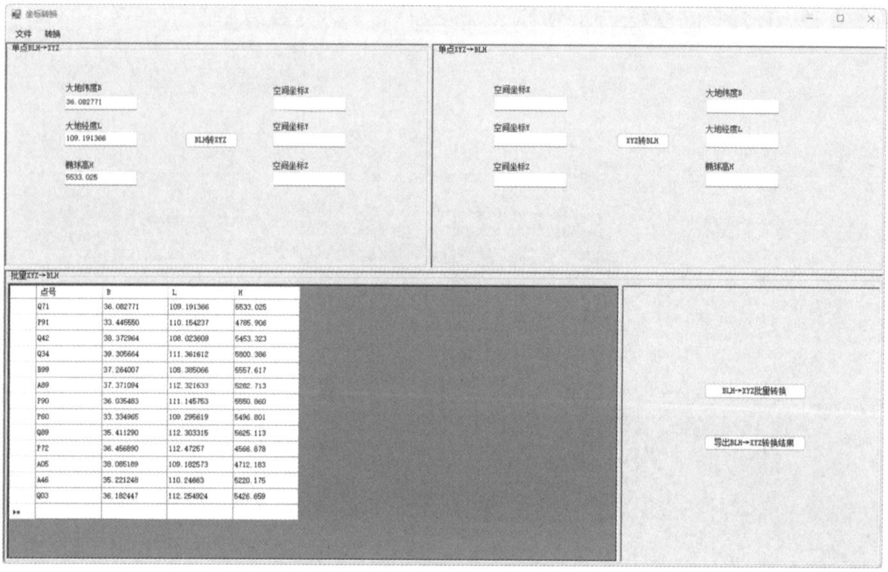

图 7.5 读取数据

为“文件”菜单下“退出”菜单子项增加处理方法，通过调用“Application.Exit( )”方法，实现程序退出，代码如下：

```
private void 退出ToolStripMenuItem_Click(object sender, EventArgs e)
{
  Application.Exit();
}
```

3. 批量转换实现

(B，L，H)到(X，Y，Z)批量转换方法流程是，首先判断 dataGridView1 的数据是否为空，如果非空，在 dataGridView1 中增加三列(X，Y，H)，通过遍历循环读出表格第 2、3、4 列数据(B、L、H)，调用 BLH2XYZ( )方法进行转换计算，将计算值分别赋给

dataGridView1 第 5、6、7 列，并提示计算成功与否；如果 dataGridView1 为空，弹出消息对话框进行提示。(B, L, H)到(X, Y, Z)批量转换在 button3 的 Click 事件中响应，代码如下：

```
private void button3_Click(object sender, EventArgs e)
{
  if (dataGridView1.Columns.Count == 4)
  {
    dataGridView1.Columns.Add("Columns4", "X");
    dataGridView1.Columns.Add("Columns5", "Y");
    dataGridView1.Columns.Add("Columns6", "Z");
    for (int i=0; i<dataGridView1.Rows.Count-1; i++)
    {
      double B=Convert.ToDouble(dataGridView1.Rows[i].Cells[1].
Value.ToString());
      double L=Convert.ToDouble(dataGridView1.Rows[i].Cells[2].
Value.ToString());
      double H=Convert.ToDouble(dataGridView1.Rows[i].Cells[3].
Value.ToString());
      dataGridView1.Rows[i].Cells[4].Value=BLH2XYZ(B, L, H)[0].
ToString("0.000");
      dataGridView1.Rows[i].Cells[5].Value=BLH2XYZ(B, L, H)[1].
ToString("0.000");
      dataGridView1.Rows[i].Cells[6].Value=BLH2XYZ(B, L, H)[2].
ToString("0.000");
    }
    MessageBox.Show("计算成功!");
  }
  else
  {
    MessageBox.Show("请先读入数据,然后计算!");
  }
}
```

Button3 实现的功能和菜单“转换”下的“BLH→XYZ”菜单项功能一样，因此可以将 button3 的 Click 事件内的代码拷贝到“BLH→XYZ”菜单项 Click 事件响应函数中去，然而这并不是一个好办法，一种有效方法是调用 button3 的 Click 事件响应函数，该方法实现代码如下：

```
private void bLHXYZToolStripMenuItem_Click(object sender,
EventArgs e)
```

```
    {
      button3_Click(this, e);
    }
```

用类似的方法，可以实现(X, Y, Z)到(B, L, H)的批量转换。在菜单子项“XYZ→BLH”的 Click 事件的响应函数中添加以下代码实现批量计算：

```
    private void xYZBLHToolStripMenuItem _ Click ( object sender,
EventArgs e)
    {
      //清空 dataGridView1 各列
      while (dataGridView1.Columns.Count>0)
      {
        dataGridView1.Columns.RemoveAt(0);
      }
      OpenFileDialog ofd=new OpenFileDialog();
      ofd.Title="打开 txt 文本";
      ofd.Filter="文本文件(*.txt)|*.txt";
      if (ofd.ShowDialog() == DialogResult.OK)
      {
        string str=ofd.FileName;
        if (File.Exists(str))
        {
          DataTable dt=new DataTable();

          dt.Columns.Add("点号", typeof(String));
          dt.Columns.Add("X", typeof(String));
          dt.Columns.Add("Y", typeof(String));
          dt.Columns.Add("Z", typeof(String));
          StreamReader sr=new StreamReader(str, Encoding.Default);
          while (! sr.EndOfStream)
          {
            string[] items=sr.ReadLine().Trim().Split(',');
            if (items.Length == 4)
            {
              DataRow dr=dt.NewRow();
              dr[0]=items[0];
              dr[1]=items[1];
              dr[2]=items[2];
              dr[3]=items[3];
```

```
            dt.Rows.Add(dr);
          }
        }
        dataGridView1.DataSource=dt;
        sr.Close();
      }
    }
    if (dataGridView1.DataSource ! = null)
    {
      dataGridView1.Columns.Add("Columns4", "B");
      dataGridView1.Columns.Add("Columns5", "L");
      dataGridView1.Columns.Add("Columns6", "H");
      for (int i=0; i<dataGridView1.Rows.Count-1; i++)
      {
        double X=Convert.ToDouble(dataGridView1.Rows[i].Cells[1].
Value.ToString());
        double Y=Convert.ToDouble(dataGridView1.Rows[i].Cells[2].
Value.ToString());
        double Z=Convert.ToDouble(dataGridView1.Rows[i].Cells[3].
Value.ToString());
        dataGridView1.Rows[i].Cells[4].Value=ConvertRadians
ToString(XYZ2BLH(X, Y, Z)[0]);
        dataGridView1.Rows[i].Cells[5].Value=ConvertRadians
ToString(XYZ2BLH(X, Y, Z)[1]);
        dataGridView1.Rows[i].Cells[6].Value=XYZ2BLH(X, Y, Z)[2].
ToString("0.000");
      }
      MessageBox.Show("计算成功!");
    }
    else
    {
      MessageBox.Show("请先读入数据,然后计算!");
    }
  }
```

4. 导出转换结果

运用 OutPut( )方法可以实现 dataGridView1 数据写入 txt 文本，然而导出计算文本前需要判断程序是否做过运算，如果做了运算才导出转换结果。判断方法是根据 dataGrid

View1列数进行判定，如果列数为7，则导出成果，否则不导出，button4的Click事件响应代码如下：

```
private void button4_Click(object sender, EventArgs e)
{
  if (dataGridView1.Columns.Count == 7)
  {
    OutPut();
  }
  else
  {
    MessageBox.Show("请先读入数据或转换计算,然后再导出!");
  }
}
```

根据上述方法导出的txt文本如图7.6所示，可见dataGridView1数据被全部正确导出。“导出BLH→XYZ转换结果”按钮不但可以导出BLH→XYZ转换结果，也可以导出XYZ→BLH转换结果。

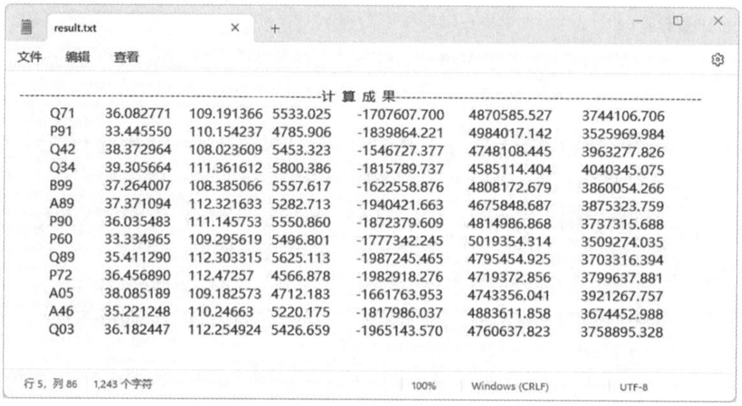

---计 算 成 果---

Q71	36.082771	109.191366	5533.025	-1707607.700	4870585.527	3744106.706
P91	33.445550	110.154237	4785.906	-1839864.221	4984017.142	3525969.984
Q42	38.372964	108.023609	5453.323	-1546727.377	4748108.445	3963277.826
Q34	39.305664	111.361612	5800.386	-1815789.737	4585114.404	4040345.075
B99	37.264007	108.385066	5557.617	-1622558.876	4808172.679	3860054.266
A89	37.371094	112.321633	5282.713	-1940421.663	4675848.687	3875323.759
P90	36.035483	111.145753	5550.860	-1872379.609	4814986.868	3737315.688
P60	33.334965	109.295619	5496.801	-1777342.245	5019354.314	3509274.035
Q89	35.411290	112.303315	5625.113	-1987245.465	4795454.925	3703316.394
P72	36.456890	112.47257	4566.878	-1982918.276	4719372.856	3799637.881
A05	38.085189	109.182573	4712.183	-1661763.953	4743356.041	3921267.757
A46	35.221248	110.24663	5220.175	-1817986.037	4883611.858	3674452.988
Q03	36.182447	112.254924	5426.659	-1965143.570	4760637.823	3758895.328

图7.6 坐标转换成果导出

◎ 本章小结

本章讲解了大地坐标与空间坐标转换程序设计，大地坐标向空间坐标转换比较简单，而空间坐标向大地坐标转换则需要迭代计算。迭代计算的特征是表达式中自变量和因变量含有同一参量，解决方法是给该参量一个初始值，通过循环迭代进行比较，当本次计算与上次计算结果之差小于某一阈值时，迭代计算结束，认为该参量已被找到。本章还提出了同功能多个控件共同实现的2种方法：封装函数法和调用事件响应函数，使用这两种代码整合方法，可使程序代码看上去更加紧凑优雅。

第 8 章　圆曲线坐标计算

随着 GNSS-RTK 技术的普及，传统的圆曲线中桩放样方法已被淘汰。GNSS-RTK 曲线放样本质是坐标放样，因此圆曲线点坐标计算成为关键。本章利用 C#语言编程实现圆曲线线路坐标计算。

◎ 学习目标

掌握圆曲线坐标计算的原理，掌握 DataGridView 控件读取数据的方法，掌握 TabControl 控件作为容器编程的设置，掌握计算数据写入 RichTextBox 控件的方法，掌握程序调试方法，能利用变量值判断程序运行正误。

8.1　计算原理

圆曲线线路坐标计算典型情况如下：已知数据线路起点 $P_1(x_1, y_1)$，圆曲线交点 JD (x_2, y_2)，线路终点 $P_3(x_3, y_3)$；计算内容：直圆点(ZY)、曲中点(QZ)、圆直点(YZ)的里程，圆曲线要素以及线路坐标。

8.1.1　文件格式与数据读取

编程读取“道路曲线数据 . txt”文件，数据内容和数据格式如图 8.1 所示。每行左起依次为“点名，X 坐标，Y 坐标，圆曲线半径，缓和曲线长”。首尾两点为线路起点与终点；第 2 行为圆曲线交点数据，第 3 行为缓和曲线交点数据，本案例不讲授缓和曲线坐标计算。

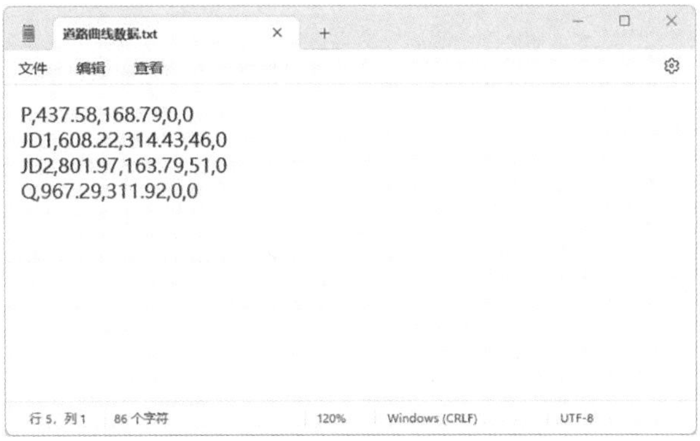

P,437.58,168.79,0,0
JD1,608.22,314.43,46,0
JD2,801.97,163.79,51,0
Q,967.29,311.92,0,0

图 8.1　道路曲线数据格式与说明

8.1.2　算法流程

1. 线路转向角 α

如图 8.2 所示，线路转向角 α、圆曲线半径 R、切线长 T(交点至直圆点或圆直点的长度)、曲线长 L(由直圆点经中心至圆直点的弧长)、外矢距 E(交点至圆曲线中点 QZ 的距离)和切曲差 q(切线长和曲线之差)称为圆曲线的曲线要素。

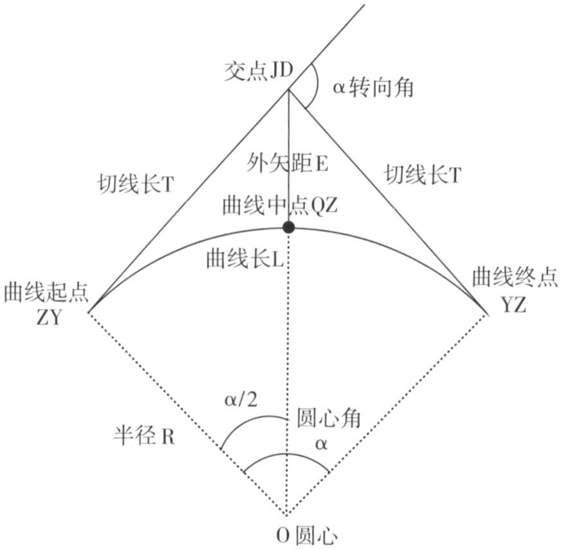

图 8.2　圆曲线的构成

ZY 点到 JD 点的线路坐标方位角为 α_1，YZ 点到 JD 点的线路坐标方位角为 α_2，线路转角 α 的计算方法如式(8-1)所示，当 $\alpha>0$ 时为右偏转角，当 $\alpha<0$ 时为左偏转角。

$$\alpha=\alpha_2-\alpha_1 \tag{8-1}$$

与前面章节不同，这里提出一种利用象限角求取坐标方位角的方法，此法考虑了坐标方位角落于坐标轴的情况，对于两个已知点 $P_A(x_A,\ y_A)$、$P_B(x_B,\ y_B)$，边 P_AP_B 方位角 α_{AB}求解步骤如下：

(1)对于两点 $P_A(x_A,\ y_A)$、$P_B(x_B,\ y_B)$，先计算两点 y 坐标之差 $\Delta y=y_B-y_A$，以及 x 坐标之差 $\Delta x=x_B-x_A$。

(2)判断 Δx、Δy 是否为 0，如果均不为 0，计算象限角 R_{AB}，$R_{AB}=\arctan\left|\dfrac{\Delta y}{\Delta x}\right|$，然后根据象限角和方位角的关系，计算出方位角 α_{AB}，象限角和方位角的关系如表 8.1 所示。

(3)计算 $\Delta x=0$ 而 $\Delta y\neq0$ 时的方位角 α_{AB}，再计算 $\Delta y=0$ 而 $\Delta x\neq0$ 时的方位角 α_{AB}(此步解决方位角与 y 轴或 x 轴重合的问题。Δx、Δy 同时为 0 无意义，不计算)。

(4)根据步骤(1)～步骤(3)的计算，得出方位角 α_{AB}。(注意：α_{AB} 的范围为[0°，360°))

表 8.1 **象限角和方位角的关系**

Δx 符号	Δy 符号	象限	坐标方位角 α
+	+	一	$\alpha_{AB}=R_{AB}$
−	+	二	$\alpha_{AB}=180°-R_{AB}$
−	−	三	$\alpha_{AB}=180°+R_{AB}$
+	−	四	$\alpha_{AB}=360°-R_{AB}$

利用步骤(1)~步骤(4)计算 α_1 和 α_2，记临时 $\varphi=\alpha_2-\alpha_1$，最终 α 计算方法为：

$$\begin{cases}\alpha=\varphi,\ 0\leqslant\varphi<\pi \text{ 或} -\pi<\varphi\leqslant 0\\ \alpha=\varphi-2\pi,\ \pi\leqslant\varphi\leqslant 2\pi\\ \alpha=\varphi+2\pi,\ -2\pi\leqslant\varphi\leqslant-\pi\end{cases} \tag{8-2}$$

2. 曲线要素计算

切线长 T、曲线长 L、外矢距 E、切曲差 q 的计算公式为：

$$\begin{cases}T=R\tan\dfrac{\alpha}{2}\\ L=R\alpha\dfrac{\pi}{180°}\\ E=R\left(\sec\dfrac{\alpha}{2}-1\right)\\ q=2T-L\end{cases} \tag{8-3}$$

3. 圆曲线主点里程计算

起点 P 里程为 0，根据两点间距离计算交点 JD 的里程 K_{JD}：

$$K_{JD}=\sqrt{(x_2-x_1)^2+(y_2-y_1)^2} \tag{8-4}$$

$$\begin{cases}K_{ZY}=K_{JD}-T\\ K_{QZ}=K_{ZY}+\dfrac{L}{2}\\ K_{YZ}=K_{ZY}+L\end{cases} \tag{8-5}$$

4. ZY、YZ 点坐标

圆曲线交点 JD 的线路坐标为$(x_2,\ y_2)$，则可以分别求得 ZY 点、YZ 点的线路坐标：

$$\begin{cases}x_{ZY}=x_2-T\sin\alpha_1\\ y_{ZY}=y_2-T\cos\alpha_1\\ x_{YZ}=x_2+T\sin\alpha_2\\ y_{YZ}=y_2+T\cos\alpha_2\end{cases} \tag{8-6}$$

5. 圆曲线中线点独立坐标(包括 QZ 点)计算

以 ZY 点为坐标原点 O′，过 ZY 点并指向交点 JD 的切线方向为 X′轴正向，过 ZY 点且指向圆心方向为 Y′轴正向，建立独立的直角坐标系 X′O′Y′。如图 8.3 所示，坐标系 X′O′Y′对应于圆曲线 ZY—YZ 段，对于 ZY—YZ 段上任意一点 i，若要计算其在 X′O′Y′中的坐标，设它在线路中的里程号为 K_i，则 ZY 点至 i 点的弧长 L_i 为：$L_i = K_i - K_{ZY}$，它对应的圆心角为φ_i。

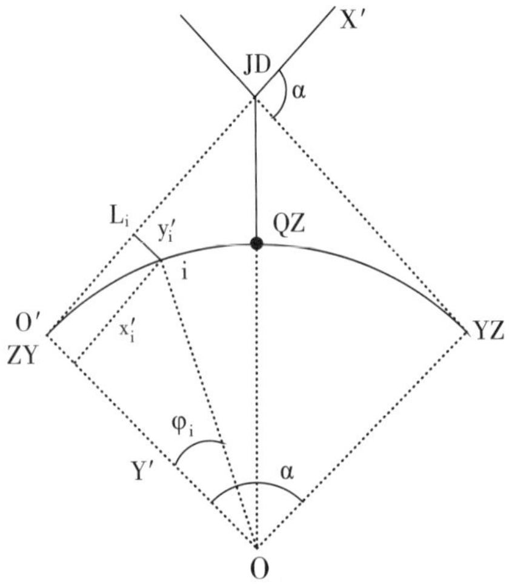

图 8.3　圆曲线独立坐标系

根据圆曲线的性质，可得 i 点测设元素：

$$\begin{cases} \varphi_i = \dfrac{L_i 180^\circ}{\pi R} \\ x_i' = R\sin\varphi_i \\ y_i' = R(1-\cos\varphi_i) \end{cases} \tag{8-7}$$

当 i 过了 QZ 点后，弧长 L_i 的计算需要改为 $L_i = K_{YZ} - K_i$；当 L_i 为 L/2 时，计算的是 QZ 点的坐标。

6. 线路坐标计算

利用坐标转换公式，即可以把 ZY—YZ 线路上 X′O′Y′坐标系中任意一点 i 的独立坐标 (x_i', y_i')转换为线路坐标(x_i, y_i)，当左偏转角 $\alpha<0$ 时：

$$\begin{cases} x_i = x_{ZY} + x_i'\cos\alpha_1 - y_i'\sin\alpha_1 \\ y_i = y_{ZY} + x_i'\sin\alpha_1 + y_i'\cos\alpha_1 \end{cases} \tag{8-8}$$

当右偏转角 $\alpha>0$ 时：

$$\begin{cases} x_i = x_{ZY} + x_i'\cos\alpha_1 + y_i'\sin\alpha_1 \\ y_i = y_{ZY} + x_i'\sin\alpha_1 - y_i'\cos\alpha_1 \end{cases} \tag{8-9}$$

8.2 编程与实现

圆曲线坐标计算界面采用控件叠加的方法，将一种控件作为“宿主”，另一种控件“寄宿”在“宿主”上，利用这种方法可以实现控件的更多功能，如控件可以随着窗体变化而变化，可为控件增加滚动条等。

8.2.1 界面设计

创建一个.NET的窗体应用程序，解决方案与项目命名为CalculationOfRCE，将窗体Text属性改为“圆曲线坐标计算”。加入一个MenuStrip控件，建立两个菜单，一个菜单命名为“文件”，其下包含“打开数据”和“退出”两个子菜单，另一个菜单命名为“计算”，其下包含“圆曲线要素”“主点里程”“ZY-YZ坐标”和“线路坐标”四个子菜单。拖入一个Panel控件，其Dock属性修改为“Fill”，再拖入一个TabControl，Dock属性也修改为“Fill”，Alignment属性修改为“Bottom”，单击TabPages右边集合中的“…”，在弹出的“TabPage集合编辑器”对话框中再增加3个页面，这样TabPages总共包含5个页面，将tabPage1~tabPage5的Text属性分别修改为“数据”“圆曲线要素”“主点里程”“ZY-YZ坐标”“线路坐标”，单击“确定”完成tabControl1页面创建。拖入一个DataGridView控件置于tabPage1上，其Dock属性修改为“Fill”，同样再增加4个RichTextBox控件richTextBox1~richTextBox4，分别置于tabPage2~tabPage5上，其Dock属性也修改为“Fill”，程序界面如图8.4所示。

图8.4 程序界面

8.2.2　类和字段声明

起点、交点和终点均是 double 类型的二维点结构，为此封装了一个 dPoint 类，用于记录点的坐标，它在 Form1 类中的声明如下：

```
class dPoint
{
  public double pointX;
  public double pointY;
  //设置坐标
  public void setXY(double x, double y)
  {
    pointX=x;
    pointY=y;
  }
}
```

再声明一些计算必备的字段和类对象，作为 Form1 类的成员，以备使用。这些字段和类对象声明与解释如下：

```
//创建一个数据表,作为 DataGridView1 的数据源
DataTable dt=new DataTable();
//起点
dPoint P=new dPoint();
//交点 1
dPoint JD1=new dPoint();
//交点 2
dPoint JD2=new dPoint();
//终点
dPoint Q=new dPoint();
//圆曲线半径
double R=0.0d;
//桩距
int step=5;
```

8.2.3　封装计算方法

为了重复计算和代码整理需要，程序封装了一系列计算方法。按照计算原理步骤，以后一个方法的参数列表为前一个方法的返回值为原则，进行方法设计与实现，所有方法实现代码如下。

1. jsFWJ( )方法

```
//利用两点计算该边方位角
private double jsFWJ (dPoint p1, dPoint p2)
{
  double deltaY=p2.pointY-p1.pointY;
  double deltaX=p2.pointX-p1.pointX;
  double delta=Math.Abs(deltaX/deltaY);
  //方位角 alpha
  double alpha=0.0;
  //第一象限
  if (deltaY>0 && deltaX>0)
  {
    alpha=Math.Atan(delta);
  }
  //第二象限
  else if (deltaY<0 && deltaX>0)
  {
    alpha=Math.PI-Math.Atan(delta);
  }
//第三象限
  else if (deltaY<0 && deltaX<0)
  {
    alpha=Math.PI+Math.Atan(delta);
  }
  //第四象限
  else if (deltaY>0 && deltaX<0)
  {
    alpha=2 * Math.PI-Math.Atan(delta);
  }
  //方位角与 x 轴重合
  else if (deltaY == 0)
  {
    if (deltaX>0)
    {
      alpha=Math.PI/2;
    }
    if (deltaX<0)
```

```
    {
      alpha=3 * Math.PI/2;
    }
  }
  //方位角与 y 轴重合
  else if (deltaX == 0)
  {
    if (deltaY>0)
    {
      alpha=0;
    }
    if (deltaY<0)
    {
      alpha=Math.PI;
    }
  }
  return alpha;
}
```

2. jsZJ( )方法

```
private double jsZJ(double alpha1, double alpha2)
{
  double alpha=100d;
    double phi= alpha2-alpha1;
  if ((phi>=0&&phi<Math.PI) ||(phi>-Math.PI && phi <= 0))
  {
    alpha=phi;
    return alpha;
  }
  else if (phi >= Math.PI && phi <= 2 * Math.PI)
  {
    alpha=phi- 2 * Math.PI;
    return alpha;
  }
  else if (phi >=-2 * Math.PI && phi <=-Math.PI)
  {
    alpha=phi+2 * Math.PI;
    return alpha;
```

```
    }
    return alpha;
}
```

3. TLEq( )方法

```
//计算圆曲线要素 TLEq
private double[] TLEq(double R, double alpha)
{
    alpha=Math.Abs(alpha);
    double t=R*Math.Tan(alpha/2);
    double l=R*alpha;
    double e=R*(1/(Math.Cos(alpha/2))-1);
    double q=2*t-l;
    double[] tleq=new double[] { t, l, e, q };
    return tleq;
}
```

4. jsJDLC( )方法

```
//计算交点里程
private double jsJDLC(dPoint p1, dPoint p2)
{
    return Math.Sqrt((p2.pointX-p1.pointX)*(p2.pointX-p1.pointX)
+(p2.pointY-p1.pointY)*(p2.pointY-p1.pointY));
}
```

5. jsYQXZDLC( )方法

```
//计算圆曲线主点里程
//交点="k_JD",切线长="T",曲线长="L"
private double[] jsYQXZDLC(double k_JD, double T, double L)
{
    double k_ZY=k_JD-T;
    double k_QZ=k_ZY+L/2;
    double k_YZ=k_ZY+L;
    double[] tempArray=new double[] { k_ZY, k_QZ, k_YZ };
    return tempArray;
}
```

6. ZYYZ_ ZB( )方法

//求直圆点和圆直点两点坐标,起点 = "P",交点 1 = "JD1",交点 2 = "JD2",切线长 = "T"

```
private dPoint[] ZYYZ_ZB(dPoint P, dPoint JD1, dPoint JD2, double T)
{
  double alpha1=jsFWJ(P, JD1);
  double alpha2=jsFWJ(JD1, JD2);
  double x_ZY=JD1.pointX-T*Math.Sin(alpha1);
  double y_ZY=JD1.pointY-T*Math.Cos(alpha1);
  double x_YZ=JD1.pointX+T*Math.Sin(alpha2);
  double y_YZ=JD1.pointY+T*Math.Cos(alpha2);
  dPoint zyPoint=new dPoint();
  zyPoint.setXY(x_ZY, y_ZY);
  dPoint yzPoint=new dPoint();
  yzPoint.setXY(x_YZ, y_YZ);
  dPoint[] dp=new dPoint[] { zyPoint, yzPoint };
  return dp;
}
```

7. jsYQXDZB( )方法

```
//计算圆曲线上各点(包括 QZ)的坐标(仅其上一点为局部坐标系的坐标);
//直圆点到曲线上点的弧长="Ki"
//直圆点里程="k_ZY"
//曲中点里程="k_QZ"
//圆直点里程="k_YZ"
//圆曲线长="L"
//圆曲线半径="R"
private dPoint jsYQXDZB(double Ki, double k_ZY, double k_QZ, double k_YZ, double L, double R)
{
  double Li=Ki-k_ZY;
  double xi_1=0.0;
  double yi_1=0.0;
  if (Li>0 && Li<L/2)
  {
    double phi=Li/R;
```

```
        xi_1=R*Math.Sin(phi);
        yi_1=R*(1-Math.Cos(phi));
      }
      if (Li == L/2)
      {
        double phi=Li/R;
        xi_1=R*Math.Sin(phi);
        yi_1=R*(1-Math.Cos(phi));
      }
      if (Li>L/2 && Li<L)
      {
        Li=k_YZ-Ki;
        double phi=Li/R;
        xi_1=R*Math.Sin(phi);
        yi_1-R*(1 Math.Cos(phi));
      }
      dPoint dp=new dPoint();
      dp.setXY(xi_1, yi_1);
      return dp;
    }
```

8. jsXLZB_ ZY_ YZ()方法

```
//线路坐标转换,把线路局部坐标转换为系统坐标
//直圆点坐标="ZY"
//第一边方位角="alpha1"
//第二边方位角="alpha2"
//输入点坐标,dPoint 类型="pIn"
//输出点坐标,dPoint 类型
private dPoint jsXLZB_ZY_YZ(dPoint ZY, double alpha1, double alpha2, dPoint pIn)
{
  double xi=0.0;
  double yi=0.0;
  if (alpha2-alpha1<0)//左偏
  {
    xi = ZY.pointX+pIn.pointX * Math.Cos(alpha1) - pIn.pointY * Math.Sin(alpha1);
    yi = ZY.pointY+pIn.pointX * Math.Sin(alpha1) + pIn.pointY *
```

```
Math.Cos(alpha1);
      }
      if (alpha2-alpha1>0)//右偏
      {
         xi = ZY.pointX + pIn.pointX * Math.Cos(alpha1) + pIn.pointY *
Math.Sin(alpha1);
         yi = ZY.pointY + pIn.pointX * Math.Sin(alpha1) - pIn.pointY *
Math.Cos(alpha1);
      }
      dPoint dp=new dPoint();
      dp.setXY(xi, yi);
      return dp;
   }
```

9. jsYQXJDZDLC()方法

```
//计算交点、直圆点、曲中点、圆直点里程
//返回由交点、直圆点、曲中点、圆直点组成的矩阵列表
private ArrayList jsYQXJDZDLC()
{
   double k_JD1=jsJDLC(P, JD1);
   double a1=jsFWJ(P, JD1);
   double a2=jsFWJ(JD1, JD2);
   double a=jsZJ(a1, a2);
   double[] tleq=TLEq(R, a);
   //计算 ZY、QZ、YZ 点里程
   double[] zdlc=jsYQXZDLC(k_JD1, tleq[0], tleq[1]);
   ArrayList zd=new ArrayList();
   zd.Add(k_JD1);
   zd.Add(zdlc[0]);
   zd.Add(zdlc[1]);
   zd.Add(zdlc[2]);
   return zd;
}
```

10. jsYQX_ YYS()方法

```
//圆曲线要素预运算,初始化 P、JD1、JD2、Q 以及圆曲线半径 R
private void jsYQX_YYS()
{
```

```
    if (dataGridView1.DataSource != null)
    {
        P.pointX = Convert.ToDouble(dataGridView1.Rows[0].Cells[1].Value);
        P.pointY = Convert.ToDouble(dataGridView1.Rows[0].Cells[2].Value);
        P.setXY(P.pointX, P.pointY);
        JD1.pointX=Convert.ToDouble(dataGridView1.Rows[1].Cells[1].Value);
        JD1.pointY=Convert.ToDouble(dataGridView1.Rows[1].Cells[2].Value);
        JD1.setXY(JD1.pointX, JD1.pointY);
        JD2.pointX=Convert.ToDouble(dataGridView1.Rows[2].Cells[1].Value);
        JD2.pointY=Convert.ToDouble(dataGridView1.Rows[2].Cells[2].Value);
        JD2.setXY(JD2.pointX, JD2.pointY);
        Q.pointX = Convert.ToDouble(dataGridView1.Rows[3].Cells[1].Value);
        Q.pointY = Convert.ToDouble(dataGridView1.Rows[3].Cells[2].Value);
        Q.setXY(Q.pointX, Q.pointY);
        R=Convert.ToDouble(dataGridView1.Rows[1].Cells[3].Value);
    }
}
```

11. returnYZZY()方法

//返回直圆点圆直点坐标,与函数 ZYYZ_ZB()类似,但不用构造参数,可直接计算出结果

```
private dPoint[] returnYZZY()
{
    //圆曲线要素预运算
    jsYQX_YYS();
    double alpha1=jsFWJ(P, JD1);
    double alpha2=jsFWJ(JD1, JD2);
    //计算 alpha,tleq
    double a=jsZJ(alpha1, alpha2);
    double[] tleq=TLEq(R, a);
```

```
    double T=tleq[0];
    dPoint[] dp=ZYYZ_ZB(P, JD1, JD2, T);
    return dp;
}
```

8.2.4 功能实现

1. 打开数据

在窗体设计界面双击“打开数据”，在菜单项 Click 响应函数中编写读取 txt 文本代码，实现数据读取。为了兼容缓和曲线要素计算，增加了“缓和曲线长”列，“打开数据”菜单项 Click 事件响应代码，如下所示。在“退出”菜单项 Click 响应函数中增加代码“Application. Exit( );”，实现程序退出。

```
private void 读取数据ToolStripMenuItem_Click(object sender, EventArgs e)
{
    OpenFileDialog ofd=new OpenFileDialog();
    ofd.Title="打开数据";
    ofd.Filter="文本文件(*.txt)|*.txt";
    if (ofd.ShowDialog() == DialogResult.OK)
    {
        string str=ofd.FileName;
        if (File.Exists(str))
        {
            dt.Columns.Add("点号", typeof(String));
            dt.Columns.Add("坐标X", typeof(String));
            dt.Columns.Add("坐标Y", typeof(String));
            dt.Columns.Add("圆曲线长", typeof(String));
            dt.Columns.Add("缓和曲线长", typeof(String));
            StreamReader sr=new StreamReader(str, Encoding.Default);
            while (!sr.EndOfStream)
            {
                string[] items=sr.ReadLine().Split(',');
                if (items.Length == 5)
                {
                    DataRow dr=dt.NewRow();
                    dr[0]=items[0];
                    dr[1]=items[1];
                    dr[2]=items[2];
```

```
            dr[3]=items[3];
            dr[4]=items[4];
            dt.Rows.Add(dr);
          }
        }
        dataGridView1.DataSource=dt;
        sr.Close();
      }
    }
  }
```

2. 计算圆曲线要素

在窗体设计界面下双击“计算”菜单下“圆曲线要素”菜单子项，调用 jsYQX_YYS( )方法给基本参量赋值，然后再调用 jsFWJ( )方法计算方位角，调用 jsZJ( )方法计算转角，最后调用 TLEq( )方法计算圆曲线 T、L、E、q 要素。将计算结果在 tabControl1 的 tabPage2 上的 richTextBox1 中展示，实现代码如下：

```
private void 圆曲线要素ToolStripMenuItem_Click(object sender, EventArgs e)
  {
    if (dataGridView1.DataSource != null)
    {
      //圆曲线要素预运算
      jsYQX_YYS();
      double alpha1=jsFWJ(P, JD1);
      double alpha2=jsFWJ(JD1, JD2);
      //计算 alpha,tleq
      double alpha=jsZJ(alpha1, alpha2);
      double[] tleq=TLEq(R, alpha);
      string[] str={ "T=", "L=", "E=", "q=" };
      richTextBox1.Text="圆曲线要素:"+"\n";
      for (int i=0; i<tleq.Length; i++)
      {
        richTextBox1.Text += str[i]+tleq[i].ToString("0.000")+"\n";
      }
      tabControl1.SelectedTab=tabPage2;
    }
    else
```

```
        {
          MessageBox.Show("请先打开数据,然后计算!");
        }
    }
```

3. 计算主点里程

双击“计算”菜单下“主点里程”菜单子项，通过调用 jsYQXJDZDLC( )方法，实现交点、直圆点、曲中点、圆直点里程计算，代码如下：

```
    private void 主点里程 ToolStripMenuItem_Click(object sender, EventArgs e)
    {
      if (dataGridView1.DataSource != null)
      {
        //圆曲线要素预运算
        jsYQX_YYS();
        //计算交点里程
        ArrayList a=jsYQXJDZDLC();
        string[] str={"交点里程:", "直圆点里程:", "曲中点里程:", "圆直点里程:",};
        richTextBox2.Text="交点、直圆点、曲中点、圆直点里程为:"+"\n";
        for (int i=0; i<str.Length; i++)
        {
          double m=(double)a[i];
          richTextBox2.Text += str[i]+m.ToString("0.000")+"\n";
        }
        tabControl1.SelectedTab=tabPage3;
      }
      else
      {
        MessageBox.Show("请先打开数据,然后计算!");
      }
    }
```

4. 计算 ZY-YZ 坐标

双击“计算”菜单下“ZY-YZ 坐标”子菜单，通过调用 returnYZZY( )方法实现直圆点和圆直点坐标计算，代码如下：

```
    private void zYYZ 坐标 ToolStripMenuItem_Click(object sender, EventArgs e)
```

```
{
  if (dataGridView1.DataSource ! = null)
  {
    List<dPoint> zyyzzb=new List<dPoint>();
    dPoint[] dp=new dPoint[] { };
    dp=returnYZZY();
    richTextBox3.Text="直圆点、圆直点坐标分别为:"+"\n";
    int C=0;
    string[] str={ "直圆点坐标:", "圆直点坐标:" };
    for (int i=0; i<dp.Length; i++)
    {
      richTextBox3.Text += str[i]+"x"+(C+1).ToString()+"="+dp
[i].pointX.ToString("0.000")+"   "
        + "y"+(C+1).ToString()+"="+dp[i].pointY.ToString
("0.000")+"\n";
      C++;
    }
    tabControl1.SelectedTab=tabPage4;
  }
  else
  {
    MessageBox.Show("请先打开数据,然后计算!");
  }
}
```

5. 计算线路坐标

在设计窗体中双击“计算”菜单下“线路计算”子菜单，实现圆曲线坐标计算，编程代码及解释如下：

```
private void 圆曲线坐标 ToolStripMenuItem_Click(object sender,
EventArgs e)
{
  if (dataGridView1.DataSource ! = null)
  {
    //圆曲线要素预运算,求 P JD1 JD2 Q 以及圆曲线半径 R
    jsYQX_YYS();
    //计算交点里程,求交点、直圆点、曲中点、圆直点里程
    ArrayList a=jsYQXJDZDLC();
    //获取直圆点里程
```

```
double zydlc=(double)a[1];
//获取曲中点里程
double qzdlc=(double)a[2];
//获取圆直点里程
double yzdlc=(double)a[3];
//计算 TLEq
double alpha1=jsFWJ(P, JD1);
double alpha2=jsFWJ(JD1, JD2);
double alpha=jsZJ(alpha1, alpha2);
double[] tleq=TLEq(R, alpha);
//获取曲线长
double L=tleq[1];
//保存 ZY-YZ(包括局部坐标的列表)
List<dPoint> locallist=new List<dPoint>();
int Origin=Convert.ToInt32(Math.Truncate(zydlc));
//计算 ZY-YZ 局部坐标
int Ki=0;
for (Ki=Origin+step; Ki<yzdlc; Ki += step)
{
  dPoint dp=new dPoint();
  dp=jsYQXDZB(Ki+(zydlc-Origin), zydlc, qzdlc, yzdlc, L, R);
  if ((Ki-step-qzdlc) * (Ki-qzdlc)<0)
  {
    //单独计算 QZ 局部坐标
    dPoint dp1=new dPoint();
    dp1=jsYQXDZB(qzdlc, zydlc, qzdlc, yzdlc, L, R);
    locallist.Add(dp1);
  }
  locallist.Add(dp);
}
//计算 ZY-ZY 点系统坐标
dPoint[] dps=new dPoint[] { };
dps=locallist.ToArray();
dPoint dpZY, dpYZ=new dPoint();
dpZY=returnYZZY()[0];
dpYZ=returnYZZY()[1];
//声明输出线路坐标数组,用于保存 ZY-ZY 点系统坐标
List<dPoint> outlist=new List<dPoint>();
```

```
        for (int i=0; i<locallist.Count; i++)
        {
          dPoint dpZYQZZB=jsXLZB_ZY_YZ(dpZY, alpha1, alpha2, dps[i]);
          outlist.Add(dpZYQZZB);
        }
        string PointCount=outlist.Count.ToString();
        richTextBox4.Text="圆曲线坐标数:"+PointCount+"\n";
        richTextBox4.Text += "系统坐标成果:"+"\n";
        for (int i=0; i<outlist.Count; i++)
        {
          richTextBox4.Text += "x"+(i+1).ToString()+"="+outlist[i].
pointX.ToString("0.000")+"\t" +
             "y"+(i+1).ToString()+"="+outlist[i].pointY.ToString
("0.000")+"\n";
        }
        tabControl1.SelectedTab=tabPage5;
      }
      else
      {
        MessageBox.Show("请先打开数据,然后计算!");
      }
    }
```

启动程序，单击菜单项“打开数据”读入“道路曲线数据 . txt”，分别计算圆曲线要素、主点里程、ZY-YZ 坐标和线路坐标，结果如图 8.5 所示。

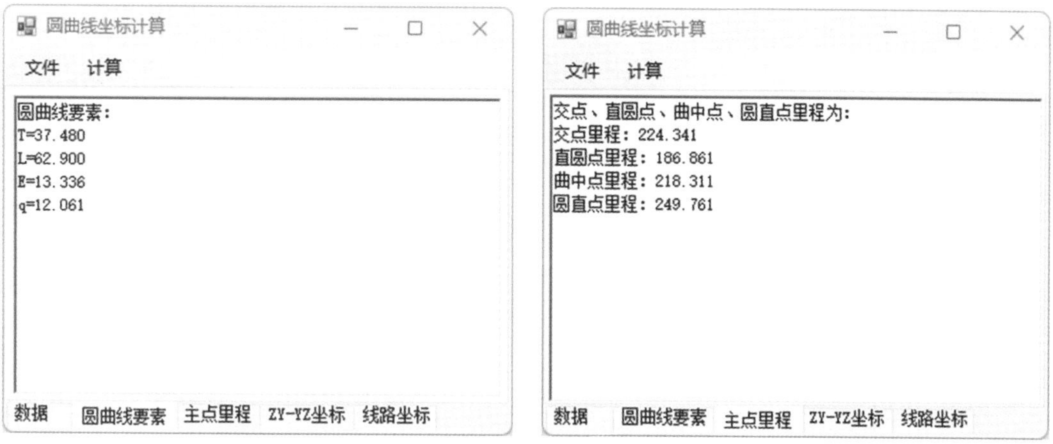

(a)圆曲线要素　　(b)主点里程

图 8.5 程序运行结果 1

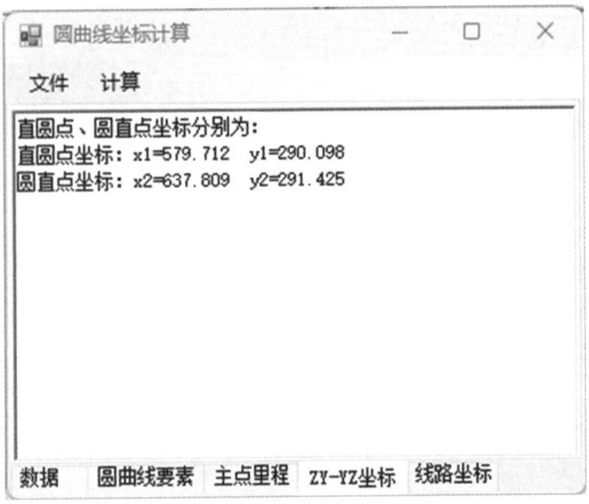

(c)ZY-YZ 坐标

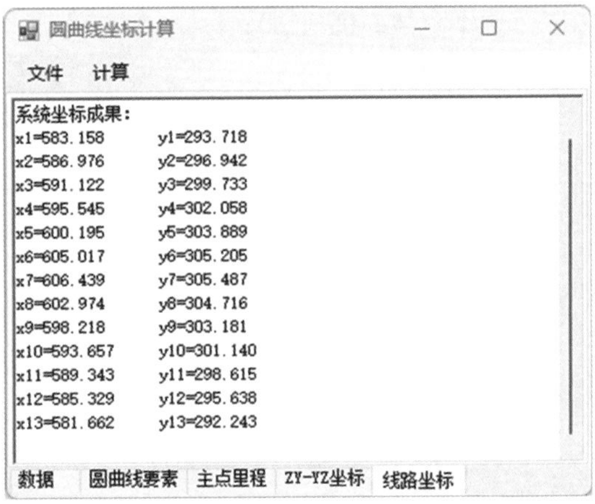

(d)线路坐标

图 8.5　程序运行结果 2

◎ 本章小结

本章详细讲解了圆曲线坐标计算编程，计算难度不大。方法设计时要注意输入和输出，即参数列表和返回值。通过方法进行参量计算一般有两种方式，第一种是在方法的参数列表或主体中修改全局变量，第二种是在方法的返回值中修改。

竞赛篇：
全国智创赛试题分析与详解

第9章　纵横断面计算

纵横断面测量是道路工程测量的一项基本任务，本章基于道路纵横断面和体积测量方法，通过程序设计实现道路纵、横断面计算和土石方计算。纵横断面计算是2022年全国大学生测绘学科创新创业智能大赛测绘程序设计竞赛原题，本章以“学中做”的方式讲解试题做法。

◎ 学习目标

了解全国大学生测绘学科创新创业智能大赛测绘程序设计竞赛规则；掌握DataGridView控件读写文件方法；掌握txt文件读写方法；掌握Windows程序界面设计方法；掌握程序调试方法；掌握类、结构、方法等封装方法。

9.1　比赛规则

2022年全国大学生测绘学科创新创业智能大赛测绘程序设计竞赛以组队形式参加，每个代表队由2人组成，采用线上编程的方式竞赛。比赛时间为6小时，比赛开始时，分发《试题册》和测试数据，3个小时后发正式数据。比赛开始后3小时内不得交卷和离开考场。

竞赛在数据、成果和界面设计方面均有明确要求，细则如下(竞赛还对比赛纪律和成果有效性等方面进行了要求，此处不再赘述)：

1. 输入数据说明

数据文件为文本文件(.txt)，图形文件为JPG格式(*.jpg)。

2. 计算成果要求

在竞赛成果的任何地方都不得出现参赛编号、学校信息或参赛队员信息。主要成果内容包括：源码文件、可执行文件、计算成果(程序正确性.xls、result.txt、成果图形.jpg)、开发文档，严格按照图9.1进行目录组织和文件命名。

(1)源码文件：保存所编写的程序代码及相关文件。

(2)可执行文件：保存可执行文件(.exe)和动态链接库文件(.dll)。删除编译和链接等中间过程文件。

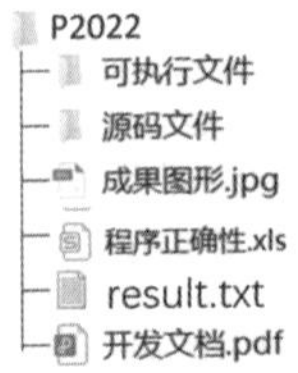

图 9.1　成果文件组织标准

(3)result. txt：根据《试题册》要求，利用“正式数据 . txt”进行计算，将计算过程或结果保存到该文件中。

(4)程序正确性 . xls：手工填写“程序正确性[模板]. xls”相应字段，用于程序正确性评分。程序正确性[模板]. xls 将会在比赛开始时和试题册一起发放，手动修改红色部分，不用编程。

(5)成果图形 . jpg：根据《试题册》要求进行图形绘制，将结果保存为图形文件(. jpg)。

(6)开发文档：包括程序功能简介、算法设计与流程图、主要函数和变量说明、主要程序运行界面、使用说明等部分，保存为 pdf 格式。

3. 用户界面要求

界面风格采用标准 Windows 应用程序，包括菜单、工具条、主窗体、状态栏等要素。其中菜单包含文件、算法、显示等内容，主窗体包含表格(显示输入数据)、图形(显示相关图形要素)、报告(显示计算成果)等组成部分。

9.2　试题解答与编程

本节在讲授纵横断面计算原理的基础上，一边讲述原理一边编程，给出程序设计和正确性答案(试题分析和答案部分为楷体字)。

根据给定道路中心线上已知的 N 个关键点和散点数据，绘制 1 条纵断面、2 条横断面，并计算断面面积。如图 9.2 所示，K_0、K_1、K_2 分别是道路中心线上的 3 个关键点，过这 3 个点构建纵断面。M_0 是 K_0、K_1 的中点，M_1 是 K_1、K_2 的中点，分别过 M_0 和 M_1 绘制横断面。

9.2.1　读取数据文件

测试数据内容和格式如图 9.3(a)所示，其中第 1 行为参考高程点名和参考高程值，第 2 行为 3 个关键点的点名，第 3 行和第 4 行为 2 个关键点，其余各行为各点信息，格式为“点名，X 分量，Y 分量，高程 H”。正式数据格式如图 9.3(b)所示，仅包含参考高程点名和参考高程、关键点 A、B 和其他各点的点名，X 分量，Y 分量，高程 H。

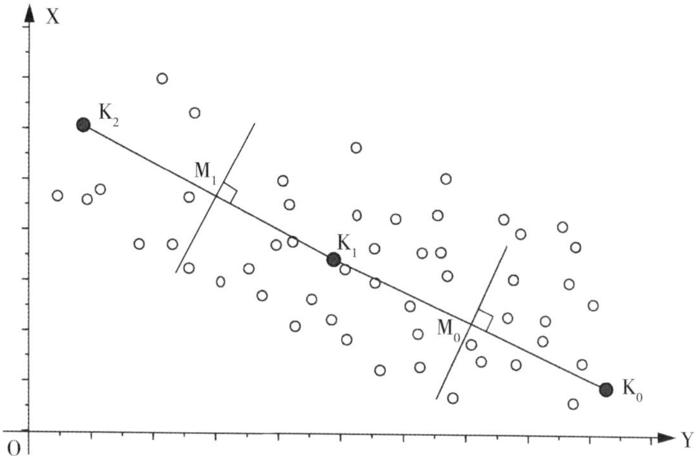

图 9.2 纵横断面示意图

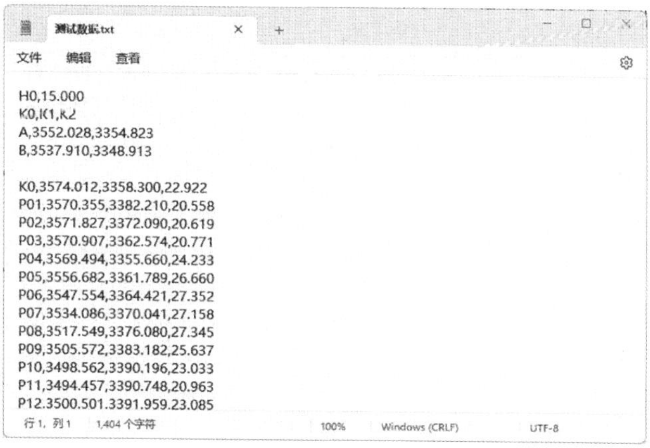

H0,15.000
K0,K1,K2
A,3552.028,3354.823
B,3537.910,3348.913

K0,3574.012,3358.300,22.922
P01,3570.355,3382.210,20.558
P02,3571.827,3372.090,20.619
P03,3570.907,3362.574,20.771
P04,3569.494,3355.660,24.233
P05,3556.682,3361.789,26.660
P06,3547.554,3364.421,27.352
P07,3534.086,3370.041,27.158
P08,3517.549,3376.080,27.345
P09,3505.572,3383.182,25.637
P10,3498.562,3390.196,23.033
P11,3494.457,3390.748,20.963
P12.3500.501.3391.959.23.085

(a)测试数据

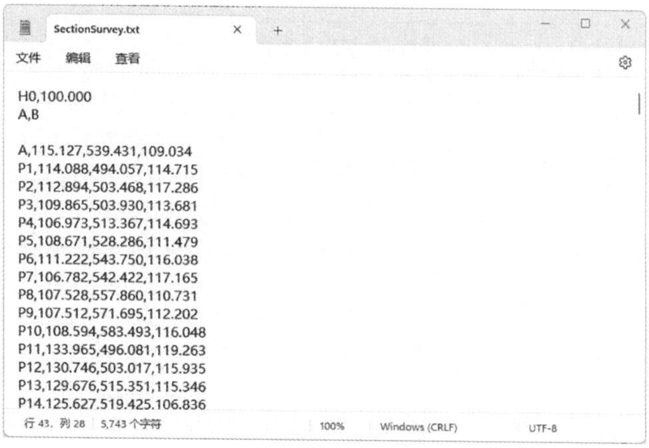

H0,100.000
A,B

A,115.127,539.431,109.034
P1,114.088,494.057,114.715
P2,112.894,503.468,117.286
P3,109.865,503.930,113.681
P4,106.973,513.367,114.693
P5,108.671,528.286,111.479
P6,111.222,543.750,116.038
P7,106.782,542.422,117.165
P8,107.528,557.860,110.731
P9,107.512,571.695,112.202
P10,108.594,583.493,116.048
P11,133.965,496.081,119.263
P12,130.746,503.017,115.935
P13,129.676,515.351,115.346
P14.125.627.519.425.106.836

(b)正式数据(最后点为 B)

图 9.3 数据内容和格式

"程序正确性[模板].xls"中对 22 个计算数值进行了计算验证，用来判断程序计算结果是否正确，具体如表 9.1 所示。在比赛中，表 9.1 第二列"计算结果"给出了一些数值，为了便于说明，表中呈现的是大赛 3 小时后发放的正式数据。将表 9.1 的"计算结果"一列数据全部清空，待程序计算出结果后填写。

表 9.1　**正确性验证计算**

序号	计算结果	说　　明
1	16.123647	A，B 两点的坐标方位角
2	114.826	A 的内插高程
3	108.667	B 的内插高程
4	1428.604	以 A、B 为梯形的两个顶点的梯形面积
5	195.941	纵断面的总长度
6	163.139	第 5 个内插点的 x 坐标
7	553.389	第 5 个内插点的 y 坐标
8	113.371	第 5 个内插点的高程
9	2738.959	纵断面面积
10	209.203	第 1 个横断面中心点的坐标 x
11	566.781	第 1 个横断面中心点的坐标 y
12	1.853716	第 1 个横断面的坐标方位角，以弧度为单位
13	205.015	第 1 个横断面中的 j=3 的内插点的坐标 x
14	581.184	第 1 个横断面中的 j=3 的内插点的坐标 y
15	113.885	第 1 个横断面中的 j=3 的内插点的高程
16	213.390	第 1 个横断面中的 j=−3 的内插点的坐标 x
17	552.377	第 1 个横断面中的 j=−3 的内插点的坐标 y
18	113.540	第 1 个横断面中的 j=−3 的内插点的高程
19	756.407	第 1 个横断面的面积
20	—	第 2 个横断面的面积
21	134066.755	第 1 个纵断面的土石方总量
22	—	第 2 个纵断面的土石方总量

9.2.2　程序算法

1. 基本算法

(1)坐标方位角计算

已知两点坐标 $A(x_A, y_A)$、$B(x_B, y_B)$，则边 AB 的方位角为：

$$\alpha_{AB}=\arctan\left|\frac{\Delta y}{\Delta x}\right|=\arctan\left|\frac{y_B-y_A}{x_B-x_A}\right| \tag{9-1}$$

方位角的值与所在象限有关，判定方法如表 9.2 所示。

表 9.2　**方位角取值范围判断**

Δy_{AB}	Δx_{AB}	坐标方位角
+	+	α_{AB}
+	−	$180°-\alpha_{AB}$
−	−	$180°+\alpha_{AB}$
−	+	$360°-\alpha_{AB}$
+	0	90°
−	0	270°
0	+	0°
0	−	180°

说明：计算输入文件中的 A、B 两点的坐标方位角，将计算结果保存到“result. txt”中。输出格式为 dd. mmssss，其中 dd 表示度（dd°），mm 表示分（mm′），ssss 表示秒（ss. ss″）。将计算结果保存到“程序正确性 . xls”文件中，格式为 dd. mmssss。将结果填写到表 9.1 第 1 行中。

编程与解答：

①界面设计

程序设计前通读“试题：纵横断面计算”，确定程序要实现哪些功能、会用到哪些控件，然后做界面设计。程序界面设计具体操作如下，首先新建一个 .NET 的窗体应用程序，解决方案和项目命名为 ComputationofSectionSurvey，将窗体 Text 属性改为“纵横断面计算”。向窗体中加入 MenuStrip 控件，建立三个菜单，菜单名分别为“文件”“计算”和“显示”，菜单子项根据程序开发要求适时添加。增加一个 ToolStrip 控件，所有按钮为 Button 类型，DisplayStyle 属性改为“Text”，也是根据程序开发要求适时添加。拖入一个 TabControl，Alignment 属性改为 Bottom。增加一个 ToolTip 控件，当鼠标停留在工具条上时会以气泡的形式进行提示。以上是程序的粗略框架，界面如图 9.4 所示。

②计算方位角

a. 设计“点”类

为了便于计算，程序设计了 Point3D 类，用于记录三维点信息。在“ComputationofSectionSurvey”工程中右击，选择添加→类，将类命名为“Point3D”，单击添加按钮实现类添加，进入类时将访问权限由默认的 internal 改为 public，详细代码与注释如下。

```
public class Point3D
{
```

图 9.4　程序初始界面

```
    //点号
    public string code;
    //坐标 X,Y,H
    public double X;
    public double Y;
    public double H;
    //距离
    public double dist;
    //设置点的三维坐标
    public void setXYZ(double x, double y, double h)
    {
      X=x;
      Y=y;
      H=h;
    }
}
```

b. 编写弧度转角度方法

由于程序要求计算的方位角输出格式为 dd. mmssss，且秒(ssss)要保留两位小数，因此程序设计了弧度转角度 hd2dfm()方法，它在 Form1 类中的声明与实现如下。

```
//弧度转度分秒,仅限 0°-360°
public double hd2dfm(double hd)
{
  double dd=hd/Math.PI*180;
  double d=Math.Truncate(dd);
```

```
    double f=Math.Truncate((dd-d)*60);
    double m=Math.Round((((dd-d)*60-f)*60),4);
    double t=d+f/100+m/10000;
    return t;
}
```

c. 方位角计算方法 jsfwj()

```
public double jsfwj(Point3D pa, Point3D pb)
{
    double deltaY=pb.Y-pa.Y;
    double deltaX=pb.X-pa.X;
    double alphaAB=361;
    if (deltaX == 0)
    {
        if (deltaY>0)
        {
            alphaAB=Math.PI/2;
            return alphaAB;
        }
        if (deltaY<0)
        {
            alphaAB=3*Math.PI/2;
            return alphaAB;
        }
    }
    if (deltaY == 0)
    {
        if (deltaX>0)
        {
            alphaAB=0;
            return alphaAB;
        }
        if (deltaX<0)
        {
            alphaAB = Math.PI;
            return alphaAB;
        }
    }
    if (deltaX<0 && deltaY != 0)
```

```
    {
      alphaAB=Math.Atan(deltaY/deltaX);
      alphaAB=alphaAB+Math.PI;
      return alphaAB;
    }
    if (deltaX>0)
    {
      if (deltaY>0)
      {
        alphaAB=Math.Atan(deltaY/deltaX);
        return alphaAB;
      }
      if (deltaY<0)
      {
        alphaAB=Math.Atan(deltaY/deltaX);
        alphaAB=alphaAB+2 * Math.PI;
        return alphaAB;
      }
    }
    return alphaAB;
  }
```

由于程序反复使用关键点A、B，故在Form1类中声明A、B点，代码为“Point3D A=new Point3D()；Point3D B=new Point3D()；”在Form1的Load事件中进行对象实例化，代码如下：

```
private void Form1_Load(object sender, EventArgs e)
{
  A.setXYZ(115.127, 539.431, 109.034);
  A.code="A";
  B.setXYZ(303.278, 594.130, 105.548);
  B.code="B";
}
```

计算验证：题目需要计算A、B所在边的方位角，又知两点坐标分别为A(115.127，539.431，109.034)和B(303.278，594.130，105.548)，在程序中新建一个button1，Text属性改为“临时测试”(程序完成时删除此button1)，在Click事件中添加如下代码。

```
private void button1_Click(object sender, EventArgs e)
{
  //方位角计算测试
  double dfm=jsfwj(A, B);
```

```
    double t=hd2dfm(dfm);
    MessageBox.Show(t.ToString("0.000000"));
}
```

运行程序，弹出的对话框显示方位角大小为 16.123647，表示 $\alpha_{AB}=16°12'36.47''$，将 16.123647 填入表 9.1 第 2 列第 1 行，得到计算结果。

注意：比赛时表 9.2 未给出最后两行，也就是未考虑方位角为 0°或 180°的情况，这里予以补充，另外如果 Δx_{AB}、Δy_{AB}均为 0，则 A、B 点重合，此时方位角没有意义，程序中也未作相应处理，读者可以自行设计处理方法。这里计算结果未写入 result.txt，是要与后面计算内容一起输出。

(2)内插点 P 的高程值的计算方法

采用反距离加权法求内插点 P 的高程，计算方法为：

以点 P(x，y)为圆心，寻找邻近的 n 个离散点 $Q_i(x_i, y_i)$，形成点集 Q(在计算过程中 n 取 5)；

计算 P 到 Q 中每一已知点的距离 d_i，计算公式为：

$$d_i=\sqrt{(x-x_i)^2+(y-y_i)^2} \tag{9-2}$$

计算 P 点的内插高程，设 $Q_i(x_i, y_i)$点的高程为 h_i，P 点高程 h 的插值为：

$$h=\frac{\sum_{i=1}^{n}(h_i/d_i)}{\sum_{i=1}^{n}(1/d_i)} \tag{9-3}$$

说明：以 A、B 点为内插点，计算各自最近 5 个点(关键点和实测点)的点号、距离以及对应的内插高程，计算结果保留小数点后 3 位。

将距离 A、B 最近 5 个点(关键点和实测点)的点号、距离以及对应的 A、B 的内插高程等计算结果保存到“result.txt”中。

将 A、B 点内插高程计算结果填写到表 9.1 第 2 列的第 2 行和第 3 行中。

编程与解答：

这一步的难点是寻找 P 的邻近 n 个离散点集 Q，很多参赛考生表示这一步没有实现或计算有误，这里给出一种获取离散点集 Q 的方法，以供参考。

单击选择 tabControl1 的 TabPages 属性右边的“集合”后的“…”，将 tabPage1 的 Text 属性改为“数据”，将 tabPage2 的 Text 属性改为“五点点集”。拖入一个 DataGridView 控件，放置在 tabPage1 上，用于读取数据；再拖入一个 RichTextBox 控件，放置在 tabPage2 上，用于展示 P 的 5 个邻近点点集。

首先做“打开数据”菜单 Click 事件响应，在 Form1 类中声明一个数据表对象，添加代码“DataTable dt=new DataTable();”实现对象创建，双击“打开数据”菜单，添加如下读取数据代码，将 txt 数据文件写入 DataGridView 控件之中。

```
private void 打开数据ToolStripMenuItem_Click(object sender, EventArgs e)
{
```

```
    OpenFileDialog ofd=new OpenFileDialog();
    ofd.Title="打开数据";
    ofd.Filter="文本文件(*.txt)|*.txt";
    if (ofd.ShowDialog() == DialogResult.OK)
    {
      string str=ofd.FileName;
      if (File.Exists(str))
      {
        dt.Columns.Add("点号", typeof(String));
        dt.Columns.Add("坐标X", typeof(String));
        dt.Columns.Add("坐标Y", typeof(String));
        dt.Columns.Add("高程H", typeof(String));
        StreamReader sr=new StreamReader(str, Encoding.Default);
        while (! sr.EndOfStream)
        {
          string[] items=sr.ReadLine().Split(',');
          DataRow dr=dt.NewRow();
          if (items.Length == 4)
          {
            dr[0]=items[0];
            dr[1]=items[1];
            dr[2]=items[2];
            dr[3]=items[3];
            dt.Rows.Add(dr);
          }
        }
        dataGridView1.DataSource=dt;
        sr.Close();
      }
    }
    tabControl1.SelectedTab=tabPage1;
  }
```

为 toolStrip1 添加一个 Button 类型工具条项，其 DisplayStyle 属性设置为“Text”，Text 属性设置为“打开数据”，双击该工具条项，添加代码“打开数据 ToolStripMenuItem_Click(this, e);”，实现数据打开功能，如图 9.5 所示。

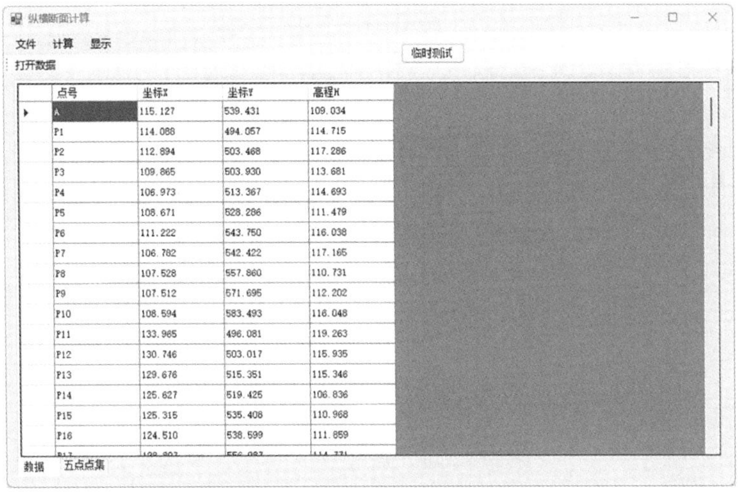

点号	坐标X	坐标Y	高程H
A	115.127	539.431	109.034
P1	114.088	494.057	114.715
P2	112.894	503.468	117.286
P3	109.865	503.930	113.681
P4	106.973	513.367	114.693
P5	108.671	528.286	111.479
P6	111.222	543.750	116.038
P7	106.782	542.422	117.165
P8	107.528	557.860	110.731
P9	107.512	571.695	112.202
P10	108.594	583.493	116.048
P11	133.965	496.081	119.263
P12	130.746	503.017	115.935
P13	129.676	515.351	115.346
P14	125.627	519.425	106.836
P15	125.315	535.408	110.968
P16	124.510	538.599	111.859

图 9.5 “打开数据”功能实现

编写一个获取五点点集的方法，参数列表分别是最邻近点数 n 和 Point3D 类型的点 P，方法返回的是 List<Point3D>类型点集，即找到与 P 点邻近的 n 个点。该方法在 Form1 类中的实现代码如下：

```
public List<Point3D> get_Q(int n, Point3D P)
{
  //新建一个 List m,用于保存 P 到各点 p 的距离
  List<double> m=new List<double>();
  List<Point3D> OP=new List<Point3D>();
  OP=get_OriPoints();
  foreach (Point3D p in OP)
  {
    //计算当前点 p 到原始点集每一点的距离
    double L=Math.Sqrt((P.X-p.X)*(P.X-p.X)+(P.Y-p.Y)*(P.Y-
p.Y));
    if (L ! = 0)//剔除 P 点,即自身
    {
      p.dist=L;
      m.Add(L);
    }
  }
  m.Sort();
  //再新建一个 List distance,用于保存前五个距离(最短距离)
  List<double> distance=new List<double>();
  for (int i=0; i<n; i++)
```

```
    {
      distance.Add(m[i]);
    }
    //对原始列表进行遍历,如果其中的某个元素的dist变量等于5个最短距离,就
```
把该点保存到新的p5中。
```
    List<Point3D> p5 =new List<Point3D>();
    int C=0;
    foreach (double temp in distance)
    {
      foreach (Point3D p in OP)
        if (p.dist == temp)
        {
          C++;
          p5.Add(p);
          //OriPoints.Remove(p);
          if (p5.Count == n)
          {
            break;
          }
        }
    }
    return p5;
  }
```

原始点集数据通过读取dataGridView1表格(非txt数据文件)获取，为此封装get_OriPoints()方法。先在方法中声明原始点集列表，然后遍历dataGridView1，实现原始点集获取，实现方法如下。

```
//通过读取dataGridView1获取原始点集
public List<Point3D> get_OriPoints()
{
  //原始点集
  List<Point3D> OriPoints=new List<Point3D>();
  if (dataGridView1.DataSource != null)
  {
    //遍历DataGridView控件,并将点增加到原始点集
    for (int i=0; i<dataGridView1.Rows.Count-1; i++)
    {
      Point3D temp=new Point3D();
       temp.code = dataGridView1.Rows[i].Cells[0].Value.ToString
```

```
();
            temp.X = double.Parse(dataGridView1.Rows[i].Cells[1].
Value.ToString());
            temp.Y = double.Parse(dataGridView1.Rows[i].Cells[2].
Value.ToString());
            temp.H = double.Parse(dataGridView1.Rows[i].Cells[3].
Value.ToString());
          OriPoints.Add(temp);
        }
        return OriPoints;
      }
      else
      {
        MessageBox.Show("请先打开数据,然后再获取原始点集!");
        return null;
      }
    }
```

将之前“临时测试”按钮代码注释，添加以下代码，实现P点邻近5点寻找，查找结果如图9.6所示。

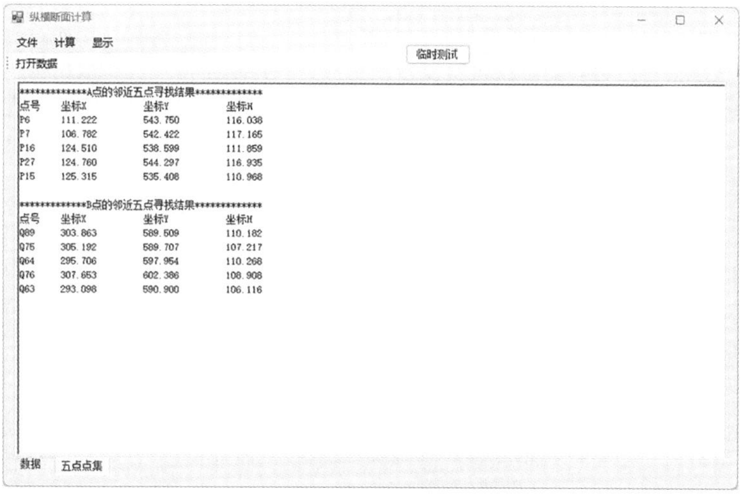

图9.6 邻近5点计算结果

```
    private void button1_Click(object sender, EventArgs e)
    {
      //获取邻近5点测试
      List<Point3D> pA = get_Q(5, A);
```

```
    richTextBox1.Text += " *************A 点的邻近五点寻找结果 ***********
**"+"\r\n";
    richTextBox1.Text += "点号"+"\t"+"坐标 X"+"\t\t"+"坐标 Y"+"\t\
t"+"坐标 H"+"\r\n";
    foreach (Point3D p in pA)
    {
      richTextBox1.Text += p.code+"\t"+p.X.ToString("0.000")+"\t
\t"+p.Y.ToString("0.000")+"\t\t"+p.H.ToString("0.000")+"\r\n";
    }
    richTextBox1.Text += "\r\n";
    richTextBox1.Text += " *************B 点的邻近五点寻找结果 ***********
**"+"\r\n";
    richTextBox1.Text += "点号"+"\t"+"坐标 X"+"\t\t"+"坐标 Y"+"\t\
t"+"坐标 H"+"\r\n";
    List<Point3D> pB=get_Q(5, B);
    foreach (Point3D p in pB)
    {
      richTextBox1.Text += p.code+"\t"+p.X.ToString("0.000")+"\t
\t"+p.Y.ToString("0.000")+"\t\t"+p.H.ToString("0.000")+"\r\n";
    }
    tabControl1.SelectedTab=tabPage2;
  }
```

运用式(9-2)封装一个计算两点距离公式的方法 distance( )，具体实现如下:

```
  //计算 A、B 两点水平距离
  public double distance(Point3D A, Point3D B)
  {
    double d=Math.Sqrt((A.X-B.X) * (A.X-B.X)+(A.Y-B.Y) * (A.Y-
B.Y));
    return d;
  }
```

运用式(9-3)封装一个利用插值点和邻近 5 点计算插值点高程的方法 Interpolation( )，实现代码如下:

```
  //根据 p 点邻近 5 点 p5,采用反距离加权法计算 p 点高程
  public double Interpolation(Point3D p, List<Point3D> p5)
  {
    double h_L=0;
    double L=0;
    foreach (Point3D d in p5)
```

```
    {
      double l=distance(d, p);
      h_L += d.H/l;
      L += 1/l;
    }
   p.H=h_L/L;
   return p.H;
}
```

将之前"临时测试"按钮的代码注释掉，添加以下代码，计算 A、B 两点高程，结果 $H_A=114.826$，$H_B=108.667$，将结果填写到表 9.1 第 2 列的第 2 行和第 3 行。这里的计算结果未写入 result.txt，与后面计算内容一起输出。

```
private void button1_Click(object sender, EventArgs e)
{
   //A、B 高程计算测试
   var ptA-get_Q(5,A);
   double HA=Interpolation(A, ptA);
   var ptB=get_Q(5, B);
   double HB=Interpolation(B, ptB);
   richTextBox1.Clear();
   richTextBox1.Text += "A 点的高程为"+HA.ToString("0.000")+"\r\n";
   richTextBox1.Text += "B 点的高程为"+HB.ToString("0.000")+"\r\n";
   tabControl1.SelectedTab=tabPage2;
}
```

(3)断面面积的计算

已知梯形两点 P_i、P_{i+1}，两点间的平面投影距离为 ΔL_i，基准高程为 h_0，点 P_i、P_{i+1} 的高程分别为 h_i、h_{i+1}，如图 9.7 所示，则该梯形的面积为：

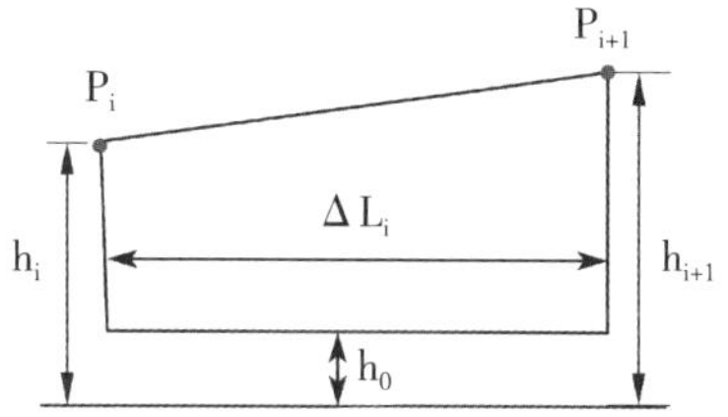

图 9.7 梯形面积示意图

$$S_i=\frac{(h_i+h_{i+1}-2h_0)}{2}\Delta L_i \tag{9-4}$$

将断面的所有梯形进行累加可得到总面积

$$S = \sum S_i \tag{9-5}$$

说明：H_0 点为高程参考面(高程为 100.000)，A、B 为梯形的两个顶点(不考虑中间内插点)，计算梯形面积，将结果输出到计算报告中，计算结果保留小数点后 3 位，结果保存到“result.txt”中，计算结果填入表 9.1 第 2 列第 4 行。

编程与解答：

这一步难度不大，利用式(9-4)封装一个 Area( )方法，可以计算出以 A、B 为顶点的梯形面积。在 Form1 类中声明“double H0＝100.000;”，然后编写 Area( )方法。

```
//计算相邻点构成的梯形的面积
public double Area(Point3D start, Point3D end)
{
  double deltaLi =distance(start, end);
  double temp =(start.H+end.H-2 * H0) * deltaLi/2;
  return temp;
}
```

注释掉“临时测试”按钮 Click 事件之前相应代码，添加以下代码，计算以 A、B 为顶点的梯形的面积。

```
private void button1_Click(object sender, EventArgs e)
{
  //A、B 为顶点的梯形面积计算测试
  double area =Area(A, B);
  MessageBox.Show(area.ToString("0.000"));
}
```

运行程序，结果显示以 A、B 为顶点的梯形面积为 1428.604m^2，将此值写入表 9.1 第 2 列第 4 行。这里的计算结果未写入 result.txt，与后面的计算内容一起输出。

2. 道路纵断面计算

以道路中心线上的 n+1 个点 K_0，K_1，…，K_n，形成道路的纵断面。

(1)计算纵断面的长度

已知 $K_i(x_i，y_i)$、$K_{i+1}(x_{i+1}，y_{i+1})$，可以计算它们之间的距离，如式(9-6)所示，纵断面的总长度为 $D = \sum D_i$。

$$D_i = \sqrt{(x_{i+1}-x_i)^2+(y_{i+1}-y_i)^2} \tag{9-6}$$

说明：在计算报告中输出纵断面的总长度，计算结果保留小数点后 3 位。结果保存到“result.txt”中。将计算结果写入表 9.1 第 2 列第 5 行。

编程与解答：

由于本题只有 A、B 两个关键点，因此纵断面距离只有 AB 一段，纵断面长度即为 AB 的长度，可以调用 distance( )方法完成计算。在 button1_Click( )事件响应函数中注释掉以前代码，添加以下代码实现计算：

```
private void button1_Click(object sender, EventArgs e)
{
  //纵断面总长度计算测试
  double dist =distance(A, B);
  MessageBox.Show(dist.ToString("0.000"));
}
```

运行程序，以A、B为关键点的纵断面长度为195.941m，将此值写入表9.1第2列第5行。这里计算结果未写入result.txt，与后面的计算内容一起输出。

(2)计算内插点的平面坐标

在纵断面上，从起点 K_0 开始，每隔 Δ 内插一点，记为 Z_i，形成纵断面上的内插点序列。如插值点 Z_i 在 K_0、K_1 直线上，则 Z_i 点的坐标为

$$\begin{cases} x_i = x_0 + L_i\cos(\alpha_{01}) \\ y_i = y_0 + L_i\sin(\alpha_{01}) \end{cases} \tag{9-7}$$

其中 α_{01} 为 $K_0(x_0, y_0)$，$K_1(x_1, y_1)$ 的方位角，L_i 是待插值 Z_i 点与 K_0 点的平面投影距离。如插值点在 K_j 和 K_{j+1} 直线上，则 P_i 点的坐标为

$$\begin{aligned} x_i &= x_j + (L_i - D_0)\cos(\alpha_{j,j+1}) \\ y_i &= y_j + (L_i - D_0)\sin(\alpha_{j,j+1}) \end{aligned} \tag{9-8}$$

其中 $\alpha_{j,j+1}$ 为 K_j、K_{j+1} 的坐标方位角，L_i 是待插值 P_i 点和 K_0 点之间沿中心线的平面投影距离，D_0 是 K_j 和 K_0 之间沿中心线的平面投影距离。根据内插点的平面坐标，依据公式 $h = \dfrac{\sum_{i=1}^{n}(h_i/d_i)}{\sum_{i=1}^{n}(1/d_i)}$ 计算高程。

说明：在纵断面上，按照 Δ=10m 进行内插，内插点名依次为 Z_1，Z_2，…，Z_n，计算结果保留小数点后3位。将内插点的点名、坐标、高程保存到"result.txt"中。将第5个内插点的计算结果分别写入表9.1的第2列第6、7、8行中。

编程与解答：

关键点A、B只构成AB一段，因此仅使用式(9-7)即可解决问题。为实现计算封装了InterCoordinate()方法，首先在方法中声明List<Point3D>类列表Coordinates，用于保存所有纵断面插值点的X、Y、H值，然后通过遍历间距Δ实现坐标计算。InterCoordinate()方法实现代码如下：

```
//对关键点 A、B 构成距离 AB,以 Li 间隔进行纵断面内插,并计算内插后所有点的XYH值。
public List < Point3D > InterCoordinate ( double Li, Point3D A, Point3D B)
{
  //Coordinates 用于保存所有纵断面插值点的 X、Y、H 值
  List<Point3D> Coordinates =new List<Point3D>();
  double D=distance(A, B);
```

```
    for (Li=10; Li <= D; Li += 10)
    {
      Point3D p=new Point3D();
      double x=A.X+Li * Math.Cos(jsfwj(A, B));
      double y=A.Y+Li * Math.Sin(jsfwj(A, B));
      p.X=x;
      p.Y=y;
      p.code="Z"+(Li/10).ToString();
      List<Point3D> p5=get_Q(5, p);
      p.H=Interpolation(p, p5);
      Coordinates.Add(p);
    }
    return Coordinates;
  }
```

注释掉之前“临时测试”按钮的 Click 事件代码，添加以下代码，计算以 A、B 为端点的纵断面内插点坐标和高程。

```
  private void button1_Click(object sender, EventArgs e)
  {
    //计算纵断面内插点坐标测试
    List<Point3D> pts=InterCoordinate(10, A, B);
    foreach (var temp in pts)
    {
      richTextBox1.Text+=temp.code+"  "+temp.X.ToString("0.000")+
"  "+temp.Y.ToString("0.000")
        +"  "+temp.H.ToString("0.000")+"\r\n";
    }
    tabControl1.SelectedTab=tabPage2;
  }
```

运行程序，计算得 Z_5 的坐标是(163.139，553.389，113.371)，将此值写入表 9.1 第 2 列第 6、7、8 行。计算结果未写入 result. txt，与后面计算内容一起输出。

(3)计算纵断面面积

说明：根据式(9-5)，利用纵断面内插点坐标、高程及关键点数据计算纵断面面积，计算结果保留小数点后 3 位。计算结果显示在 result. txt 中，结果写入表 9.1 第 2 列第 9 行中。

编程与解答：

式(9-4)表示两个相邻点构成的纵断面梯形的面积，式(9-5)为计算所有梯形面积累加值，因此只需在上一步基础上遍历纵断面点集，计算相邻两点构成的梯形面积，然后累加即可得纵断面面积。

封装 jszdmmj( )方法，计算 AB 段纵断面面积，代码如下。

```
public void jszdmmj(double Li, Point3D A, Point3D B)
{
  InterCoordinate(Li, A, B);
  Coordinates.Insert(0, A);
  Coordinates.Add(B);
  for (int i=0; i<Coordinates.Count-1; i++)
  {
    double acc_Area_temp=Area(Coordinates[i], Coordinates[i+
1]);
    acc_Area += acc_Area_temp;
  }
  acc_Area=Math.Round(acc_Area, 3);
}
```

注释掉之前“临时测试”按钮的 Click 事件代码，添加如下代码实现 AB 段纵断面面积计算，代码如下。

```
private void button1_Click(object sender, EventArgs e)
{
  //计算纵断面面积测试
  double zdmmj=jszdmmj(10, A, B);
  MessageBox.Show(zdmmj.ToString("0.000"));
}
```

运行程序，计算出纵断面面积为 S=2738.959，将此值写入表 9.1 第 2 列第 9 行。计算结果未写入“result.txt”，与后面计算内容一起输出。

3. 道路横断面计算

(1)计算横断面中心点

K_i、K_{i+1}的中心点 $M_i(x_{M_i}, y_{M_i})$坐标计算公式为：

$$x_{M_i}=\frac{x_i+x_{i+1}}{2};\quad y_{M_i}=\frac{y_i+y_{i+1}}{2} \tag{9-9}$$

说明：在计算报告中输出所有横断面中心点的坐标，计算结果保留小数点后 3 位，结果保存到“result.txt”中。将第 1 个中心点坐标填写到表 9.1 第 2 列第 10、11 行中(比赛原文描述为：“将第 2 中心点坐标输出到“程序正确性.xls”文件中。”)。

注意：由于比赛原文与数据不一致，这里做了“计算第 1 个中心点坐标”改动。

编程与解答：

道路横断面中心点计算仅需把式(9-9)封装为方法即可，参数列表为相邻两关键点(本例中关键点仅有 A、B 两点)，返回类型为 List<Point3D>类型。在封装的方法中声明一个 Point3D 类型对象，计算后返回该点。程序封装的 getCenterPoint( )方法声明及实现代码如下：

```
//计算中心点(相邻关键点中点)坐标
public Point3D getCenterPoint(Point3D keyPoint1, Point3D keyPoint2)
{
  //中心点
  Point3D CenterPoint=new Point3D();
  double x=(keyPoint1.X+keyPoint2.X)/2;
  double y=(keyPoint1.Y+keyPoint2.Y)/2;
  CenterPoint.X=x;
  CenterPoint.Y=y;
  return CenterPoint;
}
```

注释掉之前“临时测试”按钮的 Click 事件代码，添加如下测试代码，实现中心点坐标计算。

```
private void button1_Click(object sender, EventArgs e)
{
  Point3D p3=getCenterPoint(A, B);
  MessageBox.Show(p3.code+p3.X.ToString()+p3.Y.ToString());
}
```

运行程序，计算得到中心点 x 坐标为 209.203，y 坐标为 566.781，将此值写入表 9.1 第 2 列第 10、11 行。计算结果未写入 result.txt，与后面计算内容一起输出。

(2)计算横断面插值点的平面坐标和高程

过横断面中间点 M_i，分别向直线 K_0，K_1，…，K_n 做垂线，两边各延伸 25m，得到多条横断面。

过 M_i 点的横断面的坐标方位角为 α_{M_i}，计算公式为：

$$\alpha_{M_i}=\alpha_{i,i+1}+90° \tag{9-10}$$

过 M_i 点的横断面的内插点 N_j 平面坐标为：

$$\begin{cases}x_j=x_{M_i}+j\Delta\cos\ (\alpha_{M_i})\\ y_j=y_{M_i}+j\Delta\sin\ (\alpha_{M_i})\end{cases} \tag{9-11}$$

其中 $j=-5$，…，-1，0，1，…，5，Δ 为横断面间隔，本程序中该值为 5m。根据内插点的平面坐标计算其高程，计算公式见式(9-2)。横断面计算如图 9.8 所示。

说明：计算各横断面的坐标方位角，计算结果保留小数点后 6 位(弧度)，将其填写到表 9.1 第 2 列第 12 行中；计算各横断面内插点的坐标、高程，第 1 个横断面内插点的编号前缀为“NA”，第 2 个前缀为“NB”，第 3 个为“NC”，内插点的序号依次为“-5，-4，…，4，5”，例如“NA-4”“NC3”。计算结果保留小数点后 3 位。

将各横断面坐标方位角及其坐标、高程计算结果保存到 result.txt 中；计算第 1 个横断面中 $j=3$ 和 $j=-3$ 的内插点的 X、Y 和 H，将其填写到表 9.1 第 2 列第 13~18 行中(比

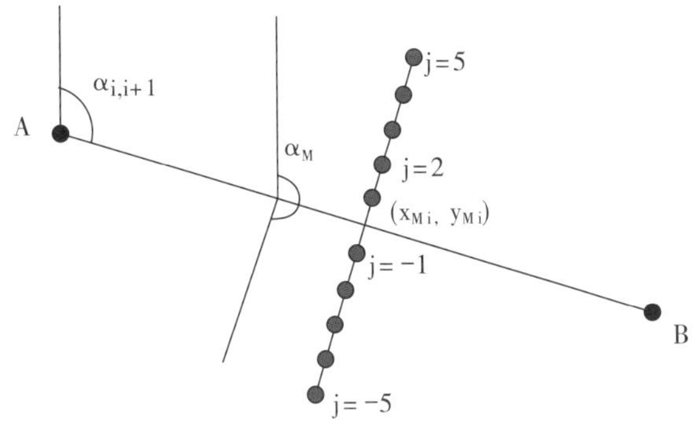

图 9.8 横断面计算示意图

赛原文表述为"计算 2 个横断面的坐标方位角，以及第 2 个横断面中的 j=3 的内插点的坐标和高程，保存到"程序正确性.x1s"文件中"）。

注意：由于比赛原文表述不严谨，且正式数据关键点数目与试题册描述不相符，这里做了"计算第 1 个横断面中 j=3 和 j=-3 的内插坐标和高程"改动。

编程与解答：

计算横断面插值点的平面坐标和高程需要先计算第 1 个横断面(本程序只有 1 个横断面)坐标方位角，然后计算横断面插值点的平面坐标。为了计算第 1 个横断面坐标方位角，封装了 jsfwj2()方法。如果有多个横断面，该方法返回值为 List<double>类型，如果只有 1 个横断面，返回值为 double 类型，在方法中声明 1 个 double 类型变量 fwj，在 jsfwj2()方法中实现横断面方位角计算，代码如下：

```
public double jsfwj2(Point3D keyPoint1, Point3D keyPoint2)
{
  //横断面方位角(弧度)
  double fwj;
  double t=jsfwj(keyPoint1, keyPoint2);
  fwj=t+Math.PI/2;
  return fwj;
}
```

注释掉之前的"临时测试"按钮 Click 事件代码，添加如下的测试代码，实现横断面坐标方位角计算。

```
private void button1_Click(object sender, EventArgs e)
  {
    //计算横断面方位角测试
    double fwj=jsfwj2(A, B);
    MessageBox.Show(fwj.ToString("0.000000"));
  }
```

运行程序，计算横断面方位角为 1.853716，将此值写入表 9.1 第 2 列第 12 行。这里计算结果未写入 result.txt，目的是与后面计算内容一起输出。

计算各横断面内插点的坐标、高程方法与纵断面方法类似，仿照 InterCoordinate( )方法，这里封装一个 InterCoordinate1 ( ) 方法，首先在该方法中声明“List < Point3D > Coordinates1 = new List<Point3D>( ) ;”，然后通过遍历 j 值实现坐标计算和高程插值计算。实现代码如下：

```
//根据关键点 A、B 求取中心点,以 delta 间隔进行横断面内插,并计算内插后所有点的 X、Y、H。
public List < Point3D > InterCoordinate1 ( int delta, Point3D A, Point3D B, double alpha)
{
  //delta 横断面间隔,A、B 为相邻纵断面点,alpha 为横断面方位角(弧度)
  //Coordinates1 用于保存所有横断面插值点的 X、Y、H 坐标
  List<Point3D> Coordinates1 =new List<Point3D>();
  for (int j =-5; j <= 5; j++)
  {
    Point3D p =new Point3D();
    Point3D cp =getCenterPoint(A, B);
    double x =cp.X+j * delta * Math.Cos(alpha);
    double y =cp.Y+j * delta * Math.Sin(alpha);
    p.X =x;
    p.Y =y;
    p.code ="NA"+j.ToString();
    List<Point3D> p5 =get_Q(5, p);
    p.H =Interpolation(p, p5);
    Coordinates1.Add(p);
  }
  return Coordinates1;
}
```

注释掉之前的“临时测试”按钮 Click 事件代码，添加如下测试代码，实现横断面坐标和高程计算，结果如图 9.9 所示。

```
private void button1_Click(object sender, EventArgs e)
{
  //横断面内插点坐标和高程计算测试
  double fwj =jsfwj2(A, B);
  List<Point3D> pts =InterCoordinate1(5, A, B, fwj);
  richTextBox1.Clear();
  richTextBox1.Text += " ****************横断面内插点坐标 *****************"+"\r\n";
```

```
    foreach (Point3D p in pts)
    {
      richTextBox1.Text += p.code+"\t"+p.X.ToString("0.000")+"\t\t"+p.Y.ToString("0.000")+"\t\t"+p.H.ToString("0.000")+"\r\n";
    }
    tabControl1.SelectedTab=tabPage2;
}
```

****************横断面内插点坐标*****************			
NA-5	216.182	542.774	117.413
NA-4	214.786	547.576	115.177
NA-3	213.390	552.377	113.540
NA-2	211.994	557.178	114.139
NA-1	210.598	561.979	116.134
NA0	209.203	566.781	116.574
NA1	207.807	571.582	115.784
NA2	206.411	576.383	115.305
NA3	205.015	581.184	113.885
NA4	203.619	585.985	114.801
NA5	202.223	590.787	114.471

图 9.9　横断面内插点坐标和高程计算

按照要求，将 NA3 和 NA-3 两点坐标和高程填入表 9.1 第 2 列第 13~18 行。这里计算结果未写入 result.txt，目的是与后面计算内容一起输出。

(3)计算横断面面积

说明：根据式(9-5)计算第 1 个(比赛原文为第 1、2 个)横断面的面积，用于横断面面积计算的点包括横断面中心点和横断面内插点(每个横断面共有 11 个点)，计算结果保留小数点后 3 位，计算结果保存到 result.txt 中，将第 1 个(比赛原文为第 1、2 个)横断面面积的计算结果填入表 9.1 第 2 列第 19 行中。

编程与解答：

上一步求取了横断面数据点集，现在仿照 jszdmmj( )方法封装一个 jshdmmj( )方法，实现横断面面积计算。声明一个 double 类型 acc_Area1 变量，用于保存横断面计算面积，实现代码如下：

```
//计算横断面面积,P 是横断面点集,结果保存在 acc_Area1 中
public double jshdmmj(List<Point3D> P)
{
  //acc_Area1 保存横断面面积(横断面累加)
  double acc_Area1=0;
  for (int i=0; i<P.Count-1; i++)
  {
    double acc_Area_temp=Area(P[i], P[i+1]);
    acc_Area1 += acc_Area_temp;
  }
  return acc_Area1;
```

```
}
```

注释掉"临时测试"按钮之前的 Click 事件代码，添加如下测试代码，实现横断面面积计算：

```
private void button1_Click(object sender, EventArgs e)
{
  //横断面面积计算测试
  double fwj = jsfwj2(A, B);
  List<Point3D> pts = InterCoordinate1(5, A, B, fwj);
  double hdmmj = jshdmmj(pts);
  MessageBox.Show(hdmmj.ToString("0.000"));
}
```

运行程序，得到第 1 个横断面面积为 756.407m²，将其填入表 9.1 第 2 列第 19 行，由于只有一个横断面，20 行标记为"—"，表示没有相关数据。这里的计算结果未写入 result.txt，与后面的计算内容一起输出。

4. 路基土石方量计算

(1)横断面面积计算

以关键点 K_i 和纵断面上的内插点 Z_i(内插距离 $\Delta=10m$)为中心点，分别作纵断面的垂直线，两边各延伸 25m(比赛原文是 5m)，根据式(9-5)，计算各横断面面积 S_j。

(2)路基土石方量计算

$$V_{j,j+1}=\frac{S_j+S_{j+1}}{2}L_{j,j+1} \tag{9-12}$$

式中，S_j 和 S_{j+1} 是相邻两个横断面面积，$L_{j,j+1}$ 是这两个横断面中心点之间的平面距离。

(3)每段纵断面土石方总量计算

针对每个纵断面(K_0K_1，K_1K_2，K_2K_3)，计算土石方总量：

$$V_{k_i,\ k_{i+1}}=\sum V_{j,\ j+1} \tag{9-13}$$

说明：计算所有纵断面的土石方总量，计算结果保留小数点后 3 位，计算结果保存到 result.txt 中。将计算结果填写到表 9.1 第 2 列第 21 行(比赛原文是 21、22 行)中。

编程与解答：

根据关键点 K_i 和纵断面上的内插点 Z_i，结合上一步实现的横断面面积计算方法，运用式(9-12)可以计算出 AB 段路基土石方量。由于只有 AB 一段，故式(9-13)没有用到。

该功能的实现主要是灵活改动 InterCoordinate()方法和 InterCoordinate1()方法，分别实现纵、横断面插值点坐标高程计算，在横断面面积计算基础上，调用 jshdmmj()实现 S_j 和 S_{j+1} 计算。

这里有一个问题：InterCoordinate()方法只返回内插点 Z_i 的坐标和高程，不包括两端的关键点，而题目要求关键点和纵断面内插点均包括，因此需要封装一个 batch_hdmmj()

方法，将各横断面面积保存起来，batch_ hdmmj()方法实现如下：

```
//batch_hdmmj()方法批量保存每一纵断面的所有横断面面积
public List < double > batch _hdmmj ( Point3D keyPoint1, Point3D keyPoint2, double Li, int delta, double alpha)
{
    //keyPoint1 和 keyPoint2 是两个相邻关键点,Li 是纵断面间隔,delta 是横断面间隔
    //alpha 是关键点间横断面方位角
    List<Point3D> coords=InterCoordinate(Li, keyPoint1, keyPoint2);
    //由于 Coordinates 不包括 keyPoint1 和 keyPoint2,因此在 Coordinates 中增加
    coords.Insert(0, keyPoint1);
    coords.Add(keyPoint2);
    //遍历 Coordinates 中的各点,以各点为中心点进行横断面插值
    //声明一个 double 类型列表 ghdmmj,用于保存计算各横断面面积
    List<double> ghdmmj=new List<double>();
    for (int i=0; i<coords.Count; i++)
    {
      List<Point3D> ptemp=new List<Point3D>();
      for (int j=-5; j <= 5; j++)
      {
        Point3D p=new Point3D();
        double x=coords[i].X+j * delta * Math.Cos(alpha);
        double y=coords[i].Y+j * delta * Math.Sin(alpha);
        p.X=x;
        p.Y=y;
        p.code="N"+(i+1).ToString()+"-"+(j+6).ToString();
        List<Point3D> p5=get_Q(5, p);
        p.H=Interpolation(p, p5);
        ptemp.Add(p);
      }
      double acc_Area1=jshdmmj(ptemp);
      ghdmmj.Add(acc_Area1);
      //acc_Area1 必须置零,否则会产生累加
      acc_Area1=0;
    }
    return ghdmmj;
}
```

注释掉“临时测试”按钮之前的 Click 事件代码，添加如下测试代码，调用 batch_hdmmj( )方法实现各横断面面积计算。

```
private void button1_Click(object sender, EventArgs e)
{
    //各横断面面积计算测试
    double fwj=jsfwj2(A, B);
    List<double> t=batch_hdmmj(A, B, 10, 5, fwj);
    richTextBox1.Clear();
    richTextBox1.Text+=" ****************各横断面面积 ***************** "
+"\r\n";
    richTextBox1.Text += t.Count.ToString()+"\r\n";
    foreach (double m in t)
    {
      richTextBox1.Text += m.ToString("0.000")+"\r\n";
    }
    tabControl1.SelectedTab=tabPage2;
}
```

编写一个纵断面点构成方法(包括两端关键点)KeyPoints_ Coordinates( )，在该方法中声明 List<Point3D>变量 KeyPointsCoordinates，然后添加以下代码：

```
//该方法用于构建某纵断面所有点,包括关键点和插值点
public List<Point3D> KeyPoints_Coordinates(Point3D keyPoint1,
Point3D keyPoint2, double Li)
{
    //KeyPointsCoordinates 用于保存某一纵断面的所有纵断面点(包括两端关键点)
    List<Point3D> KeyPointsCoordinates=new List<Point3D>();
    List<Point3D> coords=InterCoordinate(Li, keyPoint1, key
Point2);
    KeyPointsCoordinates.Add(keyPoint1);
    KeyPointsCoordinates.AddRange(coords);
    KeyPointsCoordinates.Add(keyPoint2);
    return KeyPointsCoordinates;
}
```

注释掉“临时测试”按钮之前的 Click 事件代码，添加如下的测试代码，调用 KeyPoints_Coordinates( )方法实现纵断面点构成(包括关键点和内插点)。

```
private void button1_Click(object sender, EventArgs e)
{
    //纵断面点构成方法(包括关键点和内插点)测试
    List<Point3D> KPS=KeyPoints_Coordinates(A, B, 10);
```

```
    richTextBox1.Clear();
    richTextBox1.Text += " ****************纵断面关键点和内插点坐标 ******
***********"+"\r\n";
    foreach (Point3D p in KPS)
    {
      richTextBox1.Text+=p.code+"\t"+p.X.ToString("0.000")+"\t\
t"+p.Y.ToString("0.000")+"\t\t"+p.H.ToString("0.000")+"\r\n";
    }
    tabControl1.SelectedTab=tabPage2;
}
```

KeyPoints_Coordinates()计算结果记录了 AB 段 21 个纵断面点，batch_hdmmj()方法实现了 21 个横断面计算，而且每个纵断面点对应一个横断面面积，因此可根据式(9-12)计算路基土石方量，封装一个 Vj()方法，实现代码如下：

```
public double Vj(Point3D keyPoint1, Point3D keyPoint2, double Li,
double delta, double alpha)
{
    List<Point3D> KC=KeyPoints_Coordinates(keyPoint1, keyPoint2,
Li);
    List<double> mj=new List<double>();
    mj=batch_hdmmj(keyPoint1, keyPoint2, 10, 5, alpha);
    //Volume 为某两关键点之间路基土石方量计算结果
    double Volume=0;
    for (int i=0; i<KC.Count-1; i++)
    {
      double Lj=distance(KC[i], KC[i+1]);
      Volume += ((mj[i])+mj[i+1]) * Lj/2;
    }
    return Volume;
}
```

注释掉“临时测试”按钮之前的 Click 事件代码，添加如下的测试代码，计算得到路基土石方量为 134066.755m^3。将结果填入表 9.1 第 2 列第 21 行，由于只有 AB 一段，22 行标记为“—”，表示没有相关数据。这里计算结果未写入 result.txt，在程序完善时与前面的计算结果一并输出。

```
private void button1_Click(object sender, EventArgs e)
{
    //路基土石方量计算(Vj,j+1)测试
    double fwj=jsfwj2(A, B);
    double v=Vj(A, B, 10, 5, fwj);
```

```
  MessageBox.Show(v.ToString("0.000"));
}
```

至此，程序基本功能均已实现，下一步是界面改进、代码整合和程序完善。

9.3　程序完善

9.2 节仅实现了过程计算功能，距离大赛要求还有差距，本节在上节基础上进一步完善程序，实现阶段性成果展现、绘图显示和图形保存等功能。为了方便初学者学习，本节按照程序完善步骤讲授。

9.3.1　界面设计改进

在 Form1 设计界面，将 tabPage2 的 Text 属性改为“计算显示”，利用 richTextBox1 显示阶段计算成果。在“文件”菜单下增加“退出”菜单项，添加代码“Application. Exit( );”，实现程序退出。在“计算”菜单下依次添加“方位角”“内插点高程”“梯形面积”“纵断面总长度”“纵断面内插点坐标”“纵断面面积”“横断面中心点坐标”“横断面坐标方位角(弧度)”“横断面内插点坐标”“横断面面积”“纵断面土石方总量”等菜单子项，实现阶段性计算，成果在 tabPage2 的 richTextBox1 中显示。

在“显示”菜单下增加“原始点集”“纵横断面”“原始点集图形保存”和“纵横断面图形保存”4 个菜单子项，分别用来实现绘制原始点、绘制纵横断面、原始点集图形保存和纵横断面图形保存，在菜单子项“纵横断面”和“原始点集图形保存”之间插入分隔符。为 tabControl1 再增加 1 个选项卡，Text 属性命名为“图形显示”，然后添加 pictureBox1 覆盖于其上，用于显示绘制的图形。新建“输出”菜单，其下增加一个“所有计算成果”菜单子项。最后建立一个“帮助”菜单，其下增加一个“使用说明”子项，用于显示软件使用方法。

9.3.2　程序设计改进

1. 取位和显示处理

删除不必要注释和测试性代码，数值计算在结果展示中取位，不在计算过程中取位，所有计算结果均在 richTextBox1 控件中显示。

2. 为“计算”菜单 Click 事件添加代码

双击“计算”菜单下“方位角”，进入方位角 ToolStripMenuItem_Click( )响应函数，添加“临时测试”按钮 Click 事件相应测试代码，完成 AB 边方位角计算，结果在 richTextBox1 中显示。

```
private void 方位角ToolStripMenuItem_Click(object sender, EventArgs e)
{
  //方位角计算
```

```
    double dfm=jsfwj(A, B);
    double t=hd2dfm(dfm);
    //因 richTextBox1 重复使用,每次使用前需将其清空
    richTextBox1.Clear();
    richTextBox1.Text += "A,B 两点的坐标方位角为:"+t.ToString
("0.000000");
    //切换到第二个选项卡
    tabControl1.SelectedTab=tabPage2;
  }
```

为“内插点高程”菜单子项添加响应，完成 A、B 点邻近 5 点坐标和高程输出，并单独对 A、B 点高程计算做了输出，实现代码如下：

```
  private void 内插点坐标 ToolStripMenuItem_Click(object sender,
EventArgs e)
  {
    if (dataGridView1.Rows.Count>0)
    {
      //获取邻近 5 点
      List<Point3D> pA=get_Q(5, A);
      richTextBox1.Clear();
      richTextBox1.Text += " *************A 点的邻近五点寻找结果*********
****"+"\r\n";
      richTextBox1.Text+="点号"+"\t"+"坐标 X"+"\t\t"+"坐标 Y"+"\t\
t"+"坐标 H"+"\r\n";
      foreach (Point3D p in pA)
      {
        richTextBox1.Text += p.code+"\t"+p.X.ToString("0.000")+
"\t\t"+p.Y.ToString("0.000")+"\t\t"+p.H.ToString("0.000")+"\r\n";
      }
      richTextBox1.Text += "\r\n";
      richTextBox1.Text += " *************B 点的邻近五点寻找结果*********
****"+"\r\n";
      richTextBox1.Text+="点号"+"\t"+"坐标 X"+"\t\t"+"坐标 Y"+"\t\
t"+"坐标 H"+"\r\n";
      List<Point3D> pB=get_Q(5, B);
      foreach (Point3D p in pB)
      {
        richTextBox1.Text+=p.code+"\t"+p.X.ToString("0.000")+"\t\
t"+p.Y.ToString("0.000")+"\t\t"+p.H.ToString("0.000")+"\r\n";
```

```
        }
        richTextBox1.Text += "\r\n";
        Interpolation(A, pA);
        richTextBox1.Text += "A 点的高程为:"+A.H.ToString("0.000")+
"\r\n";
        Interpolation(B, pB);
        richTextBox1.Text += "B 点的高程为:"+B.H.ToString("0.000")+
"\r\n";
        tabControl1.SelectedTab=tabPage2;
      }
      else
      {
        MessageBox.Show("请先打开数据,然后再获取原始点集!");
      }
    }
```

为“梯形面积”菜单子项添加响应，实现代码如下：

```
    private void 梯形面积ToolStripMenuItem_Click(object sender,
EventArgs e)
    {
      //A、B 为端点梯形面积计算
      //为了防止 A、B 被修改,调用 restoreAB()
      restoreAB();
      double area=Area(A, B);
      richTextBox1.Clear();
      richTextBox1.Text += "以 A、B 为梯形的两个端点的梯形面积为:"+area.
ToString("0.000")+"平方米"+"\r\n";
      tabControl1.SelectedTab=tabPage2;
    }
```

这里的 restoreAB()方法是新设计的方法，用于恢复 A、B 两点原值。因为程序反复访问 A、B 两点，导致其值发生改变，进而得出错误的计算结果。restoreAB()方法实现如下：

```
    public void restoreAB()
    {
      A.setXYZ(115.127, 539.431, 109.034);
      A.code="A";
      B.setXYZ(303.278, 594.130, 105.548);
      B.code="B";
    }
```

为“纵断面总长度”菜单子项添加响应，实现代码如下：

```
private void 纵断面总长度ToolStripMenuItem_Click(object sender, EventArgs e)
{
    //纵断面总长度计算
    double dist=distance(A, B);
    richTextBox1.Clear();
    richTextBox1.Text += "纵断面的总长度为:"+dist.ToString("0.000")+"米"+"\r\n";
    tabControl1.SelectedTab=tabPage2;
}
```

为“纵断面内插点坐标”菜单子项添加响应，实现代码如下：

```
private void 纵断面内插点坐标ToolStripMenuItem_Click(object sender, EventArgs e)
{
    //计算纵断面内插点坐标
    if (dataGridView1.Rows.Count>0)
    {
        InterCoordinate(10, A, B);
        richTextBox1.Clear();
        richTextBox1.Text += "*************纵断面内插点坐标和高程*************"+"\r\n";
        richTextBox1.Text += "点号      X      Y      H      "+"\r\n";
        List<Point3D> coords=InterCoordinate(10, A, B);
        foreach (var p in coords)
        {
            richTextBox1.Text += p.code+"\t"+p.X.ToString("0.000")+"\t\t"+p.Y.ToString("0.000")+"\t\t"+p.H.ToString("0.000")+"\r\n";;
        }
        tabControl1.SelectedTab=tabPage2;
    }
    else
    {
        MessageBox.Show("请先打开数据,然后再获取原始点集!");
    }
}
```

为“纵断面面积”菜单子项添加响应，实现代码如下：

```
private void 纵断面面积ToolStripMenuItem_Click(object sender, EventArgs e)
```

```
{
    if (dataGridView1.Rows.Count>0)
    {
        //计算纵断面面积
        restoreAB();
        double mj=jszdmmj(10, A, B);
        richTextBox1.Clear();
        richTextBox1.Text += "纵断面面积为:"+mj.ToString("0.000")+"平方米"+"\r\n";
        tabControl1.SelectedTab=tabPage2;
    }
    else
    {
        MessageBox.Show("请先打开数据,然后再获取原始点集!");
    }
}
```

为“横断面中心点坐标”菜单子项添加响应，实现代码如下：

```
private void 横断面中心点坐标ToolStripMenuItem_Click(object sender, EventArgs e)
{
    //计算中心点坐标
    Point3D cp=getCenterPoint(A, B);
    richTextBox1.Clear();
    richTextBox1.Text += "第1个横断面中心点的坐标"+"("+cp.X.ToString("0.000")+","+cp.Y.ToString("0.000")+")"+"\r\n";
    tabControl1.SelectedTab=tabPage2;
}
```

为“横断面坐标方位角(弧度)”菜单子项添加响应，实现代码如下：

```
private void 横断面坐标方位角弧度ToolStripMenuItem_Click(object sender, EventArgs e)
{
    //计算横断面方位角
    jsfwj2(A, B);
    richTextBox1.Clear();
    double f=jsfwj2(A, B);
    richTextBox1.Text += "第1个横断面的坐标方位角(弧度):"+f.ToString("0.000000")+"\r\n";
    tabControl1.SelectedTab=tabPage2;
```

```
}
```

为“横断面内插点坐标”菜单子项添加响应，实现代码如下：

```
private void 横断面内插点坐标ToolStripMenuItem_Click(object sender, EventArgs e)
{
  if (dataGridView1.Rows.Count>0)
  {
    //横断面内插点坐标和高程计算
    double f=jsfwj2(A, B);
    List<Point3D> coords1=InterCoordinate1(5, A, B, f);
    richTextBox1.Clear();
    richTextBox1.Text += "****************横断面内插点坐标和高程*****************"+"\r\n";
    richTextBox1.Text += "点号    X      Y      H      "+"\r\n";
    foreach (Point3D p in coords1)
    {
      richTextBox1.Text += p.code+"\t"+p.X.ToString("0.000")+"\t\t"+p.Y.ToString("0.000")+"\t\t"+p.H.ToString("0.000")+"\r\n";
    }
    richTextBox1.Text += "\r\n";
    for (int i=0; i<coords1.Count; i++)
    {
      if (i == 2)
      {
        richTextBox1.Text += "第1个横断面中的j=-3内插点的x坐标为:"+coords1[i].X.ToString("0.000")+"\r\n";
        richTextBox1.Text += "第1个横断面中的j=-3内插点的y坐标为:"+coords1[i].Y.ToString("0.000")+"\r\n";
        richTextBox1.Text += "第1个横断面中的j=-3内插点的高程为:"+coords1[i].H.ToString("0.000")+"\r\n";
      }
      if (i == 8)
      {
        richTextBox1.Text += "第1个横断面中的j=3内插点的x坐标为:"+coords1[i].X.ToString("0.000")+"\r\n";
        richTextBox1.Text += "第1个横断面中的j=3内插点的y坐标为:"+coords1[i].Y.ToString("0.000")+"\r\n";
        richTextBox1.Text += "第1个横断面中的j=3内插点的高程为:"+coords1[i].H.ToString("0.000")+"\r\n";
```

```
            }
        }
        tabControl1.SelectedTab=tabPage2;
    }
    else
    {
        MessageBox.Show("请先打开数据,然后再获取原始点集!");
    }
}
```

为“横断面面积”菜单子项添加响应，实现代码如下：

```
private void 横断面面积ToolStripMenuItem_Click(object sender, EventArgs e)
{
    if (dataGridView1.Rows.Count>0)
    {
        //横断面面积计算
        double f=jsfwj2(A, B);
        List<Point3D> coords1=InterCoordinate1(5, A, B, f);
        double acc_Area1=jshdmmj(coords1);
        richTextBox1.Clear();
        richTextBox1.Text += "第1个横断面的面积:"+acc_Area1.ToString("0.000")+"平方米"+"\r\n";
        tabControl1.SelectedTab=tabPage2;
    }
    else
    {
        MessageBox.Show("请先打开数据,然后再获取原始点集!");
    }
}
```

为“纵断面土石方总量”菜单子项添加响应，实现代码如下：

```
private void 纵断面土石方总量ToolStripMenuItem_Click(object sender, EventArgs e)
{
    if (dataGridView1.Rows.Count>0)
    {
        //路基土石方量计算(Vj,j+1)
        double f=jsfwj2(A, B);
        double V=Vj(A, B, 10, 5, f);
        richTextBox1.Clear();
```

```
        richTextBox1.Text = "第 1 个纵断面的土石方总量:" +V.ToString
("0.000") + "立方米" + "\r\n";
        tabControl1.SelectedTab = tabPage2;
      }
      else
      {
        MessageBox.Show("请先打开数据,然后再获取原始点集!");
      }
    }
```

至此，菜单子项响应全部添加完毕，实现了计算功能。为了美化菜单，程序在“梯形面积”和“纵断面总长度”、“纵断面面积”和“横断面中心点坐标”、“横断面面积”和“纵断面土石方总量”之间插入了分隔符(Separator)，实现了菜单分组。

3. 为工具条添加 Click 事件响应代码

向 toolStrip1 中再增加 11 个 Button 类型的工具条项，它们的 DisplayStyle 属性均设置为“Text”，Text 属性从左到右依次设置为“方位角”“内插高程”“梯形面积”“纵断面总长”“纵断内插坐标”“纵断面积”“中心坐标”“横断方位角”“横断内插坐标”“横断面积”和“土石方总量”。程序调试无误后删除 button1 控件，改进后的程序界面如图 9.10 所示。

图 9.10　完善后程序界面

增加工具条项 Click 事件响应，在响应函数中添加代码，实现与“计算”菜单下的 11 个子项相同的功能，以“方位角”工具条项 Click 事件响应为例，介绍工具条 Click 事件响应方法。在“方位角”工具条项 Click 事件响应函数内添加以下代码，实现方位角计算。其他工具条项的实现与其类似，此处不再赘述。

```
    private void toolStripButton2_Click(object sender, EventArgs e)
    {
```

```
方位角 ToolStripMenuItem_Click(this, e);
  }
```

4. bug 检查

多次运行程序或者更换测试数据，检验程序运行的正确性和健壮性，具体验证内容包括：第一，程序正确性，多次计算结果是否一致(2022 年度比赛没有正确数据做参考)；第二，程序是否健壮，是否存在死循环和运行错误；第三，功能或界面能否进一步完善。本程序在设计过程中，由于 A、B 点坐标值被访问改变，存在梯形面积计算错误 bug，因此设计了 restoreAB( )方法来修正。此外，未载入数据就运行程序时，部分计算会出现崩溃 bug，完善过程中也进行了修正。

9.3.3　绘图功能实现

1. 设计思路

使用 PictureBox 控件实现绘图功能，程序设计基本思路是：编写方法构造一个 Bitmap 对象，利用 GDI+在 Bitmap 对象上绘图，然后将 Bitmap 对象载入 PictureBox 控件中，实现图形显示和保存。

要显示的图像有原始点集数据散点图和纵横断面图，对应地封装了 DrawOriPoints( ) 和 DrawSections( )两个方法，在方法内用 Graphics 对象进行 GDI+绘图，然后将绘制好的图形以 Bitmap 返回。

DrawOriPoints( ) 和 DrawSections( ) 两个方法均需绘制 Point3D 类型点数据，由于 pictureBox1 的坐标原点在左上角，x 向右 y 向下，而测量坐标原点是在 pictureBox1 的左下角，X 向上 Y 向右，因此需要将坐标转换为测量坐标。图 9.11 所示是 pictureBox1 坐标示意图，可以推出测量坐标(X，Y)和控件坐标(x，y)存在式(9-14)关系，公式中 pictureBox1 的高为 h，宽为 w。

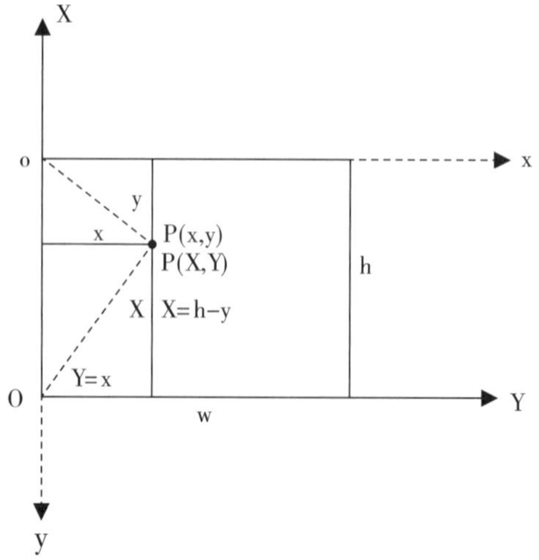

图 9.11　坐标转换示意图

$$\begin{cases} X=h-y \\ Y=x \end{cases} \tag{9-14}$$

为了进行坐标转换，封装了 TransformCoods( )方法，该方法实现了 PictureBox1 的控件坐标向测量坐标转换，该方法实现代码如下：

```
//pictureBox1 控件坐标向测量坐标转换
//pt 为控件点坐标,h 为 pictureBox1 高
public Point TransformCoods(Point pt,int h)
{
  int x=pt.X;
  int y=pt.Y;
  int X=h-y;
  int Y=x;
  Point temp=new Point(X, Y);
  return temp;
}
```

2. 原始点集绘制

无论控件坐标还是测量坐标，其 x(X)，y(Y)值均为正数，而式(9-14)中测量坐标 X 可能小于 0，因此要做溢出处理，方法是找到测量坐标 X 的最小值 X_{min}，令 $X=|X_{min}|+m(m>0)$，相当于将 pictureBox1 范围的画布整体向上平移 m 个单位。为了实现上述操作，封装了 ReviseCoords( )方法，改正 TransformCoods( )方法计算后的 X 值，使之为正。ReviseCoords( )方法实现代码如下：

```
public List<Point> ReviseCoords(List<Point> pts, int m)
{
  //首先获取测量点集 X 坐标
  List<int> Xs=new List<int>();
  foreach (Point pt in pts)
  {
    Xs.Add(pt.X);
  }
  //获取 X 最小值
  Xs.Sort();
  int Xmin=Xs[0];
  //坐标修正,取 m=50
  int delta=Math.Abs(Xmin)+m;
  //修改 pts,X 坐标加 delta,并返回修正后点集
  List<Point> points=new List<Point>();
  for (int i=0; i<pts.Count; i++)
```

```
    {
      Point temp=new Point();
      temp.X=pts[i].X+delta;
      temp.Y=pts[i].Y;
      points.Add(temp);
    }
    return points;
}
```

DrawOriPoints()方法实现了在 Bitmap 上绘制计算图形，通过获取绘图对象、设置绘图精度、坐标变换等一系列操作，实现图形绘制，具体代码如下：

```
public Bitmap DrawOriPoints()
{
    Bitmap bmap=new Bitmap(pictureBox1.Width, pictureBox1.Height);
    Graphics gph=Graphics.FromImage(bmap);
    gph.CompositingQuality=CompositingQuality.HighQuality;
    gph.InterpolationMode=InterpolationMode.HighQualityBicubic;
    gph.SmoothingMode=SmoothingMode.HighQuality;
    gph.PixelOffsetMode=PixelOffsetMode.HighQuality;
    gph.Clear(Color.White);             //清空背景
    //定义画刷
    Brush brush=new SolidBrush(Color.Blue);
    Brush brush1=new SolidBrush(Color.Red);
    //原始点集
    List<Point3D> p3d=new List<Point3D>();
    p3d=get_OriPoints();
    if (p3d != null)
    {
      //原始点集转为 x,y 坐标为整数的整数点集
      List<Point> pts_int=new List<Point>();
      foreach (Point3D p in p3d)
      {
        int x=(int)p.X;
        int y=(int)p.Y;
        Point point=new Point(x, y);
        pts_int.Add(point);
      }
      //整数点集的控件坐标转换为测量坐标 pts_tran
      List<Point> pts_tran=new List<Point>();
```

```
        foreach (Point t in pts_int)
        {
          Point temp=TransformCoods(t, pictureBox1.Height);
          pts_tran.Add(temp);
        }
        //测量坐标修正 pts_tran_Revise,使所有 X 均大于 0
        List<Point> pts_tran_Revise=new List<Point>();
        pts_tran_Revise=ReviseCoords(pts_tran, 50);
        for (int i=0; i<pts_tran_Revise.Count; i++)
        {
          //画点
          Rectangle rect=new Rectangle(pts_tran_Revise[i].X-2, pts_
tran[i].Y-2, 4, 4);
          gph.FillEllipse(brush, rect);
          //画点号
          string str=p3d[i].code;
          gph.DrawString(str, new Font("TimesNewRoman", 5f), brush1,
new PointF(pts_tran_Revise[i].X, pts_tran_Revise[i].Y));
        }
        //释放资源
        gph.Dispose();
        return bmap;
      }
      else
      {
        return null;
      }
    }
```

在“显示”菜单下的“原始点集”Click 事件响应函数中添加如下代码，实现原始点集的点位和点号绘制，结果如图 9.12 所示。

```
    private void 原始点集ToolStripMenuItem_Click(object sender,
EventArgs e)
    {
      Bitmap bmp=DrawOriPoints();    //得到画布
      pictureBox1.BackgroundImage=bmp;          //得到图片
      pictureBox1.BackgroundImageLayout=ImageLayout.Stretch;
      tabControl1.SelectedTab=tabPage3;
    }
```

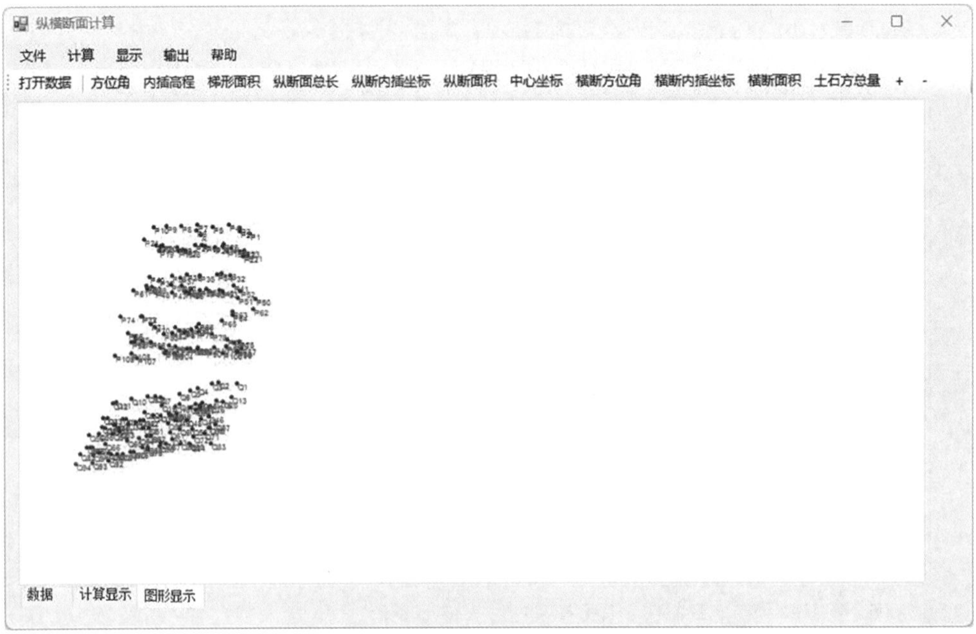

图 9.12　原始点集的点号和点位绘制

增加 2 个 Button 类型工具条项，设置与其他工具条相同，Text 属性分别为“+”和“-”。其响应代码分别如下，以实现图像放大和缩小功能。

```
private void toolStripButton13_Click(object sender, EventArgs e)
{
  pictureBox1.Width += pictureBox1.Width /5;
  pictureBox1.Height += pictureBox1.Height /5;
}
private void toolStripButton14_Click(object sender, EventArgs e)
{
  pictureBox1.Width-= pictureBox1.Width /5;
  pictureBox1.Height-= pictureBox1.Height /5;
}
```

3. 纵横断面绘制

DrawSections( )方法首先调用 InterCoordinate( )方法和 InterCoordinate1( )方法获取纵断面和横断面点集，然后通过一系列坐标转换，得到修正后的整型测量坐标，基于这些坐标进行点位和点号绘制。在纵断面线绘制中，按照点号顺序进行逐点绘制。程序绘制的纵横断面如图 9.13 所示(纵断面未绘制 A、B 两点)，可见程序计算结果是正确的。

```
public Bitmap DrawSections()
{
```

图 9.13 纵横断面绘制

```
Bitmap bmap=new Bitmap(pictureBox1.Width, pictureBox1.
Height);
Graphics gph=Graphics.FromImage(bmap);
//设置绘制参数
gph.CompositingQuality=CompositingQuality.HighQuality;
gph.InterpolationMode=InterpolationMode.HighQualityBicubic;
gph.SmoothingMode=SmoothingMode.HighQuality;
gph.PixelOffsetMode=PixelOffsetMode.HighQuality;
gph.Clear(Color.White);          //清空背景
//定义画刷
Brush brush=new SolidBrush(Color.Blue);
Brush brush1=new SolidBrush(Color.Red);
Pen pen=new Pen(Color.Black);
//获取纵断面点集和横断面点集
List<Point3D> zdnPoints=new List<Point3D>();
zdnPoints=InterCoordinate(10, A, B);
List<Point3D> hdmPoints=new List<Point3D>();
double a=jsfwj2(A, B);
hdmPoints=InterCoordinate1(5, A, B, a);
if (zdnPoints ! = null && hdmPoints ! = null)
{
```

```
        //原始点集转为 x,y 坐标为整数的整数点集
        List<Point> zdnPoints_int =new List<Point>();
        foreach (Point3D p in zdnPoints)
        {
          int x=(int)p.X;
          int y=(int)p.Y;
          Point point=new Point(x, y);
          zdnPoints_int.Add(point);
        }
        //整数点集的控件坐标转换为测量坐标
        List<Point> zdnPoints_int_tran=new List<Point>();
        foreach (Point t in zdnPoints_int)
        {
          Point temp=TransformCoods(t, pictureBox1.Height);
          zdnPoints_int_tran.Add(temp);
        }
        //测量坐标修正,使所有 X 均大于 0
        List<Point> zdnPoints_int_tran_Revise=new List<Point>();
        zdnPoints_int_tran_Revise=ReviseCoords(zdnPoints_int_tran,
50);
        for (int i=0; i<zdnPoints_int_tran_Revise.Count; i++)
        {
          //画点
          Rectangle rect=new Rectangle(zdnPoints_int_tran_Revise[i].
X-2, zdnPoints_int_tran_Revise[i].Y-2, 4, 4);
          gph.FillEllipse(brush, rect);
          //画点号
          string str=zdnPoints[i].code;
          gph.DrawString(str, new Font("TimesNewRoman", 5f), brush1,
new PointF(zdnPoints_int_tran_Revise[i].X, zdnPoints_int_tran_
Revise[i].Y));
          //绘制纵断面线
          if (i<zdnPoints_int_tran_Revise.Count-1)
          {
            gph.DrawLine(pen, new Point(zdnPoints_int_tran_Revise[i].
X, zdnPoints_int_tran_Revise[i].Y),
              new Point(zdnPoints_int_tran_Revise[i+1].X, zdnPoints_
```

```
int_tran_Revise[i+1].Y));
            }
        }
        //以下代码绘制横断面
        //原始点集转为 x,y 坐标为整数的整数点集
        List<Point> hdmPoints_int=new List<Point>();
        foreach (Point3D p in hdmPoints)
        {
          int x=(int)p.X;
          int y=(int)p.Y;
          Point point=new Point(x, y);
          hdmPoints_int.Add(point);
        }
        //整数点集的控件坐标转换为测量坐标
        List<Point> hdmPoints_int_tran=new List<Point>();
        foreach (Point t in hdmPoints_int)
        {
          Point temp=TransformCoods(t, pictureBox1.Height);
          hdmPoints_int_tran.Add(temp);
        }
        //测量坐标修正,使所有 X 均大于 0
        List<Point> hdmPoints_int_tran_Revise=new List<Point>();
        hdmPoints_int_tran_Revise=ReviseCoords(hdmPoints_int_tran,
50);
        for (int i=0; i<hdmPoints_int_tran_Revise.Count; i++)
        {
          //画点
          Rectangle rect=new Rectangle(hdmPoints_int_tran_Revise[i].
X-2, hdmPoints_int_tran_Revise[i].Y-2, 4, 4);
          gph.FillEllipse(brush, rect);
          //画点号
          string str=hdmPoints[i].code;
          gph.DrawString(str, new Font("TimesNewRoman", 5f), brush1,
new PointF(hdmPoints_int_tran_Revise[i].X, hdmPoints_int_tran_
Revise[i].Y));
          //绘制横断面线
          if (i<hdmPoints_int_tran_Revise.Count-1)
```

```
        }
          gph.DrawLine(pen, new Point(hdmPoints_int_tran_Revise[i].
X, hdmPoints_int_tran_Revise[i].Y),
             new Point(hdmPoints_int_tran_Revise[i+1].X, hdmPoints_
int_tran_Revise[i+1].Y));
        }
      }
      //释放资源
      gph.Dispose();
      return bmap;
    }
    else
    {
      return null;
    }
  }
```

4. 保存图形

保存图形是对 pictureBox1 的 Bitmap 进行文件保存，首先检验 PictureBox1 的图像是否为空，如果非空则打开保存文件对话框，将图片保存到文件。双击“原始点集图形保存”菜单子项，进入 Click 事件响应，添加以下代码实现原始点集图形保存：

```
  private void 原始点集图形保存 ToolStripMenuItem1_Click(object
sender, EventArgs e)
  {
    pictureBox1.Image=DrawOriPoints();
    //检查图片是否为空
    if (pictureBox1.Image != null)
    {
      //选择保存文件的对话框
      SaveFileDialog saveFileDialog1=new SaveFileDialog();
      saveFileDialog1.Title="计算结果保存图片为";
      saveFileDialog1.Filter="JPEG Files (*.jpeg)|*.jpeg|PNG
Files(*.png)|*.png|All files(*.*)|*.*";
      if (saveFileDialog1.ShowDialog()==DialogResult.OK)
      {
        //保存图片到文件
        pictureBox1.Image.Save(saveFileDialog1.FileName);
```

```
        }
      }
    }
```

纵横断面图形保存与原始点集图形保存类似，只是开始获取的是纵横断面绘图图形，对应代码改为“pictureBox1. Image = DrawSections( ) ;”。

9.3.4 成果输出

成果输出比较简单，只需将“计算”菜单的子项代码修整后用文件流写入 txt 文本。要注意的是输出的内容要与比赛要求完全一致，做到不缺不漏。要注意输出的文本应排版工整，便于阅读。为“输出”菜单子项的“所有计算成果”子项 Click 事件添加如下响应代码，实现输出。

```
    private void 所有计算结果 ToolStripMenuItem_Click(object sender,
EventArgs e)
    {
      //实例化一个保存文件对话框
      SaveFileDialog sfd=new SaveFileDialog();
      //给保存对话框命名
      sfd.Title="成果输出为";
      //设置文件过滤
      sfd.Filter="文本文件(*.txt)|*.txt";
      //设置拓展名属性,如果用户没有输入扩展名,自动增加扩展名
      sfd.AddExtension=true;
      //如果用户点击了保存按钮
      if (sfd.ShowDialog() = = DialogResult.OK)
      {
        //实例化一个文件流--->与写入文件相关联
        FileStream fs=new FileStream(sfd.FileName, FileMode.Create);
        //实例化一个 StreamWriter-->与 fs 相关联
        StreamWriter sw=new StreamWriter(fs);
        sw.WriteLine("------------------所有计算成果------------------");
        if (dataGridView1.Rows.Count>0)
        {
          //1.输出方位角
          sw.WriteLine("*****************纵断面方位角*****************");
          double dfm=jsfwj(A, B);
          double t=hd2dfm(dfm);
          sw.WriteLine("A,B 两点的坐标方位角为:"+t.ToString
("0.000000"));
```

```
        //2. 输出内插点高程
        List<Point3D> pA=get_Q(5, A);
        sw.WriteLine("*************A 点的邻近五点寻找结果*************");
        sw.WriteLine("点号"+"\t"+"坐标 X"+"\t\t"+"坐标 Y"+"\t\t"+"坐标 H");
        foreach (Point3D p in pA)
        {
          sw.WriteLine(p.code+"\t"+p.X.ToString("0.000")+"\t\t"+p.Y.ToString("0.000")+"\t\t"+p.H.ToString("0.000"));
        }
        sw.WriteLine("*************B 点的邻近五点寻找结果*************");
        sw.WriteLine("点号"+"\t"+"坐标 X"+"\t\t"+"坐标 Y"+"\t\t"+"坐标 H");
        List<Point3D> pB=get_Q(5, B);
        foreach (Point3D p in pB)
        {
          sw.WriteLine(p.code+"\t"+p.X.ToString("0.000")+"\t\t"+p.Y.ToString("0.000")+"\t\t"+p.H.ToString("0.000"));
        }
        Interpolation(A, pA);
        sw.WriteLine("A 点的高程为:"+A.H.ToString("0.000"));
        Interpolation(B, pB);
        sw.WriteLine("B 点的高程为:"+B.H.ToString("0.000"));
        //3. 输出梯形面积
        restoreAB();
        double area=Area(A, B);
        sw.WriteLine("*************相邻关键点构成的梯形面积*************");
        sw.WriteLine("以 A、B 为梯形的两个端点的梯形面积为:"+area.ToString("0.000")+"平方米");
        //4. 输出纵断面总长度
        double dist=distance(A, B);
        sw.WriteLine("*******************纵断面总长度*******************");
        sw.WriteLine("纵断面的总长度为:"+dist.ToString("0.000")+"米");
```

```
        //5.输出纵断面内插点坐标
        sw.WriteLine(" *************纵断面内插点坐标和高程 ************
*");
        sw.WriteLine("点号          X                    Y
    H          ");
        List<Point3D> coords=InterCoordinate(10, A, B);
        foreach (var p in coords)
        {
          sw.WriteLine(p.code+"\t"+p.X.ToString("0.000")+"\t\t"+
p.Y.ToString("0.000")+"\t\t"+p.H.ToString("0.000"));
        }
        //6.输出纵断面面积
        sw.WriteLine(" *******************纵断面面积 ******************
*");
        restoreAB();
        double mj=jszdmmj(10, A, B);
        sw.WriteLine("纵断面面积为:"+mj.ToString("0.000")+"平方米");
        //7.输出横断面中心点坐标
        sw.WriteLine(" ****************横断面中心点坐标 ***************
*");
        Point3D cp=getCenterPoint(A, B);
        sw.WriteLine("第1个横断面中心点的坐标"+"("+cp.X.ToString
("0.000")+","+cp.Y.ToString("0.000")+")");
        //8.输出横断面坐标方位角弧度
        sw.WriteLine(" **************横断面坐标方位角(弧度) ************
*");
        jsfwj2(A, B);
        double f=jsfwj2(A, B);
        sw.WriteLine("第1个横断面的坐标方位角(弧度):"+f.ToString
("0.000000"));
        //9.输出横断面内插点坐标
        sw.WriteLine(" *************横断面内插点坐标和高程 *************
*");
        sw.WriteLine("点号              X                         Y
    H          ");
        double fwj2=jsfwj2(A, B);
        List<Point3D> coords1=InterCoordinate1(5, A, B, fwj2);
        foreach (Point3D p in coords1)
```

```
        }
          sw.WriteLine(p.code+"\t"+p.X.ToString("0.000")+"\t\t"+
p.Y.ToString("0.000")+"\t\t"+p.H.ToString("0.000"));
        }
        for (int i=0; i<coords1.Count; i++)
        {
          if (i == 2)
          {
            sw.WriteLine("第 1 个横断面中的 j=-3 内插点的 x 坐标为:"+
coords1[i].X.ToString("0.000"));
            sw.WriteLine("第 1 个横断面中的 j=-3 内插点的 y 坐标为:"+
coords1[i].Y.ToString("0.000"));
            sw.WriteLine("第 1 个横断面中的 j=-3 内插点的高程为:"+
coords1[i].H.ToString("0.000"));
          }
          if (i == 8)
          {
            sw.WriteLine("第 1 个横断面中的 j=3 内插点的 x 坐标为:"+
coords1[i].X.ToString("0.000"));
            sw.WriteLine("第 1 个横断面中的 j=3 内插点的 y 坐标为:"+
coords1[i].Y.ToString("0.000"));
            sw.WriteLine("第 1 个横断面中的 j=3 内插点的高程为:"+coords1
[i].H.ToString("0.000"));
          }
        }
        //10.输出横断面面积
        sw.WriteLine("******************横断面面积******************
*");
        double f3=jsfwj2(A, B);
        List<Point3D> coords2=InterCoordinate1(5, A, B, f3);
        double acc_Area1=jshdmmj(coords2);
        sw.WriteLine("第 1 个横断面的面积:"+acc_Area1.ToString
("0.000")+"平方米");
        //11.输出纵断面土石方总量
        sw.WriteLine("****************纵断面土石方总量****************
*");
        double f4=jsfwj2(A, B);
        double V=Vj(A, B, 10, 5, f4);
```

```
            sw.WriteLine("第1个纵断面的土石方总量:"+V.ToString
("0.000")+"立方米");
            sw.WriteLine("-----------------------------结束-----------------------------");
            MessageBox.Show("计算结果导出成功!", "提示", MessageBox
Buttons.OK, MessageBoxIcon.Information);
        }
        else
        {
            MessageBox.Show("请先打开数据,然后再获取原始点集!");
        }
        sw.Flush();
        //关闭流
        sw.Close();
        fs.Close();
    }
}
```

运行程序，完成阶段成果一键输出，将输出成果保存到文本文件中。根据大赛要求，把所有计算成果保存到“result.txt”文件中。

9.3.5 “帮助”菜单

“帮助”菜单下只有一个菜单子项“使用说明”，双击进入 Click 事件响应函数，添加以下代码，程序将打开消息框，提示软件使用方法。

```
    private void 使用说明ToolStripMenuItem_Click(object sender,
EventArgs e)
    {
      MessageBox.Show("程序使用说明"+"\r\n"+ "1. 首先载入 txt 文本点集数
据"+"\r\n" +"2. 然后进行各项计算、图形显示或成果输出"+"\r\n",
        "提示", MessageBoxButtons.OK, MessageBoxIcon.Information);
    }
```

◎ 本章小结

本章详细讲解了纵横断面计算的程序设计，实现了过程计算和最终成果显示与输出，以竞赛视角对试题做了解答。限于篇幅，未对程序设计资料整理和程序报告等进行说明。本章以“学中做”方式讲解了 2022 年全国大学生测绘学科创新创业智能大赛测绘程序设计竞赛试题，尽量做到从基础学起，旨在培养考生的基本编程能力。程序设计竞赛需要掌握 C#语言基础知识，重点是编程基础、类、属性、方法、文件读写和 GDI+绘图，掌握程度越深越好。编程前要有总体规划，包括程序界面如何设计，需要几个实现模块，需要设计哪些算法，难点问题如何解决等。熟练掌握程序调试以便每一步运算均有正确性验证。

这里提供几点备赛经验：首先一定要学好专业基础知识，能够在较短时间内理解题目交代的知识情景，迅速在大脑中形成编程思路；其次要做足编程训练，建议平时完成不少于 10 个程序，前 3~5 个程序应边学边做，后面的程序独立完成；同时建议比赛前集中训练 1~2 个月，重点学习编程基本套路、简单算法设计，并在熟练掌握的基础上提高编程速度；最后是比赛过程中一定要心态稳定，遇到不会的暂时绕过去，按照从易到难的顺序逐个突破，对于难点，可以动笔绘图理清逻辑，开拓思路。

第 10 章　激光点云数据的平面分割

激光点云数据的平面分割算法分为点云数据栅格化、随机抽样一致(RANSAC)平面分割和点云水平截面投影三个部分，其中随机抽样一致(RANSAC)平面分割是程序设计的重点和难点，需要自行设计一些简单算法，本题是 2023 年全国大学生测绘学科创新创业智能大赛测绘程序设计竞赛原题。

◎ 学习目标

理解全国大学生测绘学科创新创业智能大赛测绘程序设计竞赛规则；掌握 DataGridView 控件读写文件方法；掌握 txt 文件读写方法；掌握 Windows 程序界面设计方法；掌握程序调试方法；掌握类、结构、方法等封装方法；掌握程序迭代算法原理和应用场景。

10.1　比赛说明

2023 年全国大学生测绘学科创新创业智能大赛测绘程序设计竞赛以单人形式参加，仍采用线上编程的方式进行，但增加了评分说明。

10.1.1　评分说明

测绘程序设计比赛满分 100 分，构成如下。

1. 程序正确性评分(60 分)

根据《试题册》要求，编程完成相关算法，根据“程序正确性”给分点要求，将相关计算结果填入考生端“程序正确性”界面后提交。本项内容用于检验算法的正确性，该项成绩由计算机自动评阅。

2. 比赛用时评分(20 分)

比赛用时成绩总分为 20 分，记为 S_0。第 i 组参赛选手提交的时间设为 T_i，其本项成绩得分 S_i 的计算公式为：

$$S_i = \left(1 - \frac{T_i - T_1}{T_n - T_1} \times 40\%\right) \times S_0 \tag{10-1}$$

式中：T_1 是第一个“程序正确性成绩≥30 分”参赛者的比赛时间。T_n 是在规定时间内最后一个参赛者的比赛时间。

3. 专家评分(20 分)

表 10.1　**专家评分细则**

评 测 内 容	评分细则说明
程序规范性(10 分)	计算成果显示规范(4 分)
	程序结构完整、函数与类结构设计清晰(3 分)
	注释规范、类、函数和变量命名规范(3 分)
程序优化性(10 分)	人机交互界面设计良好(4 分)
	算法、显示等功能符合要求(3 分)
	容错性、鲁棒性好(3 分)

10.1.2　比赛规则变化分析

和 2022 年相比，2023 年全国大学生测绘学科创新创业智能大赛测绘程序设计竞赛规则有较大变化，表现在以下几个方面：

1. 赛制变化

竞赛赛制由 2022 年的双人 6 小时改为单人 4 小时，这是 2023 年竞赛规则的重大改变，目的是让更多的人参与比赛，提高比赛覆盖面，达到以赛促学、以赛促教作用。

2. 成果提交项目和形式改变

2023 年竞赛提交的文件成果大大简化，取消了“成果图形 . jpg”“程序正确性 . xls”“开发文档 . pdf”等文件，代替“程序正确性 . xls”的是平台软件，实行线上提交成果。此项改革的主要目的是减小编程难度，提高阅卷效率，以适应单人 4 小时赛制要求。此外，规则还有一些小改动，如程序正确性验证穿插给出参考结果，直接使用正式数据等。

3. 竞赛题目变化

2022 年之前的比赛，竞赛试题均属于组委会给出程序设计范围，且多为传统测量题目；2023 年竞赛题目与组委会给出的程序设计范围相似度不大，是创新性题目，更侧重于创新性问题理解和编程技能考核。

4. 获奖比例变化

2022 年取所有有效竞赛选手前 60%获奖，2023 年取所有有效竞赛选手前 30%获奖，加上考点覆盖面的拓展，竞赛含金量显著提高。

10.2 试题解答与编程

本节在介绍“激光点云数据的平面分割”概念的基础上，以“学中做”方式讲解竞赛试题，并给出参考答案。原题引用部分以宋体表示，答案以楷体表示。点云数据分割的目标是将具有相似特征的点聚类成均匀区域，主要方法有基于边缘信息的分割、基于模型拟合的分割、基于属性的分割等多种方法。

10.2.1 数据文件读取

数据文件名称为“正式数据”。数据由两大部分组成，第一大部分是点云数据的个数，第二大部分是各个点的坐标信息，分别是点名，x 坐标，y 坐标，z 坐标，以 m 为单位。数据内容和格式如图 10.1 所示。

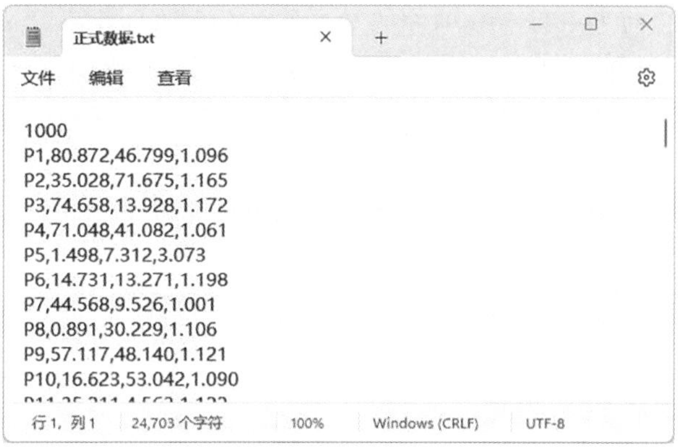

图 10.1 数据内容和格式

【程序正确性】如表 10.2 所示，记录 P5 的坐标值，并统计所有点的极值，结果保留 3 位小数。(已经填写的数据仅供参考，最后一列为本书给出的参考答案，原题未给出。)

表 10.2 **坐标分量与最值计算**

序号	说　明	输出格式要求	参考答案
1	P5 的坐标分量 x	1.498	1.498
2	P5 的坐标分量 y	*.***	7.312
3	P5 的坐标分量 z	3.073	3.073
4	坐标分量 x 的最小值 x_{min}	*.***	0.085
5	坐标分量 x 的最大值 x_{max}	*.***	99.991
6	坐标分量 y 的最小值 y_{min}	*.***	0.068

续表

序号	说　　明	输出格式要求	参考答案
7	坐标分量 y 的最大值 y_{max}	99.935	99.935
8	坐标分量 z 的最小值 z_{min}	*.***	-0.865
9	坐标分量 z 的最大值 z_{max}	5.668	5.668

编程与解答：

在程序设计前通读 1~2 遍试题，形成界面设计的总体规划，然后进行初步设计。首先新建一个 .NET 窗体应用程序，将解决方案和项目命名为 PlaneSegmentationOfLaserPointCloud，调整好窗体大小，将其 Text 属性改为“激光点云数据平面分割”。向窗体中加入 MenuStrip 控件，建立四个菜单，分别命名为“文件”“计算”“显示”和“帮助”，菜单子项根据程序开发要求适时添加。拖入一个 TabControl，Alignment 属性改为 Bottom，再增加 5 个 tabPage，将 tabPage1~tabPage7 的 Text 属性依次命名为“原始数据”“X 升序”“Y 升序”“Z 升序”“J1 内点”“J2 内点”“分割结果”，其上覆盖控件依次为 dataGridView1、richTextBox1、richTextBox2、richTextBox3、richTextBox4、richTextBox5 和 richTextBox6，这 7 个控件的 Dock 属性均修改为“Fill”。继续添加若干个 GroupBox 控件、Label 控件、TextBox 控件和 Button 控件，按程序计算顺序进行分组，程序界面粗略布局如图 10.2 所示。

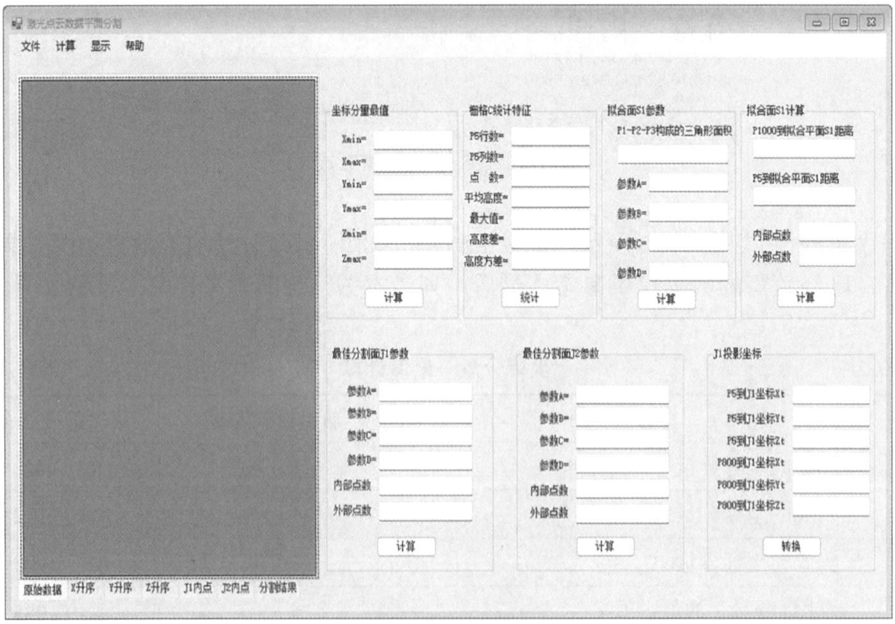

图 10.2　程序界面

在工程中添加一个“Point3d”类，封装三维点点号、X、Y、Z 和内外点标记，声明时访问修饰符修改为 public，代码如下：

```
public class Point3d
{
  //点号,X,Y,Z,内外点标记
  public string code;
  public double X;
  public double Y;
  public double Z;
  public string flag="0";
}
```

在 Form1 类中添加声明数据表代码“DataTable dt=new DataTable();”，然后在“文件”菜单下增加“数据读取”子项，双击进入该项 Click 事件响应函数，添加以下代码，实现“正式数据”读取。

```
private void 数据读取ToolStripMenuItem_Click(object sender, EventArgs e)
{
  OpenFileDialog ofd=new OpenFileDialog();
  ofd.Title="读取数据";
  ofd.Filter="文件文本(*.txt)|*.txt";
  if (ofd.ShowDialog() == DialogResult.OK)
  {
    string str=ofd.FileName;
    if (File.Exists(str))
    {
      dt.Columns.Add("点号", typeof(String));
      dt.Columns.Add("x 坐标", typeof(String));
      dt.Columns.Add("y 坐标", typeof(String));
      dt.Columns.Add("z 坐标", typeof(String));
      StreamReader sr=new StreamReader(str, Encoding.Default);
      while (!sr.EndOfStream)
      {
        string[] items=sr.ReadLine().Split(',');
        if (items.Length == 4)
        {
          DataRow dr=dt.NewRow();
          dr[0]=items[0];
          dr[1]=items[1];
          dr[2]=items[2];
          dr[3]=items[3];
```

```
            dt.Rows.Add(dr);
          }
        }
        dataGridView1.DataSource=dt;
        sr.Close();
      }
    }
    tabControl1.SelectedTab=tabPage1;
  }
```

封装一个获取原始数据中所有点的X坐标最小值的方法GetXmin()，实现X坐标最小值寻找，代码如下：

```
  public double GetXmin(List<Point3d> p3)
  {
    List<double> tmpX=new List<double>();
    foreach (Point3d n in p3)
    {
      tmpX.Add(n.X);
    }
    tmpX.Sort();
    return tmpX[0];
  }
```

封装一个获取原始数据中所有点的X坐标最大值的方法GetXmax()，实现X坐标最大值寻找，代码如下：

```
  public double GetXmax(List<Point3d> p3)
  {
    List<double> tmpX=new List<double>();
    foreach (Point3d n in p3)
    {
      tmpX.Add(n.X);
    }
    tmpX.Sort();
    return tmpX[tmpX.Count-1];
  }
```

同理，再封装Y、Z坐标最小最大值方法，获取它们的最小最大值。限于篇幅，此处不再展示。接下来封装一个将dataGridView1数据读取到List<Point3d>的原始数据获取方法GetXYZ()，实现原始数据接收，实现代码如下：

```
  public List<Point3d> GetXYZ()
  {
```

```
    List<Point3d> xyz=new List<Point3d>();
    if (dataGridView1.DataSource != null)
    {
      for (int i=0; i<dataGridView1.Rows.Count-1; i++)
      {
        Point3d temp=new Point3d();
        temp.code=dataGridView1.Rows[i].Cells[0].Value.ToString
();
        temp.X=double.Parse(dataGridView1.Rows[i].Cells[1].Value.
ToString());
        temp.Y=double.Parse(dataGridView1.Rows[i].Cells[2].Value.
ToString());
        temp.Z=double.Parse(dataGridView1.Rows[i].Cells[3].Value.
ToString());
        xyz.Add(temp);
      }
      return xyz;
    }
    else
    {
      MessageBox.Show("请先读取数据!");
      return null;
    }
  }
```

在“坐标分量计算”组合框的“计算”按钮(button1)的 Click 事件响应函数中，调用上述方法实现原始数据的 X、Y、Z 各分量最小值和最大值计算，将计算结果显示在 textBox1～textBox6 中，代码如下：

```
  private void button1_Click(object sender, EventArgs e)
  {
    List<Point3d> points=new List<Point3d>();
    points=GetXYZ();
    if (points != null)
    {
      double Xmin=GetXmin(points);
      double Xmax=GetXmax(points);
      double Ymin=GetYmin(points);
      double Ymax=GetYmax(points);
      double Zmin=GetZmin(points);
```

```
        double Zmax=GetZmax(points);
        textBox1.Text=Xmin.ToString("0.000");
        textBox2.Text=Xmax.ToString("0.000");
        textBox3.Text=Ymin.ToString("0.000");
        textBox4.Text=Ymax.ToString("0.000");
        textBox5.Text=Zmin.ToString("0.000");
        textBox6.Text=Zmax.ToString("0.000");
      }
    }
```

接下来做原始数据的 X、Y、Z 升序排列(非比赛要求，选做)，并将结果显示在 tabPage2~tabPage4 中。在“计算”菜单中增加菜单子项“坐标分量”，在“坐标分量”中增加三级菜单项“X 升序”“Y 升序”和“Z 升序”，在“X 升序”中增加以下响应代码，在 richTextBox1~ richTextBox3 中展示排序结果。“Y 升序”和“Z 升序”实现与“X 升序”类似，读者可以自己添加代码完成。

```
    private void x 升序 ToolStripMenuItem _ Click ( object sender,
EventArgs e)
    {
      List<Point3d> a=new List<Point3d>();
      a=GetXYZ();
      if (a ! = null)
      {
        List<double> tmpX=new List<double>();
        foreach (Point3d n in a)
        {
          tmpX.Add(n.X);
        }
        tmpX.Sort();
        richTextBox1.Clear();
        richTextBox1.Text += " **********X 坐标升序排列结果 ********** "+
"\t"+"\r\n";
        for (int i=0; i<tmpX.Count; i++)
        {
          richTextBox1.Text += tmpX[i].ToString("0.000")+" \t"+"\r\
n";
        }
        tabControl1.SelectedTab=tabPage2;
      }
    }
```

最后，将计算结果填入表 10.2 最后一列相应位置，完成本步设计。特别说明，由于 P_5 点坐标易于获取，程序并未设计读取算法，而是根据正式数据直接填入。

10.2.2 程序算法

将原始点云栅格化，计算栅格单元高度差、平均高度和高度方差信息，综合三个指标实现地面点云快速分割。

1. 基于栅格投影的点云分割算法

(1)点云数据栅格化

如图 10.3 所示，将研究区域分成 10×10 个栅格单元，栅格单元的长(dx)和宽(dy)取值为 10m。

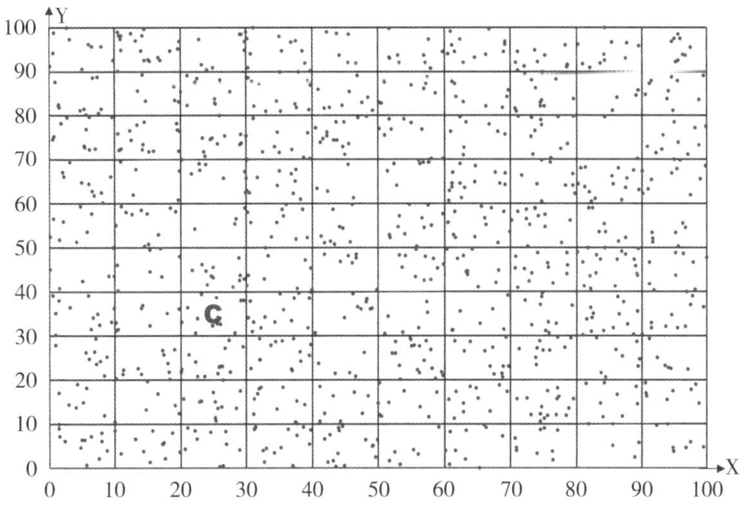

图 10.3 点云数据栅格化处理方法

激光点 P 可根据其坐标(x_p, y_p)分配至栅格(i, j)中，栅格的行(i)和列(j)的计算公式如下：

$$\begin{cases} i = \text{floor}\left(\dfrac{y_p}{dy}\right) \\ j = \text{floor}\left(\dfrac{x_p}{dx}\right) \end{cases} \tag{10-2}$$

式中，floor(·)为向下取整函数。原始点云数据经过栅格化处理后，每个点都会对应一个栅格序号，逐一操作将激光点云全部存储在栅格矩阵中。

【程序正确性】如表 10.3 所示，计算 P5 所在的栅格，如图 10.3 所示，选择栅格 C 为测试栅格单位，统计栅格单元 C 中的点云数目，结果为整数。(已经填写的数据仅供参考)

表 10.3　**栅格 C 行列号和点数**

序号	说　明	输出格式要求	参考答案
10	P5 点所在栅格的行 i	*	0
11	P5 点所在栅格的列 j	0	0
12	栅格 C 中点的数量	*	14

编程与解答：

首先利用式(10-2)封装一个 RowsColumns( )方法，根据点 P 的 x、y 坐标返回所在行号和列号。然后封装一个 GetNum( )方法，计算点集中位于行号为 i、列号为 j 的栅格的点数。

RowsColumns( )方法实现代码如下：

```
public int[ ] RowsColumns(Point3d p3d)
{
  int Rows =(int)Math.Floor(p3d.X/10);
  int Columns =(int)Math.Floor(p3d.Y/10);
  int[ ] t ={ Rows, Columns };
  return t;
}
```

GetNum( )方法实现代码如下：

```
public int GetNum(int i, int j, List<Point3d> p3)
{
  int C =0;//位于相同栅格点时计数
  foreach (Point3d p in p3)
  {
    int Ip =(int)Math.Floor(p.Y/10);
    int Jp =(int)Math.Floor(p.X/10);
    //如果行号列号均相同,表明该点位于(i,j)栅格内
    if (Ip == i && Jp == j)
    {
      C++;
    }
  }
  return C;
}
```

在“栅格 C 统计特征”组合框的“统计”按钮(button2)Click 事件响应函数中，调用上述方法实现 P5 点的行列数和栅格 C 点云数目统计，将计算结果显示在 textBox7 ~ textBox9 中，代码如下：

```
private void button2_Click(object sender, EventArgs e)
{
  Point3d P5 =new Point3d();
  P5.X=1.498;
  P5.Y=7.312;
  P5.Z=3.073;
  int[] ij =RowsColumns(P5);
  List<Point3d> pts =GetXYZ();
  int number;
  if (pts ! = null)
  {
    //栅格 C 的行号为 2,列号为 3,行列号从 0 编起,一定要注意
    number =GetNum(2, 3, pts);
    textBox7.Text =ij[0].ToString();
    textBox8.Text =ij[1].ToString();
    textBox9.Text =number.ToString();
  }
}
```

将计算结果填写到表 10.3 最后一列，完成本步计算。

(2)计算栅格单元的几何特征信息

栅格单元的几何特征信息包括栅格单元平均高度、高度差和高度方差。

①计算栅格单元的平均高度

对于栅格单元 ceil(i, j)，其平均高度为：

$$\bar{z}(i,\ j) = \frac{1}{size(ceil(i,\ j))}\sum_{k \in ceil(i,\ j)} z_k \tag{10-3}$$

式中，i、j 表示栅格单元 ceil(i, j)的行号和列号，size(·)表示求栅格单元存储点云的数量，k 为栅格单元 ceil(i, j)中的点，Z_k 表示 k 点的 Z 值。

②计算栅格单元的高度差

对于栅格单元 ceil(i, j)，其高度差为：

$$Z_{diff}(i,\ j) = Z_{max} - Z_{min} \tag{10-4}$$

式中，Z_{max}和 Z_{min}分别为栅格单元 ceil(i, j)中点的高度的最大值和最小值。对于一般平坦地面场景，非平面点云栅格单元高度差一般较大。

③计算栅格单元的高度方差

对于栅格单元 ceil(i, j)，其高度方差为：

$$\sigma^2(i,\ j) = \frac{1}{size(ceil(i,\ j))}\sum_{k \in ceil(i,\ j)} [z_k - \bar{z}(i,\ j)]^2 \tag{10-5}$$

栅格单元的高度方差信息可以较好地反映栅格点云的高度分布。一般情况下，平面点云栅格的高度方差较小，非平面点云栅格的高度方差较大。

【程序正确性】如表 10.4 所示，计算栅格单元 C 内点云的平均高度、高度的最大值、高度差和高度方差，统计栅格单元 C 中的点云数目，结果保留 3 位小数。(已经填写的数据仅供参考)

表 10.4　**栅格单元 C 中几何特征信息统计**

序号	说　明	输出格式要求	参考答案
13	栅格 C 中点云的平均高度	*. ***	1.069
14	栅格 C 中点云高度的最大值	1.192	1.192
15	栅格 C 中点云的高度差	*. ***	0.192
16	栅格 C 中点云的高度方差	*. ***	0.005

编程与解答：

栅格几何特征信息统计的关键是找到并读取栅格内的点云。可以对照 GetNum( ) 方法，封装一个 GetGridPoints( ) 方法，代码如下：

```
public List<Point3d> GetGridPoint(int i, int j, List<Point3d> p3)
{
  //声明格网点列表
  List<Point3d> GridPoints=new List<Point3d>();
  foreach (Point3d p in p3)
  {
    int Ip=(int)Math.Floor(p.Y/10);
    int Jp=(int)Math.Floor(p.X/10);
    //如果行号、列号均相同，表明该点位于(i,j)栅格内
    if (Ip == i && Jp == j)
    {
      GridPoints.Add(p);//保存到格网点
    }
  }
  return GridPoints;
}
```

为了计算栅格 C 内点云的高程平均值，封装了 averageZ( ) 方法，该方法参数为栅格内点云，通过计算返回 Z 的平均值，实现代码如下：

```
public double averageZ(List<Point3d> p3)
{
  double sumZ=0;
  foreach (var p in p3)
  {
```

```
      sumZ += p.Z;
    }
    int n=p3.Count;
    return (sumZ/n);
}
```

为了计算栅格 C 内点云的高程最大值，封装了 maxZ( ) 方法，该方法参数为栅格内点云，通过计算返回 Z 的最大值，实现代码如下：

```
public double maxZ(List<Point3d> p3)
{
    List<double> Z=new List<double>();
    foreach (var p in p3)
    {
      Z.Add(p.Z);
    }
    Z.Sort();
    return Z[Z.Count-1];
}
```

为了计算栅格 C 内点云的高度差，封装了 Zdiff( ) 方法，该方法参数为栅格内点云，通过计算返回高度差，实现代码如下：

```
public double Zdiff(List<Point3d> p3)
{
    List<double> Z=new List<double>();
    foreach (var p in p3)
    {
      Z.Add(p.Z);
    }
    Z.Sort();
    double zdiff=Z[Z.Count-1]-Z[0];
    return zdiff;
}
```

为了计算栅格 C 内点云的高度方差，封装了 varianceZ( ) 方法，该方法参数为栅格内点云，返回值为高度方差，实现代码如下：

```
public double varianceZ(List<Point3d> p3)
{
    double variancez=0;
    double aver_Z=averageZ(p3);
    foreach (var p in p3)
```

```
    {
      variancez+=(p.Z-aver_Z) * (p.Z-aver_Z);
    }
    return variancez/p3.Count;
  }
```

在“栅格 C 统计特征”组合框的“统计”按钮(button2)的 Click 事件响应函数中，调用上述方法实现栅格 C 内点云的平均高度、最大高度、高度差和高度方差统计，将计算结果分别显示在 textBox10~textBox13 中，实现过程如下：

```
private void button2_Click(object sender, EventArgs e)
{
  Point3d P5=new Point3d();
  P5.X=1.498;
  P5.Y=7.312;
  P5.Z=3.073;
  int[] ij=RowsColumns(P5);
  List<Point3d> pts=GetXYZ();
  int number;
  if (pts != null)
  {
    //栅格 C 的行号为 2,列号为 3,行列号从 0 编起,一定要注意
    number=GetNum(2, 3, pts);
    textBox7.Text=ij[0].ToString();
    textBox8.Text=ij[1].ToString();
    textBox9.Text=number.ToString();
    //获取格网点 C 内点云
    List<Point3d> pointsC=new List<Point3d>();
    pointsC=GetGridPoint(2, 3, pts);
    //平均高度
    double aver_Z=averageZ(pointsC);
    textBox10.Text=aver_Z.ToString("0.000");
    //最大值
    double maxz=maxZ(pointsC);
    textBox11.Text=maxz.ToString("0.000");
    //高度差
    double zdiff=Zdiff(pointsC);
    textBox12.Text=zdiff.ToString("0.000");
    //高度方差
```

```
        double variancez = varianceZ(pointsC);
        textBox13.Text = variancez.ToString("0.000");
    }
}
```

将计算结果填写到表 10.4 最后一列，完成本步计算。

2. 随机抽样一致(RANSAC)平面分割

随机抽样一致(RANdom SAmple Consensus，RANSAC)算法由 Fischler 和 Bolles 在 1981 年首次提出，它是一种迭代方法，用于从一组包含内部点(inliers)和外部点(outliers)的数据中，通过迭代方式估计出数学模型的参数。内部点可以解释为适合模型参数的一组点，外部点则是不适合模型的点。

RANSAC 是一种不确定的算法——它用一定概率得出一个合理的结果，为了提高概率必须增加迭代次数。为了便于评估程序正确性，本试题采用按照数据顺序选点方法，即第一次平面拟合时，选取前三个点(P1、P2、P3)用于平面拟合；第二次迭代时，按顺序选择另外三个点(P4、P5、P6)用于平面拟合；第三次迭代时选择点 P7、P8、P9 用于平面拟合，依次类推。

在计算第一个最佳分割平面(J1)时，共迭代 300 次，计算第二个最佳分割平面(J2)时，共迭代 80 次。

(1)平面拟合

从数据集中选取前三个点 P1(x_1，y_1，z_1)，P2(x_2，y_2，z_2)，P3(x_3，y_3，z_3)用于平面拟合。

用于平面拟合的三个点不能在一条直线上。三点共线检测方法：计算三点构成的面积，当面积 S 大于某一阈值(计算时，阈值取 0.1m^2)时，则三点不共线。采用海伦公式计算三角形面积：

$$S=\sqrt{p(p-a)(p-b)(p-c)} \tag{10-6}$$

其中 $p=(a+b+c)/2$，a，b，c 是 P1—P2、P2—P3、P3—P1 之间的距离。

构成的平面方程如下：

$$Ax+By+Cz+D=0 \tag{10-7}$$

其中 A、B、C、D 的计算公式如下：

$$\begin{cases}A=(y_2-y_1)\times(z_3-z_1)-(y_3-y_1)\times(z_2-z_1)\\B=(z_2-z_1)\times(x_3-x_1)-(z_3-z_1)\times(x_2-x_1)\\C=(x_2-x_1)\times(y_3-y_1)-(x_3-x_1)\times(y_2-y_1)\\D=-A\times x_1-B\times y_1-C\times z_1\end{cases} \tag{10-8}$$

【程序正确性】如表 10.5 所示，利用“正式数据.txt”的 P1、P2、P3 拟合一个平面(记为 S1)，计算其平面参数 A、B、C、D 值，结果保留 6 位小数。

表 10.5　**拟合平面 S1 参数**

序号	说　　明	输出格式要求	参考答案
17	P1—P2—P3 构成三角形的面积	*.******	830.762801
18	拟合平面 S1 的参数 A	*.******	4.158675
19	拟合平面 S1 的参数 B	*.******	3.055378
20	拟合平面 S1 的参数 C	*.******	1661.517588
21	拟合平面 S1 的参数 D	*.******	-2300.332276

编程与解答：

首先利用式(10-6)封装一个获取三点构成的三角形面积的方法 TriangleArea()，由于要求计算空间三点距离，故 TriangleArea()方法实现之前先封装一个 Distance3D()方法，用于计算三维空间点距离，Distance3D()方法声明与实现如下：

```
public double Distance3D(Point3d p1, Point3d p2)
{
  return Math.Sqrt((p1.X-p2.X) * (p1.X-p2.X)+(p1.Y-p2.Y) * (p1.Y-
p2.Y)
     + (p1.Z-p2.Z) * (p1.Z-p2.Z));
}
```

TriangleArea()方法声明与实现如下：

```
public double TriangleArea(Point3d p1, Point3d p2, Point3d p3)
{
  double a=Distance3D(p1, p2);
  double b=Distance3D(p2, p3);
  double c=Distance3D(p3, p1);
  double p=(a+b+c)/2;
  return Math.Sqrt(p * (p-a) * (p-b) * (p-c));
}
```

接下来利用式(10-8)封装一个获取平面参数 A、B、C、D 的方法 GetABCD()，其声明和实现如下：

```
public double[] GetABCD(Point3d p1, Point3d p2, Point3d p3)
{
  double A=(p2.Y-p1.Y) * (p3.Z-p1.Z)-(p3.Y-p1.Y) * (p2.Z-p1.Z);
  double B=(p2.Z-p1.Z) * (p3.X-p1.X)-(p3.Z-p1.Z) * (p2.X-p1.X);
  double C=(p2.X-p1.X) * (p3.Y-p1.Y)-(p3.X-p1.X) * (p2.Y-p1.Y);
  double D=-A * p1.X-B * p1.Y-C * p1.Z;
  double[] temp={ A, B, C, D };
  return temp;
}
```

在“拟合面 S1 参数”组合框的“计算”按钮(button3)的 Click 事件响应函数中，调用上述方法实现计算 P1—P2—P3 构成的三角形面积和 A、B、C、D 四个参数，并将计算结果分别显示在 textBox14~textBox18 中，实现代码如下：

```
private void button3_Click(object sender, EventArgs e)
{
  List<Point3d> pts = GetXYZ();
  if (pts ! = null)
  {
    Point3d P1 = new Point3d();
    Point3d P2 = new Point3d();
    Point3d P3 = new Point3d();
    P1.X = 80.872;
    P1.Y = 46.799;
    P1.Z = 1.096;
    P2.X = 35.028;
    P2.Y = 71.675;
    P2.Z = 1.165;
    P3.X = 74.658;
    P3.Y = 13.928;
    P3.Z = 1.172;
    double area = TriangleArea(P1, P2, P3);
    textBox14.Text = area.ToString("0.000000");
    double[] ABCD = GetABCD(P1, P2, P3);
    textBox15.Text = ABCD[0].ToString("0.000000");
    textBox16.Text = ABCD[1].ToString("0.000000");
    textBox17.Text = ABCD[2].ToString("0.000000");
    textBox18.Text = ABCD[3].ToString("0.000000");
  }
}
```

将计算结果填写到表 10.5 最后一列，完成本步计算。

(2)内部点和外部点计算

计算数据集中的剩余点(共 997 个)与所构建平面之间的关系。计算方法如下：

计算每个点到第(1)步(式(10-7))构建平面的距离，该距离小于某一阈值时(计算时，阈值取 0.1m)，将该点视为该平面的内部点。

点 $P_0(x_0, y_0, z_0)$ 到平面 $Ax+By+Cz+D=0$ 的距离公式如下：

$$d=\frac{|A\cdot x_0+B\cdot y_0+C\cdot z_0+D|}{\sqrt{A^2+B^2+C^2}} \tag{10-9}$$

【程序正确性】如表 10.6 所示，计算“正式数据 .txt”的 P1000、P5 到拟合平面 S1 的距离，并统计平面 S1 的内部点和外部点数目，前两项结果保留 3 位小数，后两项结果输出为整数(已经填写的数据仅供参考)。

表 10.6　　**拟合面 S1 相关计算**

序号	说　　明	输出格式要求	参考答案
22	P1000 到拟合平面 S1 的距离	0.262	0.262
23	P5 到拟合平面 S1 的距离	*.***	1.706
24	拟合平面 S1 的内部点数量	*	426
25	拟合平面 S1 的外部点数量	*	571

编程与解答：

首先利用式(10-9)封装一个计算点到平面距离的方法 Point2PolyDistance()，该方法第 1 个参数是一个已知点，第 2 到第 5 个参数是已知面的 A、B、C、D 参数，返回值为点到平面的距离。具体实现如下：

```
public double Point2PolyDistance(Point3d p0, double A, double B,
double C, double D)
{
  return Math.Abs(A * p0.X+B * p0.Y+C * p0.Z+D)/Math.Sqrt(A * A+B *
B+C * C);
}
```

接下来声明一个 CountInOut()方法，用于判断点云中平面的内点和外点，并获取某平面内部点和外部点数目，参数 points 为输入点云，以其前三点进行构面，判断其他点是否为此面的内点，返回值是一个 int 类型数组：第一个元素是内点数，第二个元素是外点数，如果不存在内点，两个元素均为 0。CountInOut()方法声明和实现如下：

```
public int[] CountInOut(List<Point3d> points)
{
  int CountIn=0;
  int CountOut=0;
  List<Point3d> RemainPoints=new List<Point3d>();
  if (points.Count>3)
  {
    Point3d p1=points[0];
    Point3d p2=points[1];
    Point3d p3=points[2];
    points.RemoveRange(0, 3);
    RemainPoints=points;
    foreach (Point3d p in RemainPoints)
```

```
        {
          if (TriangleArea(p1, p2, p3)>0.1)
          {
            double dis = Point2PolyDistance(p, GetABCD(p1, p2, p3)[0], GetABCD(p1, p2, p3)[1], GetABCD(p1, p2, p3)[2], GetABCD(p1, p2, p3)[3]);
            if (dis<0.1)
            {
              CountIn++;
            }
          }
        }
        CountOut = RemainPoints.Count - CountIn;
        int[] InOut = { CountIn, CountOut };
        return InOut;
      }
      else
      {
        int[] InOut = { CountIn, CountOut };
        return InOut;
      }
    }
```

在"拟合面 S1 计算"组合框的"计算"按钮(button4)的 Click 事件响应函数中，调用上述方法实现 P1000 到拟合平面 S1 的距离计算、P5 到拟合平面 S1 的距离计算和拟合平面 S1 的内、外部点数计算，分别将计算结果显示在 textBox19~textBox22 中，实现代码如下：

```
    private void button4_Click(object sender, EventArgs e)
    {
      List<Point3d> pts = GetXYZ();
      if (pts != null)
      {
        Point3d P1 = new Point3d();
        Point3d P2 = new Point3d();
        Point3d P3 = new Point3d();
        P1.X = 80.872;
        P1.Y = 46.799;
        P1.Z = 1.096;
        P2.X = 35.028;
        P2.Y = 71.675;
```

```
        P2.Z=1.165;
        P3.X=74.658;
        P3.Y=13.928;
        P3.Z=1.172;
        Point3d p1000=new Point3d();
        p1000.X=0.125;
        p1000.Y=45.085;
        p1000.Z=1.039;
        Point3d p5=new Point3d();
        p5.X=1.498;
        p5.Y=7.312;
        p5.Z=3.073;
        double[] ABCD=GetABCD(P1, P2, P3);
        double disp1000=Point2PolyDistance(p1000, ABCD[0], ABCD[1],
ABCD[2], ABCD[3]);
        double disp5 = Point2PolyDistance(p5, ABCD[0], ABCD[1], ABCD
[2], ABCD[3]);
        textBox19.Text=disp1000.ToString("0.000");
        textBox20.Text=disp5.ToString("0.000");
        int[] InOutCount=CountInOut(pts);
        textBox21.Text=InOutCount[0].ToString();
        textBox22.Text=InOutCount[1].ToString();
    }
}
```

将计算结果填写到表 10.6 最后一列，完成本步计算。

(3)最佳分割平面计算

重复第(1)和(2)计算步骤，每次按顺序依次选择 3 个点(第 2 次选择 P4、P5、P6，第 3 次选择 P7、P8、P9，…)用于平面拟合，共迭代计算 300 次，找到内点数最多的那个面，该平面为最佳分割平面(记为 J1)。

【程序正确性】如表 10.7 所示，利用“正式数据 .txt”全部数据，获得最佳分割平面(J1)，给出 J1 的平面参数 A、B、C、D 以及内部点和外部点数目。前 4 项结果保留 6 位小数，后 2 项结果输出为整数。(已经填写的数据仅供参考)

表 10.7　　**最佳分割平面 J1 参数**

序号	说　明	输出格式要求	参考答案
26	最佳分割平面 J1 的参数 A	*.******	-1.035986
27	最佳分割平面 J1 的参数 B	*.******	1.714360

续表

序号	说　　明	输出格式要求	参考答案
28	最佳分割平面 J1 的参数 C	*.******	3198.980194
29	最佳分割平面 J1 的参数 D	*.******	-3560.600299
30	最佳分割平面 J1 的内部点数量	*	744
31	最佳分割平面 J1 的外部点数量	260	253

编程与解答：

本步是程序设计的重点和难点，为了便于理解，将(1)、(2)、(3)步算法流程汇总，如图 10.4 所示。在获取原始点数据后，定义一个整型变量 a，用于控制循环次数，如果小于迭代次数，进行迭代计算，否则退出循环。在迭代计算时，每次取数据集的前 3 点作为 P1、P2、P3(并非点号是 P1、P2、P3，只是数据集的前三个点)，移除此 3 点获得剩余点集，然后计算 P1、P2、P3 构成的三角形的面积，如果其值大于 0.1，则遍历剩余点集中所有点，计算各点到 P1、P2、P3 的平面距离，如果距离小于 0.1，标记为内点，否则为外点。

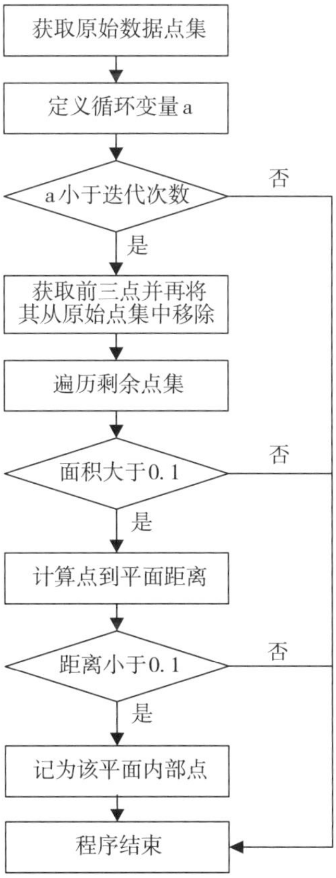

图 10.4　内点判定算法流程

为了实现最佳平面寻找，这里设计了一个 Plane 类，用于描述平面。Plane 类有 PointString、Points3、InnerCount 和 InnerPoint 四个字段，分别表示平面的第 1 点点号、构成平面 3 点、内点数量和内点点集，具体代码如下：

```
public class Plane
{
  //平面 J 点号,如果 p1、p2、p3 构成 J,则 PointString 为“p1”
  public string PointString;
  //构面三点点集,即组成平面 J 的三点 p1、p2、p3
  public List<Point3d> Points3;
  //平面 J 内点数
  public int InnerCount;
  //内点点集
  public List<Point3d> InnerPoints;
  public Plane()
  {
    PointString = "";
    Points3 = new List<Point3d>();
    InnerCount = 0;
    InnerPoints = new List<Point3d>();
  }
}
```

为了获取迭代计算后平面，程序设计了 Interation( )方法，它是本程序的最重要方法之一，实现代码与释义如下：

```
public List<Plane> Interation(int Count, List<Point3d> whole
Points)
  {
    if (wholePoints.Count>3)
    {
      //a 用于控制迭代次数
      int a = 1;
      //planes 保存 wholePoints 数据 Count 次迭代后
      List<Plane> planes = new List<Plane>();
      //每次迭代从“总点集”中扣除 3 点后的“剩余点”
      List<Point3d> remainPoints = new List<Point3d>();
      while (a <= Count)  //迭代次数控制
      {
        Point3d p1 = wholePoints[0];
        Point3d p2 = wholePoints[1];
```

```
        Point3d p3 =wholePoints[2];
        //删除构面三点 p1,p2,p3
        wholePoints.RemoveRange(0, 3);
        remainPoints =wholePoints;
        //内点计数
        int CountIn =0;
        Plane plane =new Plane();
        plane.Points3.Add(p1);
        plane.Points3.Add(p2);
        plane.Points3.Add(p3);
        foreach (Point3d p in remainPoints)
        {
          if (TriangleArea(p1, p2, p3)>0.1)
          {
             double dis = Point2PolyDistance(p, GetABCD(p1, p2, p3)
[0], GetABCD(p1, p2, p3)[1], GetABCD(p1, p2, p3)[2], GetABCD(p1, p2,
p3)[3]);
            if (dis<0.1)
            {
              CountIn++;
              plane.PointString =p1.code;
              plane.InnerPoints.Add(p);
            }
          }
          //如果 p1-p2-p3 无法构面,跳过此次计算,进行下一次迭代
          continue;
        }
        plane.InnerCount =CountIn;
        planes.Add(plane);
        //将本次构面的 p1、p2、p3 三点存入下次计算点集
        remainPoints.Add(p1);
        remainPoints.Add(p2);
        remainPoints.Add(p3);
        //点集交换,实现数据更新
        wholePoints =remainPoints;
        //迭代次数+1
        a++;
      }
```

```
        return planes;
      }
      else
      {
        MessageBox.Show("点云数量太少,无法计算!");
        return null;
      }
    }
```

封装一个从诸多分割面中获取最佳分割面的方法 BestPlane()，该方法参数是迭代后获得的平面集合，返回值是最佳平面，实现代码如下：

```
    public Plane BestPlane(List<Plane> planes)
    {
      //遍历 planes,找到内点最大值
      List<int> InnerPointsCount =new List<int>();
      foreach (var plane in planes)
      {
        InnerPointsCount.Add(plane.InnerCount);
      }
      InnerPointsCount.Sort();
      int MaxInCount =InnerPointsCount[InnerPointsCount.Count-1];
      //遍历 planes,找到内点最大值所对应的最佳平面(点号)
      string str="";
      foreach (var plane in planes)
      {
        if (plane.InnerCount == MaxInCount)
        {
          str=plane.PointString;
        }
      }
      //遍历 planes,找到最佳平面对应的点集
      List<Point3d> points =new List<Point3d>();
      foreach (var plane in planes)
      {
        if (plane.InnerCount == MaxInCount)
        {
          points=plane.InnerPoints;
        }
      }
```

```
    //遍历 planes,找到最佳平面构建点集 p1,p2,p3
    List<Point3d> points3 =new List<Point3d>();
    foreach (var plane in planes)
    {
      if (plane.InnerCount == MaxInCount)
      {
        points3 =plane.Points3;
      }
    }
    //构建最佳平面并返回
    Plane p =new Plane();
    p.PointString=str;
    p.InnerCount =MaxInCount;
    p.InnerPoints=points;
    p.Points3 =points3;
    return p;
  }
```

在“最佳分割面 J1 参数”组合框的“计算”按钮(button5)的 Click 事件响应函数中，调用上述方法实现 J1 平面参数 A、B、C、D 的计算以及 J1 的内部点和外部点数目计算。将计算结果分别显示在 textBox23~textBox28 中，实现代码如下：

```
  private void button5_Click(object sender, EventArgs e)
  {
    List<Point3d> pts =new List<Point3d>();
    pts=GetXYZ();
    if (pts != null)
    {
      List<Plane> planes=new List<Plane>();
      planes=Interation(300, pts);
      Plane J1 =new Plane();
      //找到最佳平面
      J1 =BestPlane(planes);
      textBox27.Text =J1.InnerCount.ToString();
      //构面 3 点不是内点,故外点数=总点数-内点数-3
      textBox28.Text =(pts.Count-J1.InnerCount-3).ToString();
      //获取最佳平面三点构成的点集
      List<Point3d> p3 =new List<Point3d>();
```

```
        p3 =J1.Points3;
        richTextBox4.Text += " ************************构面三点************
**************"+"\r\n";
        foreach (var pnt in J1.Points3)
        {
          richTextBox4.Text += "\t"+pnt.code+"\t"+pnt.X.ToString
("0.000")+"\t"
            + pnt.Y.ToString("0.000")+"\t"+pnt.Z.ToString("0.000")+
"\r\n";
        }
        richTextBox4.Text += " *****"+"内点点号"+" ********"+"内点数目"+
" ******"+"\r\n";
        foreach (var plane in planes)
        {
          richTextBox4.Text += "\t"+plane.PointString+"\t\t"+
plane.InnerCount.ToString()+"\r\n";
        }
        double[] abcd=new double[] { };
        abcd=GetABCD(p3[0], p3[1], p3[2]);
        textBox23.Text=abcd[0].ToString("0.000000");
        textBox24.Text=abcd[1].ToString("0.000000");
        textBox25.Text=abcd[2].ToString("0.000000");
        textBox26.Text=abcd[3].ToString("0.000000");
        tabControl1.SelectedTab=tabPage5;
      }
    }
```

button5 的 Click 事件响应函数还实现了 J1 内部点点号和数目显示，将计算结果填写到表 10.7 最后一列，完成本步计算。注意：本步计算结果与大赛提供的参考答案不同。

(4)迭代计算平面分割

从数据集中去除最佳分割面 J1 的内部点及拟合 J1 平面所用的三个点外，剩余的点构成了一个新的数据集。

利用剩余点数据集，重复第(1)、(2)、(3)操作步骤，寻找第二个最佳分割面。共迭代计算 80 次，找到内点数最多的那个面，记为 J2。

【程序正确性】如表 10.8 所示，对剩余点构建的第二个最佳分割平面(记为：J2)，给出 J2 的平面参数 A、B、C、D 以及内部点和外部点数目。前 4 项结果保留 6 位小数，后 2 项结果输出为整数(已经填写的数据仅供参考)。

表 10.8 **最佳分割面 J2 参数**

序号	说　明	输出格式要求	参考答案
32	分割平面 J2 的参数 A	*.******	0.132560
33	分割平面 J2 的参数 B	*.******	0.514212
34	分割平面 J2 的参数 C	*.******	159.557434
35	分割平面 J2 的参数 D	*.******	-306.569464
36	分割平面 J2 的内部点数量	137	176
37	分割平面 J2 的外部点数量	*	75

编程与解答：

本步基本上是重复上一步操作，但不同的是要先分割数据集。基本思路是，经上一步迭代计算，得到一个最佳分割平面 J1(Plane 类对象)，J1 对象的 Points3 是构成 J1 的三个点，InnerPoints 是 J1 的内部点，遍历原始点云，从原始点云数据中移除和 Points3 或 InnerPoints 重复的点，可得到分割 J1 后的剩余点集。封装一个 SplitPointsCloud( ) 方法来实现分割，第 1 个参数是输入点集，第 2 个参数为前一次迭代分割计算的迭代次数，返回值是迭代计算后的剩余点集，具体实现代码如下：

```
public List < Point3d > SplitPointsCloud ( List < Point3d > InPutPoints, int n)
{
  //声明输出点集(分割后的剩余点集)
  List<Point3d> OutputPoints =new List<Point3d>();
  if (InPutPoints ! = null)
  {
    List<Plane> planes =new List<Plane>();
    //输入点云进行分割,得到所有分割平面
    planes =Interation(n, InPutPoints);
    Plane p =new Plane();
    //找到最佳平面
    p =BestPlane(planes);
    //遍历输入点集,移除和最佳分割面的 Points3 或 InnerPoints 相同的点得到剩余点集
    //第一次遍历移除 InPutPoints 中与 p.Points3 相同的点
    for (int i =0; i<InPutPoints.Count; i++)
    {
      for (int j =0; j<p.Points3.Count; j++)
      {
        if (InPutPoints[i].code = = p.Points3[j].code)
```

```
                {
                    InPutPoints.Remove(InPutPoints[i]);
                }
            }
        }
        //第二次遍历移除 InPutPoints 中与 InnerPoints 相同的点
        for (int i=0; i<InPutPoints.Count; i++)
        {
            for (int j=0; j<p.InnerPoints.Count; j++)
            {
                if (InPutPoints[i].code == p.InnerPoints[j].code)
                {
                    InPutPoints.Remove(InPutPoints[i]);
                }
            }
        }
        OutputPoints=InPutPoints;
        return OutputPoints;
    }
    else
    {
        return null;
    }
}
```

在"最佳分割面 J2 参数"组合框的"计算"按钮(button6)的 Click 事件响应函数中，调用上述方法实现 J2 平面参数 A、B、C、D 计算以及 J2 的内部点和外部点数目计算。分别将计算结果显示在 textBox29~textBox34 中，实现代码如下：

```
private void button6_Click(object sender, EventArgs e)
{
    List<Point3d> pts=new List<Point3d>();
    List<Point3d> RemainPoints=new List<Point3d>();
    pts=GetXYZ();
    if (pts != null)
    {
        RemainPoints=SplitPointsCloud(pts, 300);
        List<Plane> planes=new List<Plane>();
        planes=Interation(80, RemainPoints);
        Plane J2=new Plane();
```

```
        //找到最佳平面
        J2 =BestPlane(planes);
        //获取最佳平面三点构成的点集
        List<Point3d> p3 =new List<Point3d>();
        p3 =J2.Points3;
        double[] abcd=new double[]{};
        abcd=GetABCD(p3[0], p3[1], p3[2]);
        textBox29.Text =abcd[0].ToString("0.000000");
        textBox30.Text =abcd[1].ToString("0.000000");
        textBox31.Text =abcd[2].ToString("0.000000");
        textBox32.Text =abcd[3].ToString("0.000000");
        textBox33.Text =J2.InnerCount.ToString();
        textBox34.Text =(RemainPoints.Count -J2.InnerCount).ToString
();
        richTextBox5.Text += "************************构面三点************
**************"+"\r\n";
        foreach (var pnt in J2.Points3)
        {
          richTextBox5.Text += "\t"+pnt.code+"\t"+pnt.X.ToString
("0.000")+"\t"
            + pnt.Y.ToString("0.000")+"\t"+pnt.Z.ToString("0.000")+
"\r\n";
        }
        richTextBox5.Text += "*******"+"内点点号"+"*******"+"内点数
目"+"*******"+"\r\n";
        foreach (var plane in planes)
        {
           richTextBox5.Text += "\t"+plane.PointString+"\t\t" +
plane.InnerCount.ToString()+"\r\n";
        }
        tabControl1.SelectedTab=tabPage6;
      }
    }
```

Button6 的 Click 事件响应函数还实现了构面三点及 J2 内部点点号和数目显示，将计算结果填写到表 10.8 最后一列，完成本步计算。内部点和外部点数量与大赛提供的数据有所不同，可能是计算方法不同导致的。

3. 点云水平截面投影

假定不在平面上的某点的三维空间坐标为(x_0, y_0, z_0)，其在平面上的投影点坐标为(x_t, y_t, z_t)。因为点与其投影点连线与平面垂直，根据垂直约束条件，可得投影点坐标的计算公式为：

$$\begin{cases} x_t = \dfrac{(B^2+C^2)x_0 - A(By_0+Cz_0+D)}{A^2+B^2+C^2} \\ y_t = \dfrac{(A^2+C^2)y_0 - B(Ax_0+Cz_0+D)}{A^2+B^2+C^2} \\ z_t = \dfrac{(A^2+B^2)z_0 - C(Ax_0+By_0+D)}{A^2+B^2+C^2} \end{cases} \tag{10-10}$$

【程序正确性】如表 10.9 所示，计算 P5 点到最佳分割面(J1)的投影坐标，计算 P800 点到最佳分割面(J1)的投影坐标。计算结果保留 3 位小数。

表 10.9　**J1 投影坐标**

序号	说　明	输出格式要求	参考答案
38	P5 点到最佳分割面(J1)的投影坐标 x_t	*.***	1.499
39	P5 点到最佳分割面(J1)的投影坐标 y_t	*.***	7.311
40	P5 点到最佳分割面(J1)的投影坐标 z_t	*.***	1.110
41	P800 点到最佳分割面(J1)的投影坐标 x_t	*.***	0.125
42	P800 点到最佳分割面(J1)的投影坐标 y_t	*.***	91.271
43	P800 点到最佳分割面(J1)的投影坐标 z_t	*.***	1.064

编程与解答：

利用式(10-10)封装一个空间点$P_0(x_0, y_0, z_0)$到某平面上投影点$P_t(x_t, y_t, z_t)$的坐标转换方法 ConvertXYZ()，该方法第 1 个参数是已知点P_0，第 2 到第 5 个参数是已知面(J1)的 A、B、C、D 参数，返回值为 Point3d 类型对象，该方法实现过程如下：

```
public Point3d ConvertXYZ(Point3d p0, double A, double B, double C,
double D)
{
    double xt = ((B * B+C * C) * p0.X-A * (B * p0.Y+C * p0.Z+D)) /(A * A+B *
B+C * C);
    double yt = ((A * A+C * C) * p0.Y-B * (A * p0.X+C * p0.Z+D)) /(A * A+B *
B+C * C);
    double zt = ((A * A+B * B) * p0.Z-C * (A * p0.X+B * p0.Y+D)) /(A * A+B *
```

```
B+C * C);
      Point3d pt =new Point3d();
      pt.X=xt;
      pt.Y=yt;
      pt.Z=zt;
      return pt;
    }
```

在“J1 投影坐标”组合框的“计算”按钮(button7)的 Click 事件响应函数中，调用上述方法实现 P5 和 P800 投影到 J1 平面的坐标。将计算结果显示在 textBox35 ~ textBox40 中，实现代码如下：

```
    private void button7_Click(object sender, EventArgs e)
    {
      List<Point3d> pts =new List<Point3d>();
      List<Point3d> RemainPoints =new List<Point3d>();
      pts =GetXYZ();
      if (pts ! = null)
      {
        {
          Point3d p1 =pts[9];
          Point3d p2 =pts[10];
          Point3d p3 =pts[11];
          double A =GetABCD(p1, p2, p3)[0];
          double B =GetABCD(p1, p2, p3)[1];
          double C =GetABCD(p1, p2, p3)[2];
          double D =GetABCD(p1, p2, p3)[3];
          Point3d p5 =pts[4];
          Point3d p800 =pts[799];
          Point3d p5t =new Point3d();
          Point3d p800t =new Point3d();
          p5t =ConvertXYZ(p5, A, B, C, D);
          p800t =ConvertXYZ(p800, A, B, C, D);
          textBox35.Text =p5t.X.ToString("0.000");
          textBox36.Text =p5t.Y.ToString("0.000");
          textBox37.Text =p5t.Z.ToString("0.000");
          textBox38.Text =p800t.X.ToString("0.000");
          textBox39.Text =p800t.Y.ToString("0.000");
          textBox40.Text =p800t.Z.ToString("0.000");
        }
```

```
    }
}
```

运行程序，将结果填写在表 10.9 最后一列，完成本步计算。

10.2.3　计算结果报告

编程保存点云分割结果，将它保存在 result. txt 文件中。保存内容包括“点名，X，Y，Z，标识”。其中，X、Y、Z 保留 3 位小数，当点为 J1 内部点时，标识为 J1，点为 J2 内部点时，标识为 J2，其余情况标识为 0。

编程与解答：

1. 程序界面完善

“文件”菜单下增加“退出”子菜单项，添加代码“Application. Exit( );”，实现程序退出。在“计算菜单”下依次增加“坐标分量最值”“栅格 C 统计特征”“拟合面 S1 参数”“拟合面 S1 内外点数”“最佳分割面 J1 参数”“最佳分割面 J2 参数”“J1 投影坐标”，添加实现代码。这七个菜单项功能通过调用 button1～button7 的 Click 事件响应函数实现功能。以“坐标分量最值”菜单子项为例，双击此子菜单，在 Click 事件响应函数中添加代码“button1_Click(this, e);”，实现与 button1 相同的功能。在“帮助”菜单下增加子项“使用说明”，添加以下代码实现软件使用方法提示：

```
private void 使用说明 ToolStripMenuItem_Click(object sender, EventArgs e)
{
    MessageBox.Show("程序使用说明"+"\r\n"+"1.首先载入点云数据"+"\r\n"
      +"2.然后进行各项计算与显示"+"\r\n","提示",MessageBoxButtons.OK,MessageBoxIcon.Information);
}
```

2. 报告输出

报告输出功能在“显示”菜单下“分割结果”和“输出报告”两个子项中实现。“分割结果”将 J1 内点的 flag 字段赋值为“J1”，将 J2 内点的 flag 字段赋值为“J2”，其余赋值为“0”。

(1)分割结果显示

该功能实现思路是首先获取原始点云数据 O，对 O 进行分割得到最佳分割面 J1，同时获得 J1 内点点集 P。遍历 O，比较 O 和 P 的 code 字段，如果二者相同，将 O 中 code 字段相同的点的 flag 字段标注为“J1”。调用 SplitPointsCloud( )方法对 O 进行点云分割，得到剩余点集 Q，对 Q 进行分割，得到最佳分割平面 J2，同时获得 J2 内点点集 R。遍历 O，比较 O 和 R 的 code 字段，如果二者相同，则将 O 中 code 字段相同的点的 flag 字段标注为“J2”，最后返回修改后的点集 O，完成分割计算。

由于 Point3d 为引用类型，调用 Interation( )方法会改变原始点集，故程序中声明了 O、O1、O2 三个相同点集，分别用于修改标注两个最佳平面、求取最佳分割平面 J1 和求取最佳分割平面 J2。为了实现分割标注，设计了 Seg_Annotate()方法，该方法无参数，返回值为分割标注后的点集，实现代码如下：

```
public List<Point3d> Seg_Annotate()
{
  //Point3d为引用类型,Interation()方法会改变输入数据集,故声明O、O1、O2三个相同点集
  List<Point3d> O=new List<Point3d>();
  List<Point3d> O1=new List<Point3d>();
  List<Point3d> O2=new List<Point3d>();
  O=GetXYZ();  //O 用于修改标注
  O1=GetXYZ1();  //O1 用于求取最佳分割平面 J1
  O2=GetXYZ1();  //O2 用于求取最佳分割平面 J2
  if (O ! = null && O1 ! = null && O2 ! = null)
  {
    List<Plane> planes=Interation(300, O1);
    Plane J1=new Plane();
    //找到最佳平面 J1
    J1=BestPlane(planes);
    //J1 的内点点集包括 Points3 和 InnerPoints
    List<Point3d> P=new List<Point3d>();
    P.AddRange(J1.Points3);
    P.AddRange(J1.InnerPoints);
    //遍历 O,标记 J1
    for (int i=0; i<O.Count; i++)
    {
      for (int j=0; j<P.Count; j++)
      {
        if (O[i].code == P[j].code)
        {
          O[i].flag="J1";
        }
      }
    }
    List<Point3d> Q=new List<Point3d>();
    Q=SplitPointsCloud(O2, 300);
    List<Plane> planes1=Interation(80, Q);
    Plane J2=new Plane();
    //找到最佳平面 J2
```

```
        J2 = BestPlane(planes1);
        List<Point3d> R = new List<Point3d>();
        R.AddRange(J2.Points3);
        R.AddRange(J2.InnerPoints);
        //遍历 O,标记 J2
        for (int i = 0; i<O.Count; i++)
        {
          for (int j = 0; j<R.Count; j++)
          {
            if (O[i].code = = R[j].code)
            {
              O[i].flag = "J2";
            }
          }
        }
        return O;
      }
      else
      {
        return null;
      }
    }
```

由于获取 3 个相同数据集，当程序未加载数据时，会弹出 3 个消息框，为此封装了一个 GetXYZ1( )方法，删除代码“MessageBox. Show (" 请先读取数据!") ;”。获取 3 个点集时，1 个调用 GetXYZ( )方法，2 个调用 GetXYZ1( )方法，当程序未打开数据时，只弹出一个消息框。

在“分割结果”菜单子项 Click 事件响应函数中调用 Seg_Annotate( )，实现分割结果显示，并将结果显示在 richTextBox6 中，代码如下：

```
    private void 分割结果ToolStripMenuItem_Click(object sender, EventArgs e)
    {
      List<Point3d> pts = Seg_Annotate();
      richTextBox6.Text += "************************分割结果***********************"+"\r\n";
      richTextBox6.Text += "********点号*****X 坐标***Y 坐标**Z 坐标**内点标识*******"+"\r\n";
      if (pts ! = null)
      {
```

```
        foreach (var pnt in pts)
        {
          richTextBox6.Text += "\t"+pnt.code+"\t"+pnt.X.ToString
("0.000")+"\t"
            + pnt.Y.ToString("0.000")+"\t"+pnt.Z.ToString("0.000")+
"\t"+pnt.flag+"\r\n";
        }
        tabControl1.SelectedTab=tabPage7;
      }
    }
```

(2)计算结果报告

在“显示”菜单下“输出报告”子项的 Click 事件响应函数中，添加以下文件输出代码，实现计算结果保存到 txt 文本之中。文件保存时，应命名为“result. txt”。

```
    private void 输出报告 ToolStripMenuItem_Click(object sender,
EventArgs e)
    {
      SaveFileDialog sfd=new SaveFileDialog();
      sfd.Title="输出报告";
      sfd.Filter="文本文件(*.txt)|*.txt";
      sfd.AddExtension=true;
      if (sfd.ShowDialog() == DialogResult.OK)
      {
        FileStream fs=new FileStream(sfd.FileName, FileMode.Create);
        StreamWriter sw=new StreamWriter(fs);
        sw.WriteLine("**********************分割结果*********************
**");
        List<Point3d> pts=Seg_Annotate();
        if (pts != null)
        {
          foreach (var pnt in pts)
          {
            sw.Write("\t"+pnt.code+"\t"+pnt.X.ToString("0.000")+"\t"
               + pnt.Y.ToString("0.000")+"\t"+pnt.Z.ToString("
0.000")+"\t"+pnt.flag+"\r\n");
          }
          MessageBox.Show("计算结果导出成功!", "提示", MessageBox
Buttons.OK, MessageBoxIcon.Information);
        }
```

```
        //清空缓冲区
        sw.Flush();
        //关闭流
        sw.Close();
        fs.Close();
    }
}
```

3. 调试与正确性检验

编程至此，程序所有功能均已实现。为了完善程序，增加工具条 ToolStrip 和 ToolTip，增加 10 个 Button 类型工具条按钮，其 DisplayStyle 属性均改为“Text”，Text 属性依次修改为“打开数据”“报告输出”“坐标分量最值”“栅格 C 统计”“平面 S1 参数”“平面 S1 内外点”“平面 J1 参数”“平面 J2 参数”“平面 J1 投影坐标”“点云分割结果”，按照功能将工具条分为 2 组，可以通过插入 Separator 实现。各工具条项通过调用 Button 或菜单响应函数实现其功能。为了完善程序，为“文件菜单”增加“输出报告”子项，并添加 Click 事件响应函数。

调试程序，验证各阶段计算结果，确定程序最终版本。本章编写的激光点云数据平面分割程序最终界面与计算结果如图 10.5 所示。

图 10.5　程序最终界面与计算结果

10.2.4　用户界面设计

1. 人机交互界面设计与实现要求

(1)包括菜单、工具栏、表格等功能。

(2)功能正确、可正常运行，布局合理、直观、美观、人性化。

2. 计算报告的显示与保存

(1)将相关统计信息、计算报告在用户界面中显示。

(2)保存为文本文件(*.txt)。

编程与解答：

用户界面设计在编程过程中已经按要求完成。本例未进行文件资料整理，读者可自行完成。

◎ 本章小结

本章详细讲解了激光点云数据的平面分割程序设计，以“学中做”的方式对实现过程进行了深入浅出的说明。实例编程使用的仍是 C#基础知识，算法的重点和难点是寻找最佳平面：迭代计算求取所有平面，再判断最佳平面。程序中 Plane 类的设计也十分重要，是面向对象编程的充分体现。

第 11 章　空间探索性分析

探索性空间数据分析(Exploratory Spatial Data Analysis，ESDA)借助统计和可视化工具，提供对空间数据的全面理解。这种分析方法可以让数据使用者更好地理解空间数据的分布、变化和趋势，从而进行更准确的预测和规划。2024 年全国大学生测绘学科创新创业智能大赛测绘程序设计竞赛原题为空间探索性分析，是一个 ESDA 典型应用场景，本章以“学中做”的方式分步讲解试题做法。

◎ 学习目标

理解全国大学生测绘学科创新创业智能大赛测绘程序设计竞赛规则；掌握 DataGridView 控件读写文件方法；掌握 txt 文件读写方法；掌握 Windows 程序界面设计方法；掌握程序调试方法；掌握类、结构、方法等封装方法；掌握程序基本统计量计算方法。

11.1　比赛规则

2024 年全国大学生测绘学科创新创业智能大赛测绘程序设计竞赛基本沿用了 2023 年的竞赛规则，区别是 2024 年引进了全国大学生测绘学科创新创业智能大赛考生监考系统(考生端)，利用系统提交成果。

11.2　试题解答与编程

美国 X 市下设 7 区，分别是 1 区、2 区……7 区，如图 11.1 所示。该市在某年 8 月发生了一系列犯罪事件，图中圆点即为这些事件的发生地点。

现运用空间探索性分析，对该数据展开研究。通过标准差椭圆来呈现数据的分布方向与范围，借助空间权重来界定各区之间的相互关系；利用空间莫兰指数，判别数据在空间上的分布状况。

为了表述方便，将竞赛原题第三部分“程序正确性和计算结果输出”下的“程序正确性”验证表格放到了前面，内容如表 11.1 所示。为了便于展示计算结果，此表增加了第四列“参考答案”。

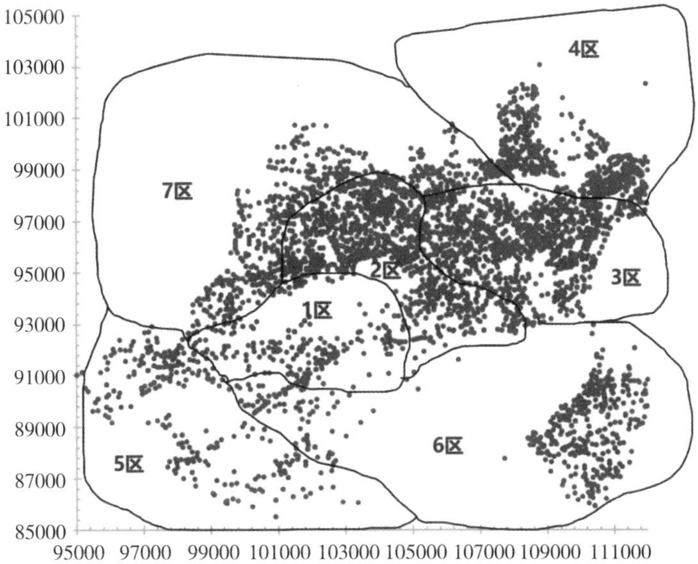

图 11.1 事件分布与分区示意图

表 11.1 **程序正确性**

序号	说明	输出格式要求	参考答案
1	P6 的坐标为 x	92295.323	92295.323
2	P6 的坐标为 y	*.***(保留 3 位小数)	100520.233
3	P6 的区号	4	4
4	1 区(区号为 1)的事件数量为 n_1	1408	1408
5	4 区(区号为 4)的事件数量为 n_4	*(输出整数)	288
6	6 区(区号为 6)的事件数量为 n_6	*(输出整数)	744
7	事件总数 n	7754	7754
8	坐标分量 x 的平均值 $\overline{X}$	*.***(保留 3 位小数)	95635.466
9	坐标分量 y 的平均值 $\overline{Y}$	*.***(保留 3 位小数)	97175.589
10	P6 坐标分量与平均中心之间的偏移量 a6	-3340.143	-3340.143
11	P6 坐标分量与平均中心之间的偏移量 b6	*.***(保留 3 位小数)	3344.644
12	辅助量 A	*.***(保留 3 位小数)	-501728394.420
13	辅助量 B	*.***(保留 3 位小数)	60614732934.584
14	辅助量 C	*.***(保留 3 位小数)	-60612656412.248
15	标准差椭圆长轴与竖直方向的夹角 θ	*.***(保留 3 位小数)	-0.781
16	标准差椭圆的长半轴 SDE_x	*.***(保留 3 位小数)	3954.899

续表

序号	说　　明	输出格式要求	参考答案
17	标准差椭圆的短半轴 SDE_y	*. ***(保留 3 位小数)	94.495
18	1 区平均中心的坐标分量 X	*. ***(保留 3 位小数)	95577.112
19	1 区平均中心的坐标分量 Y	*. ***(保留 3 位小数)	97233.212
20	4 区平均中心的坐标分量 X	*. ***(保留 3 位小数)	95554.001
21	4 区平均中心的坐标分量 Y	*. ***(保留 3 位小数)	97263.180
22	1 区和 4 区的空间权重 $w_{1,4}$	*. ******(保留 6 位小数)	0.080915
23	6 区和 7 区的空间权重 $w_{6,7}$	*. ******(保留 6 位小数)	0.011291
24	研究区域犯罪事件的平均值 $\overline{X}$	*. ******(保留 6 位小数)	1107.714286
25	全局莫兰指数辅助量 S_0	*. ******(保留 6 位小数)	7.000000
26	全局莫兰指数 I	*. ******(保留 6 位小数)	0.096132
27	1 区的局部莫兰指数 I_1	−0.046333	−0.141878
28	3 区的局部莫兰指数 I_3	*. ******(保留 6 位小数)	0.237850
29	5 区的局部莫兰指数 I_5	*. ******(保留 6 位小数)	0.316160
30	7 区的局部莫兰指数 I_7	*. ******(保留 6 位小数)	0.338683
31	局部莫兰指数的平均数 μ	−0.002412	0.108985
32	局部莫兰指数的标准差 σ	*. ******(保留 6 位小数)	0.652074
33	1 区局部莫兰指数的 Z 得分 Z_1	*. ******(保留 6 位小数)	−0.384717
34	3 区局部莫兰指数的 Z 得分 Z_3	*. ******(保留 6 位小数)	0.197623
35	5 区局部莫兰指数的 Z 得分 Z_5	*. ******(保留 6 位小数)	0.317716
36	7 区局部莫兰指数的 Z 得分 Z_7	*. ******(保留 6 位小数)	0.352257

说明：涉及“保留 * 位小数”时，填写答案按保留小数后的结果，后续计算时仍使用原结果。

11.2.1　读取数据文件

编写程序读取文件“正式数据.txt”，每行记录包括“Id、x、y、区号”等内容，基本格式见图 11.2。

【程序正确性】给出点 P6 信息，坐标保留 3 位小数，区号输出为整数。

编程与解答：

在充分理解题意的基础上，进行程序界面初步设计。首先创建一个.NET 的窗体应用程序，解决方案和项目命名为 SpatialExploratoryAnalysis，调整好窗体大小，将其 Text 属性改为“空间探索性分析”。向窗体中加入 MenuStrip 控件，建立“文件”“数据分析”“权重矩

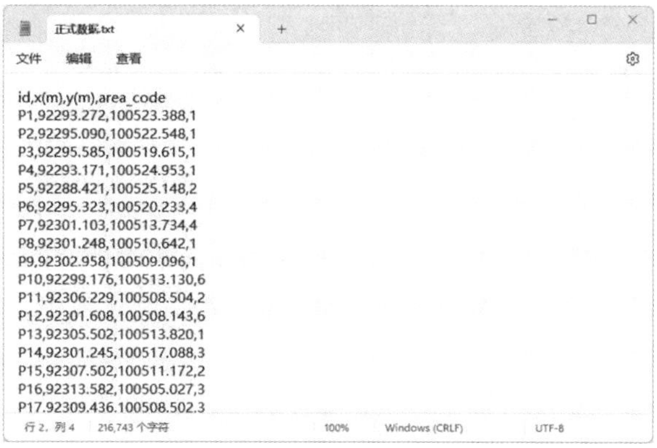
正式数据.txt
文件　编辑　查看

id,x(m),y(m),area_code
P1,92293.272,100523.388,1
P2,92295.090,100522.548,1
P3,92295.585,100519.615,1
P4,92293.171,100524.953,1
P5,92288.421,100525.148,2
P6,92295.323,100520.233,4
P7,92301.103,100513.734,4
P8,92301.248,100510.642,1
P9,92302.958,100509.096,1
P10,92299.176,100513.130,6
P11,92306.229,100508.504,2
P12,92301.608,100508.143,6
P13,92305.502,100513.820,1
P14,92301.245,100517.088,3
P15,92307.502,100511.172,2
P16,92313.582,100505.027,3
P17,92309.436,100508.502,3

行 2，列 4　216,743 个字符　100%　Windows (CRLF)　UTF-8

图 11.2　数据内容和格式

阵”“莫兰指数”和“帮助”五个菜单，其中“数据分析”“权重矩阵”“莫兰指数”分别对应于试题册“探索性数据分析”“空间权重矩阵”“莫兰指数计算”三项计算内容。菜单子项根据程序开发要求适时添加。添加一个 TabControl，调整好尺寸，Alignment 属性改为 Bottom，tabPage1～tabPage2 的 Text 属性依次命名为“数据”和“显示”，tabPage1 中拖入 dataGridView1，用于原始数据显示；tabPage2 中拖入 richTextBox1，用于显示计算或统计结果，dataGridView1 和 richTextBox1 的 Dock 属性均修改为“Fill”。添加 toolStrip1，子项根据需要适时添加，添加 toolTip1 用于工具条项操作提示。程序初始布局如图 11.3 所示。

图 11.3　程序初始界面

在工程中添加一个“MyPoint”类，封装控件点的点号、x、y 和区号信息，声明时访问修饰符修改为 public，实现代码如下：

```
public class MyPoint
{
    //点号,x,y,区号
```

```
  public string code;
  public double x;
  public double y;
  public int area_code;
}
```

在 Form1 类中添加声明数据表代码“DataTable dt=new DataTable();”，然后在“文件”菜单下增加“打开数据”子项，双击进入该子项 Click 事件响应函数，添加以下代码，实现数据打开功能。

```
private void 打开数据ToolStripMenuItem_Click(object sender, EventArgs e)
{
  OpenFileDialog ofd=new OpenFileDialog();
  ofd.Title="打开数据";
  ofd.Filter="文件文本(*.txt)|*.txt";
  if (ofd.ShowDialog() == DialogResult.OK)
  {
    string str=ofd.FileName;
    if (File.Exists(str))
    {
      dt.Columns.Add("点号", typeof(String));
      dt.Columns.Add("x 坐标", typeof(String));
      dt.Columns.Add("y 坐标", typeof(String));
      dt.Columns.Add("区号", typeof(String));
      StreamReader sr=new StreamReader(str, Encoding.Default);
      while (! sr.EndOfStream)
      {
        string[] items=sr.ReadLine().Split(',');
        if (items.Length == 4)
        {
          DataRow dr=dt.NewRow();
          //去除第一行表头数据
          if (items[0] != "id")
          {
            dr[0]=items[0];
            dr[1]=items[1];
            dr[2]=items[2];
            dr[3]=items[3];
            dt.Rows.Add(dr);
```

```
                }
            }
        }
        dataGridView1.DataSource=dt;
        sr.Close();
      }
    }
    tabControl1.SelectedTab=tabPage1;
}
```

特别提醒：如果按照第 10 章读取数据的方法，会把第一行数据读入，因此，程序设计了 if 语句对第一行表头信息进行了过滤。

封装了一个 ReadData()方法来读取 dataGridView1 数据，将其保存到 List<MyPoint>列表之中，实现代码如下：

```
public List<MyPoint> ReadData()
{
  //原始点集
  List<MyPoint> OriPoints=new List<MyPoint>();
  if (dataGridView1.DataSource ! = null)
  {
    //遍历 DataGridView 控件,把点增加到原始点点集
    for (int i=0; i<dataGridView1.Rows.Count-1; i++)
    {
      MyPoint temp=new MyPoint();
      temp.code=dataGridView1.Rows[i].Cells[0].Value.ToString();
      temp.x=double.Parse(dataGridView1.Rows[i].Cells[1].
Value.ToString());
      temp.y=double.Parse(dataGridView1.Rows[i].Cells[2].
Value.ToString());
      temp.area_code=int.Parse(dataGridView1.Rows[i].Cells[3].
Value.ToString());
      OriPoints.Add(temp);
    }
    return OriPoints;
  }
  else
  {
    MessageBox.Show("请先打开文件,然后再进行操作!");
    return null;
```

```
    }
}
```

调用 ReadData()方法，在 richTextBox1 中展示 P6 点读取结果。在“数据分析”菜单下增加“P6 点信息”子项，双击进入 Click 事件响应函数，添加以下代码，实现 P6 点信息获取。

```
private void p6点信息ToolStripMenuItem_Click(object sender, EventArgs e)
{
    List<MyPoint> points=new List<MyPoint>();
    points=ReadData();
    if (points != null)
    {
        //清除 richTextBox1 之前的内容
        richTextBox1.Clear();
        richTextBox1.Text += "********************P6点信息*********************"+"\r\n";
        for (int i=0; i<points.Count; i++)
        {
            if (i == 5)
            {
                richTextBox1.Text += "\t"+points[i].code+"\t"+points[i].x.ToString("0.000")
                    + "\t"+points[i].y.ToString("0.000")+"\t"+points[i].area_code+"\t"+"\r\n";
            }
        }
        richTextBox1.Text += "********************数据信息*********************"+"\r\n";
        for (int i=0; i<points.Count; i++)
        {
            richTextBox1.Text += "\t"+points[i].code+"\t"+points[i].x.ToString("0.000")
                + "\t"+points[i].y.ToString("0.000")+"\t"+points[i].area_code+"\t"+"\r\n";
        }
        tabControl1.SelectedTab=tabPage2;
    }
}
```

将计算结果填入表 11.1 第 4 列第 1~3 行。

11.2.2 程序算法

1. 探索性数据分析

对 X 市犯罪事件的数据，采用平均中心和标准差椭圆的方式进行分析，来呈现数据的分布方向与范围。

(1)数据统计

统计每个区的事件数量，记为 n_i，并统计总的事件数量(记为 n)。

【程序正确性】统计每个区的事件数量，以及总的事件数量，输出为整数。

编程与解答：

事件数量统计思路是：调用 ReadData()方法获取原始数据。然后遍历原始数据，根据 MyPoint 对象的"area_code"字段统计每个分区事件数量 n_i，最后获取总的事件数量 n。封装一个 EventsNum()方法，其返回值为含 8 个元素的整型数组，第 1~7 个元素为每个分区事件数量，第 8 个元素为总的事件数量，实现代码如下：

```
public int[] EventsNum()
{
  List<MyPoint> points = new List<MyPoint>();
  points = ReadData();
  if (points != null)
  {
    //数组元素统计变量
    int e1 = 0, e2 = 0, e3 = 0, e4 = 0, e5 = 0, e6 = 0, e7 = 0, eSum = 0;
    for (int i = 0; i<points.Count; i++)
    {
      if (points[i].area_code == 1)
      {
        e1++;
      }
      else if (points[i].area_code == 2)
      {
        e2++;
      }
      else if (points[i].area_code == 3)
      {
        e3++;
      }
      else if (points[i].area_code == 4)
```

```
        {
          e4++;
        }
        else if (points[i].area_code == 5)
        {
          e5++;
        }
        else if (points[i].area_code == 6)
        {
          e6++;
        }
        else if (points[i].area_code == 7)
        {
          e7++;
        }
      }
      eSum=e1+e2+e3+e4+e5+e6+e7;
      //EventsCount 为保存事件数量数组,为了检核,总的事件数量计算最好不用
points.Count
      int[] EventsCount=new int[] { e1, e2, e3, e4, e5, e6, e7, eSum };
      return EventsCount;
    }
    else
    {
      return null;
    }
  }
```

在“数据分析”菜单下增加“事件数量统计”子项，双击进入 Click 事件响应函数，添加以下代码，实现事件数量统计。

```
  private void 事件数量统计 ToolStripMenuItem_Click(object sender,
EventArgs e)
  {
    List<MyPoint> points=new List<MyPoint>();
    points=ReadData();
    if (points != null)
    {
      int[] events=EventsNum();
      richTextBox1.Clear();
```

```
        richTextBox1.Text += " ********* 事件数量统计 ********* "+"\r\n";
        for (int i=0; i<events.Length-1; i++)
        {
          richTextBox1.Text += "     "+"第"+(i+1).ToString()+"分区事件数量为:"
          + events[i].ToString()+"\r\n";
        }
        richTextBox1.Text += "      "+"总的事件数量为:"+events[7].ToString()+"\r\n";
        tabControl1.SelectedTab=tabPage2;
      }
    }
```

将计算结果填入表 11.1 第 4 列第 4~7 行。

(2)计算平均中心

一组事件点的平均中心指的是所有事件点空间位置的算术平均值。事件点的平均中心体现了事件空间集中位置偏移的规律。

平均中心的计算公式如下：

$$\begin{cases}\overline{X}=\dfrac{\sum_{i=1}^{n}x_i}{n}\\ \overline{Y}=\dfrac{\sum_{i=1}^{n}y_i}{n}\end{cases} \tag{11-1}$$

式中，$\overline{X}$、$\overline{Y}$ 表示 x 坐标和 y 坐标的平均值；n 为事件的总数；(x_i, y_i)为第 i 个事件点的空间坐标。

【程序正确性】计算坐标分量 x 的平均值与坐标分量 y 的平均值，结果保留至小数点后三位。

编程与解答：

封装 AverageXY()方法来进行平均坐标值计算。通过遍历原始数据，实现平均值计算，实现代码如下：

```
public MyPoint AverageXY()
{
  //XY 用于保存所有点 X,Y 平均值
  MyPoint XY=new MyPoint();
  XY.x=0;
  XY.y=0;
  List<MyPoint> points=new List<MyPoint>();
  points=ReadData();
  if (points ! = null)
```

```
    {
      for (int i=0; i<points.Count; i++)
      {
        XY.x += points[i].x/points.Count;
        XY.y += points[i].y/points.Count;
      }
    }
    return XY;
  }
```

在“数据分析”菜单下增加“平均中心 XY”子项，双击进入 Click 事件响应函数，添加以下代码，实现平均中心计算。

```
private void 平均中心 XYToolStripMenuItem_Click(object sender, EventArgs e)
  {
    List<MyPoint> points=new List<MyPoint>();
    points=ReadData();
    if (points != null)
    {
      MyPoint mp=new MyPoint();
      mp=AverageXY();
      richTextBox1.Clear();
      richTextBox1.Text += "***********平均中心***********"+"\r\n";
      richTextBox1.Text += "     "+"平均中心 X 为:"+mp.x.ToString("0.000")+"\r\n";
      richTextBox1.Text += "     "+"平均中心 Y 为:"+mp.y.ToString("0.000")+"\r\n";
      tabControl1.SelectedTab=tabPage2;
    }
  }
```

将计算结果填入表 11.1 第 4 列第 8~9 行，完成本步计算。

(3)标准差椭圆计算

一组数据点在空间上的聚集性和方向性可以用标准差椭圆来描述。椭圆的长半轴方向表明事件点在空间上的延伸走向，短半轴的长度反映事件点的聚集程度，短半轴越短，意味着事件点在空间上的聚集性越强。椭圆的扁率越大，也就是长短半轴的值之比越大，表明事件点具有更为显著的方向性；反之，若椭圆扁率越小，则说明事件点的方向性越不明显，当椭圆扁率为 1 时，意味着事件点在空间上的分布不存在方向性。

以所有事件点的平均中心为基准，计算所有事件点 x 坐标和 y 坐标的标准差，计算公式为：

$$\begin{cases} a_i = x_i - \overline{X} \\ b_i = y_i - \overline{Y} \end{cases} \tag{11-2}$$

再依据标准差的大小来确定椭圆的长半轴和短半轴，如此得出的椭圆即为事件点的标准差椭圆，计算公式如下：

$$\begin{cases} \theta = \arctan \dfrac{A + B}{C} \\ SDE_x = \sqrt{2}\sqrt{\dfrac{\sum_{i=1}^{n}(a_i\cos\theta + b_i\sin\theta)^2}{n}} \\ SDE_y = \sqrt{2}\sqrt{\dfrac{\sum_{i=1}^{n}(a_i\sin\theta - b_i\cos\theta)^2}{n}} \end{cases} \tag{11-3}$$

辅助量 A、B、C 的计算公式为式(11-4)，其中参数 B 可以简单表示为 $B=\sqrt{A^2+C^2}$（原题册未给出），因此可以先求 A，再求 C，最后求 B。

$$\begin{cases} A = \sum_{i=1}^{n} a_i^2 - \sum_{i=1}^{n} b_i^2 \\ B = \sqrt{\left(\sum_{i=1}^{n} a_i^2 - \sum_{i=1}^{n} b_i^2\right)^2 + 4\left(\sum_{i=1}^{n} a_i b_i\right)^2} \\ C = 2\sum_{i=1}^{n} a_i b_i \end{cases} \tag{11-4}$$

其中，θ 表示标准差椭圆长轴与竖直方向的夹角（以弧度为单位）；SDE_x 表示标准差椭圆的长半轴，SDE_y 表示椭圆的短半轴。

【程序正确性】计算 P6 坐标分量相对于平均中心的偏移量 a_6、b_6，辅助量 A、B、C，以及所有犯罪事件的标准差椭圆法参数：θ、SDE_x、SDE_y。计算结果保留至小数点后三位。

编程与解答：

首先计算所有事件点 x 坐标和 y 坐标的标准差，封装 xyStandardDeviation( ) 方法。由于上一步已计算出 $\overline{X}$、$\overline{Y}$，因此通过遍历原始数据实现 x 坐标和 y 坐标的标准差计算，代码如下：

```
public double[,] xyStandardDeviation()
{
  MyPoint mp=new MyPoint();
  mp=AverageXY();
  if (mp != null)
  {
    List<MyPoint> points=new List<MyPoint>();
    points=ReadData();
    //声明一个 2 行 n 列数组,第一行保存 ai,第二行保存 bi
    double[,] aibi=new double[2, points.Count];
```

```
        for (int i=0; i<2; i++)
        {
          if (i == 0)
          {
            for (int j=0; j<points.Count; j++)
            {
              aibi[i, j]=points[j].x-mp.x;
            }
          }
          if (i == 1)
          {
            for (int j=0; j<points.Count; j++)
            {
              aibi[i, j]=points[j].y-mp.y;
            }
          }

        }
        return aibi;
      }
      else
      {
        return null;
      }
    }
```

然后封装 ComputeABC()方法，计算辅助量 A、B、C，该方法返回值为 double 类型一维数组，实现代码如下：

```
    public double[] ComputeABC()
    {
      List<MyPoint> points=new List<MyPoint>();
      points=ReadData();
      if (points != null)
      {
        double[,] aibi=new double[2, points.Count];
        aibi=xyStandardDeviation();
        //计算 A,B,C
        double A=0;
        double B=0;
```

```
        double C=0;
        for (int i=0; i<points.Count; i++)
        {
          A += aibi[0, i] * aibi[0, i]-aibi[1, i] * aibi[1, i];
        }
        for (int i=0; i<points.Count; i++)
        {
          C += 2 * aibi[0, i] * aibi[1, i];
        }
        for (int i=0; i<points.Count; i++)
        {
          B += Math.Sqrt(Math.Pow(aibi[0, i] * aibi[0, i]-aibi[1, i] *
aibi[1, i], 2)+4 * Math.Pow(aibi[0, i] * aibi[1, i], 2));
        }
        double[] temp={ A, B, C };
        return temp;
      }
      else
      {
        return null;
      }
    }
```

下面封装标准差椭圆的计算方法 ComputeEllipse()，根据上一步计算出的 A、B、C，计算出标准差椭圆长轴与竖直方向的夹角 θ，长半轴 SDE_x 和短半轴 SDE_y。ComputeEllipse()参数为辅助量 A、B、C，返回值为 double 类型一维数组，实现代码如下：

```
    public double[] ComputeEllipse(double A, double B, double C)
    {
      List<MyPoint> points=new List<MyPoint>();
      points=ReadData();
      if (points != null)
      {
        double[,] aibi=new double[2, points.Count];
        aibi=xyStandardDeviation();
        double[] ABC=ComputeABC();
        double theta=Math.Atan((A+B)/C);
        double SDEx=0;
        double SDEy=0;
        for (int i=0; i<points.Count; i++)
```

```
        {
          SDEx += Math.Pow(aibi[0, i] * Math.Cos(theta)+aibi[1, i] *
Math.Sin(theta), 2);
          SDEy += Math.Pow(aibi[0, i] * Math.Sin(theta)-aibi[1, i] *
Math.Cos(theta), 2);
        }
        SDEx=Math.Sqrt(2 * SDEx/points.Count);
        SDEy=Math.Sqrt(2 * SDEy/points.Count);
        double[] temp={ theta, SDEx, SDEy };
        return temp;
      }
      else
      {
        return null;
      }
    }
```

在“数据分析”菜单下增加“标准差椭圆”子项，双击进入 Click 事件响应函数，添加以下代码，实现标准差椭圆相关参数计算。

```
    private void 标准差椭圆 ToolStripMenuItem_Click(object sender,
EventArgs e)
    {
      List<MyPoint> points=new List<MyPoint>();
      points=ReadData();
      if (points != null)
      {
        double[,] aibi=new double[2, points.Count];
        aibi=xyStandardDeviation();
        richTextBox1.Clear();
        richTextBox1.Text+=" ***********x,y 坐标标准差 ***********"+"\r\n";
        richTextBox1.Text += "\t"+"a6"+"="+aibi[0, 5].ToString
("0.000")+"\r\n"
                +"\t"+"b6"+"="+aibi[1, 5].ToString("0.000")+"\r\n";
        richTextBox1.Text += " *********辅助量 ABC 计算结果 *********"+"\r\
n";
        double[] ABC=ComputeABC();
        richTextBox1.Text += "\t"+"A"+"="+ABC[0].ToString("0.000")+
"\r\n"
          + "\t"+"B"+"="+ABC[1].ToString("0.000")+"\r\n"
```

```
        + "\t"+"C"+"="+ABC[2].ToString("0.000")+"\r\n";
      double[] ellipse=ComputeEllipse(ABC[0], ABC[1], ABC[2]);
      richTextBox1.Text+=" *********标准差椭圆计算结果 ********"+"\r\n";
      richTextBox1.Text += "\t"+"夹角 theta"+"="+ellipse[0].
ToString("0.000")+"\r\n"
        + "\t"+"SDEx"+"="+ellipse[1].ToString("0.000")+"\r\n"
        + "\t"+"SDEy"+"="+ellipse[2].ToString("0.000")+"\r\n";
      tabControl1.SelectedTab=tabPage2;
    }
  }
```

将计算结果填入表 11.1 第 4 列第 10~17 行，完成本步计算。

2. 空间权重矩阵

(1)计算各区的平均中心

例如，计算 X_1 区的中心点坐标，选取区号为 1 的所有数据，计算其坐标平均值。

第 j 区(区号为 j)的平均中心计算公式为：

$$\begin{cases} X_j = \dfrac{\sum_{i=1}^{n_j} x_i}{n_j} \\ Y_j = \dfrac{\sum_{i=1}^{n_j} y_i}{n_j} \end{cases} \tag{11-5}$$

其中 j=1，2，…，7 是区号，计算第 j 区的平均值时，只选用该区中的事件点参与计算。

【程序正确性】给出 1 区、4 区的平均中心坐标，输出结果保留 3 位小数。

编程与解答：

封装一个方法 Area_Center()，实现第 j 区平均中心计算。该方法第 1 个参数是整型变量，表示区号，数值为 1~7，第 2 个参数为原始数据，返回值为 MyPoint 对象，表示指定区号的某区坐标平均中心(X_j，Y_j)，编程代码如下：

```
public MyPoint Area_Center(int n, List<MyPoint> points)
{
  //声明一个点列表,在原始数据中获取某区内所有点
  List<MyPoint> mypoints=new List<MyPoint>();
  for (int i=0; i<points.Count; i++)
  {
    if (points[i].area_code == n)
    {
      mypoints.Add(points[i]);
    }
```

```
    }
    MyPoint XY=new MyPoint();
    XY.x=0;
    XY.y=0;
    if (mypoints != null)
    {
      for (int i=0; i<mypoints.Count; i++)
      {
        XY.x += mypoints[i].x/mypoints.Count;
        XY.y += mypoints[i].y/mypoints.Count;
      }
    }
    return XY;
  }
```

在“权重矩阵”菜单下增加“各区平均中心”子项，双击进入响应函数，添加以下代码，实现各区平均中心计算。

```
  private void 各区中心ToolStripMenuItem_Click(object sender, EventArgs e)
  {
    List<MyPoint> points=new List<MyPoint>();
    points=ReadData();
    if (points != null)
    {
      richTextBox1.Clear();
      richTextBox1.Text += "******************各区平均中心计算*****************"+"\r\n";
      richTextBox1.Text += "\r\n";
      for (int i=1; i<8; i++)
      {
        MyPoint myPoint=new MyPoint();
        myPoint=Area_Center(i, points);
        richTextBox1.Text += "第"+i.ToString()+"区平均坐标x"+"="+myPoint.x.ToString("0.000")
        + "\t"+"平均坐标y"+"="+myPoint.y.ToString("0.000")+"\r\n";
      }
      tabControl1.SelectedTab=tabPage2;
    }
  }
```

将计算结果填入表 11.1 第 4 列第 18~21 行，完成本步计算。

(2)计算各区之间的空间权重矩阵

采用距离的倒数作为两个区之间的权重，即 i 区和 j 区之间的权重为：

$$w_{i,j}=\frac{1000}{d_{i,j}}=\frac{1000}{\sqrt{(X_i-X_j)^2+(Y_i-Y_j)^2}} \tag{11-6}$$

其中，i，j=1，2，…，7，i≠j。该权重矩阵是一个对称矩阵，形式如表 11.2 所示。

对式(11-6)计算的每个矩阵元素 $w_{i,j}$ 实施标准化处理，具体方法是：对于第 i 行元素，求该行所有元素之和 S，再用该行各元素 $w_{i,j}$ 除以 S，得到标准化矩阵元素 $w'_{i,j}$。

注意：2024 年竞赛原题没有标准化处理要求，这样可能会造成计算的全局或局部莫兰指数发生异常，使之不在[-1，1]范围内。实施标准化处理后，$w'_{i,j}$ 不再是对称矩阵，因此后续计算结果与大赛提供的参考答案不一致。

表 11.2 **邻接关系的空间权重矩阵**

	1 区	2 区	3 区	4 区	5 区	6 区	7 区
1 区	0.0						
2 区		0.0					
3 区			0.0				
4 区				0.0			
5 区					0.0		
6 区						0.0	
7 区							0.0

【程序正确性】给出权重 $w_{1,4}$ 和权重 $w_{6,7}$，将输出结果保留 6 位小数。

编程与解答：

封装WeightMatrix()方法，该方法参数是某区坐标平均中心(X_j,Y_j)点集，为List<MyPoint>类型列表，返回的是一个 7×7 二维 double 类型矩阵，实现代码如下：

```
public double[,] WeightMatrix(List<MyPoint> CenterPoints)
{
  //声明一个 7×7 二维数组作为返回值
  double[,] matrix=new double[CenterPoints.Count, CenterPoints.
Count];
  if (CenterPoints != null)
  {
    for (int i=0; i<CenterPoints.Count; i++)
    {
      for (int j=0; j<CenterPoints.Count; j++)
```

```
        {
          double Xi =CenterPoints[i].x;
          double Yi =CenterPoints[i].y;
          double Xj =CenterPoints[j].x;
          double Yj =CenterPoints[j].y;
          if (i == j)
          {
            matrix[i, j]=0;
          }
          else
          {
            matrix[i, j]=1000/Math.Sqrt((Xi-Xj)*(Xi-Xj)+(Yi-Yj)*
(Yi-Yj));
          }
        }
      }
      //对矩阵进行标准化处理
      for (int i=0; i<CenterPoints.Count; i++)
      {
        double sum=0;
        for (int j=0; j<CenterPoints.Count; j++)
        {
          sum += matrix[i, j];
        }
        for (int j=0; j<CenterPoints.Count; j++)
        {
          matrix[i, j]=matrix[i, j]/sum;
        }
      }
      return matrix;
    }
    else
    {
      return null;
    }
  }
```

在“权重矩阵”菜单下增加“空间权重矩阵”子项，双击进入响应函数，添加以下代码，实现空间权重矩阵计算。

```
    private void 空间权重矩阵ToolStripMenuItem1_Click(object sender,
EventArgs e)
    {
      List<MyPoint> points=new List<MyPoint>();
      points=ReadData();
      if (points != null)
      {
        richTextBox1.Clear();
        richTextBox1.Text += "*******************************************
***空间权重矩阵" +
          "*********************************************"+"\r\n";
        richTextBox1.Text += "\r\n";
        //获取各中心点坐标列表
        List<MyPoint> sevenPoints=new List<MyPoint>();
        for (int i=1; i<8; i++)
        {
          MyPoint myPoint=new MyPoint();
          myPoint=Area_Center(i, points);
          sevenPoints.Add(myPoint);
        }
        if (sevenPoints != null)
        {
          double[,] weightMatrix=WeightMatrix(sevenPoints);
          if (weightMatrix != null)
          {
            for (int i=0; i<weightMatrix.GetLength(0); i++)
            {
              for (int j=0; j<weightMatrix.GetLength(1); j++)
              {
                richTextBox1.Text += weightMatrix[i, j].ToString
("0.000000")+"\t";
              }
              richTextBox1.Text += "\r\n";
            }
          }
        }
        tabControl1.SelectedTab=tabPage2;
      }
```

```
}
```

将计算结果填入表 11.1 第 4 列第 22~23 行，完成本步计算。

3. 莫兰指数计算

为进一步研究犯罪数据的空间分布特征，我们通过聚类和异常值分析来研究空间自相关性和空间异质性，找到研究区域内犯罪数据的清晰边界及存在异常模式的地理单元。

(1)数据整理

为了便于计算，定义 N 为分区的总数(N=7)，每个区发生的事件数量记为 x_i(即 $x_i = n_i$)，研究区域发生事件的平均值记为 $\overline{X}$，即：

$$\overline{X} = \frac{\sum_{i=1}^{N} n_i}{N} \tag{11-7}$$

【程序正确性】计算研究区域犯罪事件的平均值，结果保留 6 位小数。

编程与解答：

可以调用 EventsNum( )方法计算 x_i，然后计算研究区域犯罪事件的平均值。在“莫兰指数”菜单下增加“犯罪事件平均值”子项，双击进入响应函数，添加以下代码，实现犯罪事件平均值计算。

```
private void 犯罪 ToolStripMenuItem_Click(object sender, EventArgs
e)
{
    int[] eventNum=EventsNum();
    if (eventNum != null)
    {
        double eventAverage=0;
        for (int i=0; i<eventNum.Length-1; i++)
        {
            eventAverage += (double)eventNum[i]/(eventNum.Length-1);
        }
        richTextBox1.Clear();
        richTextBox1.Text += "******************犯罪事件平均值*************
****"+"\r\n";
        richTextBox1.Text += "\r\n";
        richTextBox1.Text += "    "+"研究区域犯罪事件的平均值为:"+
eventAverage.ToString("0.000000")+"\r\n";
        tabControl1.SelectedTab=tabPage2;
    }
}
```

将计算结果填入表 11.1 第 4 列第 24 行，完成本步计算。

(2)全局莫兰指数

全局莫兰指数用来度量所有要素的相近程度，计算公式为：

$$\begin{cases} I = \dfrac{N}{S_0} \dfrac{\sum_{i=1}^{N} \sum_{j=1}^{N} w_{ij}(x_i - \overline{X})(x_j - \overline{X})}{\sum_{i=1}^{N} (x_i - \overline{X})^2} \\ S_0 = \sum_{i=1}^{N} \sum_{j=1}^{N} w_{ij} \end{cases} \tag{11-8}$$

其中 x_i 和 x_j 是分区 i 和 j 的属性值(即发生事件的数量)，$\overline{X}$ 是研究区域属性值的平均值，w_{ij}是分区 i 和 j 之间的空间权重，N 为分区总数。

【程序正确性】计算全局莫兰指数，结果保留 6 位小数。

编程与解答：

利用 WeightMatrix( )方法求取权重矩阵 w_{ij}。封装 GetS0( )方法：遍历矩阵实现所有元素求和，此和即为 S0，实现代码如下：

```
public double GetS0(double[,] matrix)
{
  double tempS0 = 0;
  for (int i = 0; i<matrix.GetLength(0); i++)
  {
    for (int j = 0; j<matrix.GetLength(1); j++)
    {
      tempS0 += matrix[i, j];
    }
  }
  return tempS0;
}
```

在“莫兰指数”菜单下增加“全局辅助量 S0”子项，双击进入 Click 事件响应函数，添加以下代码，实现全局莫兰指数辅助量 S0 计算。

```
private void 全局辅助量 S0ToolStripMenuItem_Click(object sender,
EventArgs e)
{
  List<MyPoint> points = new List<MyPoint>();
  points = ReadData();
  if (points ! = null)
  {
    richTextBox1.Clear();
    richTextBox1.Text += " ************莫兰指数全局辅助量 S0 ***********
** "+" \r \n";
    //获取各中心点坐标列表
```

```
        List<MyPoint> sevenPoints = new List<MyPoint>();
        double S0;
        for (int i = 1; i<8; i++)
        {
          MyPoint myPoint = new MyPoint();
          myPoint = Area_Center(i, points);
          sevenPoints.Add(myPoint);
        }
        if (sevenPoints != null)
        {
          double[,] weightMatrix = WeightMatrix(sevenPoints);
          if (weightMatrix != null)
          {
            S0 = GetS0(weightMatrix);
            richTextBox1.Text += "全局莫兰指数辅助量 S0 = "+S0.ToString
("0.000000")+"\r\n";
          }
        }
        tabControl1.SelectedTab = tabPage2;
      }
    }
```

将计算结果填入表 11.1 第 4 列第 25 行，完成本步计算。

接下来编程实现全局莫兰指数计算：封装一个 GlobalMoran_I( ) 方法，该方法需要计算各区事件数量、发生事件平均值、辅助量 S0 和权重矩阵，是本程序实现的重点之一，GlobalMoran_I( ) 方法实现代码如下：

```
    public double GlobalMoran_I()
    {
      List<MyPoint> points = new List<MyPoint>();
      points = ReadData();
      if (points != null)
      {
        //求各区事件数量 eventnumber
        int[] eventnumber = EventsNum();
        //求发生事件平均值 eventAverage
        double eventAverage = 0;
        if (eventnumber != null)
        {
          for (int i = 0; i<eventnumber.Length-1; i++)
```

```
        {
            eventAverage += (double)eventnumber[i]/(eventnumber.
Length-1);
        }
    }
    //求权重矩阵,调用 WeightMatrix()之前需要先求取各区坐标平均中心
points
    List<MyPoint> sevenpoints=new List<MyPoint>();
    for (int i=1; i<8; i++)
    {
        MyPoint myPoint=new MyPoint();
        myPoint=Area_Center(i, points);
        sevenpoints.Add(myPoint);
    }
    //计算全局莫兰指数辅助量 S0
    double S0=0;
    //计算权重矩阵
    double[,] weightMatrix = new double[eventnumber.Length - 1,
eventnumber.Length-1];
    if (sevenpoints != null)
    {
        weightMatrix=WeightMatrix(sevenpoints);
        if (weightMatrix != null)
        {
            S0=GetS0(weightMatrix);
        }
    }
    //分区总数
    int N=eventnumber.Length-1;
    double up=0;    //分子
    double down=0;    //分母
    for (int i=0; i<N; i++)
    {
        down += Math.Pow(eventnumber[i]-eventAverage, 2);
        for (int j=0; j<N; j++)
        {
            up += weightMatrix[i, j] * (eventnumber[i]-eventAverage) *
(eventnumber[j]-eventAverage);
```

```
        }
      }
      //计算全局莫兰指数 I
      double I=N/S0 * up/down;
      return I;
    }
    else
    {
      return 0;
    }
  }
```

在“莫兰指数”菜单下增加“计算全局莫兰指数”子项，双击进入 Click 事件响应函数，添加以下代码，实现全局莫兰指数计算。

```
  private void 全局莫兰指数ToolStripMenuItem_Click(object sender, EventArgs e)
  {
    List<MyPoint> points=new List<MyPoint>();
    points=ReadData();
    if (points ! = null)
    {
      double I=GlobleMoran_I();
      richTextBox1.Clear();
      richTextBox1.Text += "************全局莫兰指数*************"+"\r\n";
      richTextBox1.Text += "全局莫兰指数为:"+I.ToString("0.000000")+"\r\n";
      tabControl1.SelectedTab=tabPage2;
    }
  }
```

将计算结果填入表 11.1 第 4 列第 26 行，完成本步计算。

(3)局部莫兰指数

局部莫兰指数计算公式如下：

$$\begin{cases} I_i = \dfrac{(x_i - \overline{X})}{S_i^2} \sum_{j=1,\ j\neq i}^{N} w_{ij}(x_j - \overline{X}) \\ S_i^2 = \dfrac{\sum_{j=1,\ j\neq i}^{N} (x_j - \overline{X})^2}{N-1} \end{cases} \tag{11-9}$$

其中，x_i 是分区 i 的犯罪事件数量，$\overline{X}$ 是研究区域犯罪事件平均值，w_{ij}是分区 i 和 j

之间的空间权重，N 为分区总数。

【程序正确性】计算犯罪事件的局部莫兰指数，结果保留 6 位小数。

编程与解答：

为了实现局部莫兰指数计算，封装一个 LocalMoran_I()方法，该方法需要求取各区事件数量、发生事件平均值和权重矩阵，返回 1~7 区的局部莫兰指数。本步也是程序实现的重点之一，LocalMoran_I()方法实现代码如下：

```
public List<double> LocalMoran_I()
{
  List<MyPoint> points=new List<MyPoint>();
  points=ReadData();
  if (points ! = null)
  {
    //求各区事件数量 eventnumber
    int[] eventnumber=EventsNum();
    //求发生事件平均值 eventAverage
    double eventAverage=0;
    if (eventnumber ! = null)
    {
      for (int i=0; i<eventnumber.Length-1; i++)
      {
        eventAverage += (double)eventnumber[i]/(eventnumber.
Length-1);
      }
    }
    //求权重矩阵,调用 WeightMatrix()之前需要先求取各区坐标平均中心
points
    List<MyPoint> sevenpoints=new List<MyPoint>();
    for (int i=1; i<eventnumber.Length; i++)
    {
      MyPoint myPoint=new MyPoint();
      myPoint=Area_Center(i, points);
      sevenpoints.Add(myPoint);
    }
    //计算权重矩阵
     double [,] weightMatrix = new double [ eventnumber.Length - 1,
eventnumber.Length-1];
    if (sevenpoints ! = null)
    {
```

```
        weightMatrix=WeightMatrix(sevenpoints);
      }
      //分区总数
      int N=eventnumber.Length-1;
      //局部莫兰指数
      List<double> global_I=new List<double>();
      for (int i=0; i<N; i++)
      {
        //第 i 个局部莫兰指数
        double Ii=0; //分子
        //第 i 个局部莫兰指数辅助计算量
        double Si_2=0;  //分母
        for (int j=0; j<N; j++)
        {
          if (i ! = j)
          {
            Si_2 += Math.Pow(eventnumber[j]-eventAverage, 2)/(N-1);
            Ii+=weightMatrix[i, j] * (eventnumber[j]-eventAverage);
          }
        }
        double Ii1=eventnumber[i]-eventAverage;
        double global_Itemp=Ii1/Si_2 * Ii;
        global_I.Add(global_Itemp);
      }
      return global_I;
    }
    else
    {
      return null;
    }
  }
```

在“莫兰指数”菜单下增加“计算局部莫兰指数”子项，双击进入 Click 事件响应函数，添加以下代码，实现局部莫兰指数计算。

```
  private void 计算局部莫兰指数ToolStripMenuItem_Click(object sender, EventArgs e)
  {
    List<MyPoint> points=new List<MyPoint>();
    points=ReadData();
```

```
    if (points ! = null)
    {
      List<double> localI=LocalMoran_I();
      richTextBox1.Clear();
      richTextBox1.Text += " ************局部莫兰指数 *************"+"\r\n";
      for (int i=0; i<localI.Count; i++)
      {
        richTextBox1.Text += "第"+(i+1).ToString()+"区局部莫兰指数:"+localI[i].ToString("0.000000")+"\r\n";
      }
      tabControl1.SelectedTab=tabPage2;
    }
  }
```

将计算结果填入表 11.1 第 4 列第 27~30 行，完成本步计算。

(4)计算局部莫兰指数的 Z 得分

局部莫兰指数的平均数记为 μ，计算公式为：

$$\mu = \frac{\sum_{i=1}^{N} I_i}{N} \tag{11-10}$$

局部莫兰指数的标准差记为 σ，计算公式为：

$$\sigma = \sqrt{\frac{\sum_{i=1}^{N} (I_i - \mu)^2}{N-1}} \tag{11-11}$$

Z 得分是判断数据点是否异常的重要指标，计算公式为：

$$Z_i = \frac{I_i - \mu}{\sigma} \tag{11-12}$$

【程序正确性】计算局部莫兰指数的平均数 μ、标准差 σ 和 Z 得分 Z_i，结果保留 6 位小数。

编程与解答：

在上一步计算基础上，封装 LocalMoran_I_u( )方法，实现平均数 μ 计算，实现代码如下：

```
public double LocalMoran_I_u(List<double> localI)
{
  double u=0;
  for (int i=0; i<localI.Count; i++)
  {
    u += localI[i]/localI.Count;
  }
```

```
  return u;
}
```

在“莫兰指数”菜单下增加“局部莫兰平均数”子项，双击进入 Click 事件响应函数，添加以下代码，实现局部莫兰指数平均数计算。

```
private void 局部莫兰平均数 ToolStripMenuItem_Click(object sender, EventArgs e)
{
  List<MyPoint> points=new List<MyPoint>();
  points=ReadData();
  if (points ! = null)
  {
    List<double> localI=LocalMoran_I();
    double u=LocalMoran_I_u(localI);
    richTextBox1.Clear();
    richTextBox1.Text+=" ************局部莫兰指数平均数 ************* "+"\r\n";
    richTextBox1.Text +=  "局部莫兰指数平均数 u="+u.ToString("0.000000")+"\r\n";
    tabControl1.SelectedTab=tabPage2;
  }
}
```

将计算结果填入表 11.1 第 4 列第 31 行，完成本步计算。

根据上一步求取的求平均数 μ，遍历局部莫兰指数利用式(11-11)计算标准差。封装一个 LocalMoran_I_sigamma( )方法，实现标准差 σ 计算，方法如下：

```
public double LocalMoran_I_sigamma(List<double> localI)
{
  double sigamma=0;
  double u=LocalMoran_I_u(localI);
  for (int i=0; i<localI.Count; i++)
  {
    sigamma += Math.Sqrt(Math.Pow(localI[i]-u, 2)/(localI.Count-1));
  }
  return sigamma;
}
```

在“莫兰指数”菜单下增加“局部莫兰标准差”子项，双击进入 Click 事件响应函数，添加以下代码，实现局部莫兰指数标准差计算。

```
private void 局部莫兰标准差 ToolStripMenuItem_Click(object sender,
```

```
EventArgs e)
    {
      List<MyPoint> points=new List<MyPoint>();
      points=ReadData();
      if (points ! = null)
      {
        List<double> localI=LocalMoran_I();
        double sigamma=LocalMoran_I_sigamma(localI);
        richTextBox1.Clear();
        richTextBox1.Text+=" ************局部莫兰指数标准差 ************* "
+"\r\n";
        richTextBox1.Text+="局部莫兰指数标准差 sigamma="+sigamma.
ToString("0.000000")+"\r\n";
        tabControl1.SelectedTab=tabPage2;
      }
    }
```

将计算结果填入表 11.1 第 4 列第 32 行，完成本步计算。

用式(11-12)进行 Z_i 计算，通过封装 LocalMoran_I_Zi( )方法来实现，方法如下：

```
public List<double> LocalMoran_I_Zi(List<double> localI)
{
  double u=LocalMoran_I_u(localI);
  double sigamma=LocalMoran_I_sigamma(localI);
  List<double> z=new List<double>();
  for (int i=0; i<localI.Count; i++)
  {
    double zi=(localI[i]-u)/sigamma;
    z.Add(zi);
  }
  return z;
}
```

在“莫兰指数”菜单下增加“局部莫兰 Z 值”子项，双击进入 Click 事件响应函数，添加以下代码，实现局部莫兰指数 Z 值计算。

```
private void 局部莫兰指数 Z 值 ToolStripMenuItem_Click(object
sender, EventArgs e)
  {
    List<MyPoint> points=new List<MyPoint>();
    points=ReadData();
    if (points ! = null)
```

```
    {
      List<double> localI=LocalMoran_I();
      List<double> Zi=LocalMoran_I_Zi(localI);
      richTextBox1.Clear();
      richTextBox1.Text+="************局部莫兰指数 Z 值*************"
+"\r\n";
      for (int i=0; i<Zi.Count; i++)
      {
        richTextBox1.Text += "第"+(i+1).ToString()+"区局部莫兰指数标
Z 值="+Zi[i].ToString("0.000000")+"\r\n";
      }
      tabControl1.SelectedTab=tabPage2;
    }
  }
```

将计算结果填入表 11.1 第 4 列第 33~36 行，至此所有计算结束。

11.2.3　计算结果输出

大赛要求将表 11.1 所有计算结果输出，保存到“result. txt”文件中。与 2023 年竞赛试题一样，大赛对程序用户界面设计也作出了要求，前面的程序设计中已按此要求进行。为了输出计算结果，在“文件”菜单栏下增加“成果输出”子项，具体实现过程如下。

1. 程序界面完善

编程与解答：

为了完善界面，程序设计了工具条项，通过调用响应菜单 Click 事件函数实现计算功能。以工具条项“标准差椭圆”为例，其调用菜单 Click 事件函数响应代码如下，其他工具条项调用菜单 Click 事件响应函数类似。

```
private void toolStripButton1_Click(object sender, EventArgs e)
{
    标准差椭圆 ToolStripMenuItem_Click(this, e);
}
```

工具条项均为 Button 类型，DisplayStyle 属性设为“Text”，Text 属性设置为相应功能文字。本程序工具条项未实现所有菜单项功能。

2. 成果输出

编程与解答：

成果输出在“文件”菜单栏下实现，增加“成果输出”菜单子项，双击进入 Click 事件响应函数，通过整合“数据分析”“权重矩阵”“莫兰指数”三个菜单项的子项响应代码，完成计算成果输出，实现代码如下：

```
    private void 成果输出ToolStripMenuItem_Click(object sender,
EventArgs e)
    {
      SaveFileDialog sfd=new SaveFileDialog();
      sfd.Title="成果输出";
      sfd.Filter="文本文件(*.txt)|*.txt";
      sfd.AddExtension=true;
      if (sfd.ShowDialog()==DialogResult.OK)
      {
        FileStream fs=new FileStream(sfd.FileName, FileMode.Create);
        StreamWriter sw=new StreamWriter(fs);
        sw.WriteLine("----------计-----算-----开-----始----------");
        List<MyPoint> points=new List<MyPoint>();
        points=ReadData();
        if (points != null)
        {
          //1.P6点信息计算
          sw.Write("********************P6点信息********************"+
"\r\n");
          for (int i=0; i<points.Count; i++)
          {
            if (i==5)
            {
              sw.Write("\t"+points[i].code+"\t"+points[i].x.ToString
("0.000")
                +"\t"+points[i].y.ToString("0.000")+"\t"+points[i].
area_code+"\t"+"\r\n");
            }
          }
          //2.事件数量统计
          int[] events=EventsNum();
          sw.Write("******************事件数量统计******************"+"\
r\n");
          for (int i=0; i<events.Length-1; i++)
          {
            sw.Write("    "+"第"+(i+1).ToString()+"分区事件数量为:"
            +events[i].ToString()+"\r\n");
          }
```

```
        sw.Write(" "+"总的事件数量为:"+events[7].ToString()+"\r\n");
        //3.计算平均中心 XY
        MyPoint mp=new MyPoint();
        mp=AverageXY();
        sw.Write("********************平均中心********************"+
"\r\n");
        sw.Write("    "+"平均中心 X 为:"+mp.x.ToString("0.000")+"\r\
n");
        sw.Write("    "+"平均中心 Y 为:"+mp.y.ToString("0.000")+"\r\
n");
        //4.标准差椭圆计算
        double[,] aibi=new double[2, points.Count];
        aibi=xyStandardDeviation();
        sw.Write("*****************x,y 坐标标准差*****************"+
"\r\n");
        sw.Write("\t"+"a6"+"="+aibi[0, 5].ToString("0.000")+"\r\n"
              +"\t"+"b6"+"="+aibi[1, 5].ToString("0.000")+"\r\
n");
        sw.Write("***************辅助量 ABC 计算结果***************"+
"\r\n");
        double[] ABC=ComputeABC();
        sw.Write("\t"+"A"+"="+ABC[0].ToString("0.000")+"\r\n"
          + "\t"+"B"+"="+ABC[1].ToString("0.000")+"\r\n"
          + "\t"+"C"+"="+ABC[2].ToString("0.000")+"\r\n");
        double[] ellipse=ComputeEllipse(ABC[0], ABC[1], ABC[2]);
        sw.Write("**************标准差椭圆计算结果**************"+"\r
\n");
        sw.Write("\t"+"夹角 theta"+"="+ellipse[0].ToString("0.000")+
"\r\n"
          + "\t"+"SDEx"+"="+ellipse[1].ToString("0.000")+"\r\n"
          + "\t"+"SDEy"+"="+ellipse[2].ToString("0.000")+"\r\n");
        //5.各区平均中心
        sw.Write("***************各区平均中心计算**************"+"\r
\n");
        for (int i=1; i<8; i++)
        {
          MyPoint myPoint=new MyPoint();
          myPoint=Area_Center(i, points);
```

```
            sw.Write("第"+i.ToString()+"区平均坐标x"+"="+myPoint.x.
ToString("0.000")
            + "   "+"平均坐标y"+"="+myPoint.y.ToString("0.000")+"\r\
n");
          }
          //6.各区之间空间权重矩阵
          sw.Write("****************************************空间权重矩阵***
*************************************"+"\r\n");
          List<MyPoint> sevenPoints=new List<MyPoint>();
          for (int i=1; i<8; i++)
          {
            MyPoint myPoint=new MyPoint();
            myPoint=Area_Center(i, points);
            sevenPoints.Add(myPoint);
          }
          if (sevenPoints != null)
          {
            double[,] weightMatrix=WeightMatrix(sevenPoints);
            if (weightMatrix != null)
            {
              for (int i=0; i<weightMatrix.GetLength(0); i++)
              {
                for (int j=0; j<weightMatrix.GetLength(1); j++)
                {
                  sw.Write(weightMatrix[i, j].ToString("0.000000")+
"\t");
                }
                sw.Write("\r\n");
              }
            }
          }
          //7.犯罪事件平均值
          int[] eventNum=EventsNum();
          if (eventNum != null)
          {
            double eventAverage=0;
            for (int i=0; i<eventNum.Length-1; i++)
            {
```

```
            eventAverage += (double)eventNum[i]/(eventNum.Length-
1);
          }
          sw.Write(" ******************犯罪事件平均值 ***************** "+
"\r\n");
          sw.Write("   "+"研究区域犯罪事件的平均值为:"+eventAverage.
ToString("0.000000")+"\r\n");
        }
        //8.全局辅助量 S0
        sw.Write(" **************莫兰指数全局辅助量 S0 ************** "+
"\r\n");
        //获取各中心点坐标列表
        List<MyPoint> sevenPoints1=new List<MyPoint>();
        double S0;
        for (int i=1; i<8; i++)
        {
          MyPoint myPoint=new MyPoint();
          myPoint=Area_Center(i, points);
          sevenPoints1.Add(myPoint);
        }
        if (sevenPoints1 ! = null)
        {
          double[,] weightMatrix=WeightMatrix(sevenPoints1);
          if (weightMatrix ! = null)
          {
            S0=GetS0(weightMatrix);
            sw.Write("全局莫兰指数辅助量 S0="+S0.ToString("0.000000")
+"\r\n");
          }
        }
        //9.计算全局莫兰指数
        double I=GlobalMoran_I();
        sw.Write(" ******************全局莫兰指数 ****************** "+
"\r\n");
        sw.Write("全局莫兰指数为:"+I.ToString("0.000000")+"\r\n");
        //10.计算局部莫兰指数
        List<double> localI=LocalMoran_I();
        sw.Write(" ******************局部莫兰指数 ******************"+"\r
```

```
\n");
            for (int i=0; i<localI.Count; i++)
            {
              sw.Write("第"+(i+1).ToString()+"区局部莫兰指数:"+"\t"+
localI[i].ToString("0.000000")+"\r\n");
            }
            //11.计算局部莫兰指数平均数
            double u=LocalMoran_I_u(localI);
            sw.Write("***************局部莫兰指数平均数****************"+
"\r\n");
            sw.Write("局部莫兰指数平均数 u="+u.ToString("0.000000")+
"\r\n");
            //12.计算局部莫兰指数标准差
            double sigamma=LocalMoran_I_sigamma(localI);
            sw.Write("***************局部莫兰指数标准差****************"+
"\r\n");
            sw.Write("局部莫兰指数标准差 sigamma="+sigamma.ToString
("0.000000")+"\r\n");
            //13.计算局部莫兰指数 Z 值
            List<double> Zi=LocalMoran_I_Zi(localI);
            sw.Write("****************局部莫兰指数 Z 值*****************"+
"\r\n");
            for (int i=0; i<Zi.Count; i++)
            {
              sw.Write("第"+(i+1).ToString()+"区局部莫兰指数标 Z 值="+Zi
[i].ToString("0.000000")+"\r\n");
            }
            MessageBox.Show("计算结果导出成功!","提示",MessageBox
Buttons.OK, MessageBoxIcon.Information);
            sw.WriteLine("------------------计-------算-------结-------束------------------"+"\r\n");
            sw.Flush();
            sw.Close();
            fs.Close();
        }
    }
}
```

在“文件”菜单下增加子项“退出”，Click 事件函数中添加代码“Application. Exit();”，实现程序退出。“帮助”菜单下增加子项“使用说明”，Click 事件函数中添加以下代码，实现软件使用提示功能。

```
    private void 使用说明ToolStripMenuItem_Click(object sender, EventArgs e)
    {
      MessageBox.Show("程序使用说明"+"\r\n"+"1.首先载入犯罪事件数据"+"\r\n"
        +"2.然后进行各项计算与显示"+"\r\n","提示",MessageBoxButtons.OK,MessageBoxIcon.Information);
    }
```

至此程序设计全部结束，最终的程序设计界面(含运行结果)和保存的“result.txt”文件如图 11.4 所示。

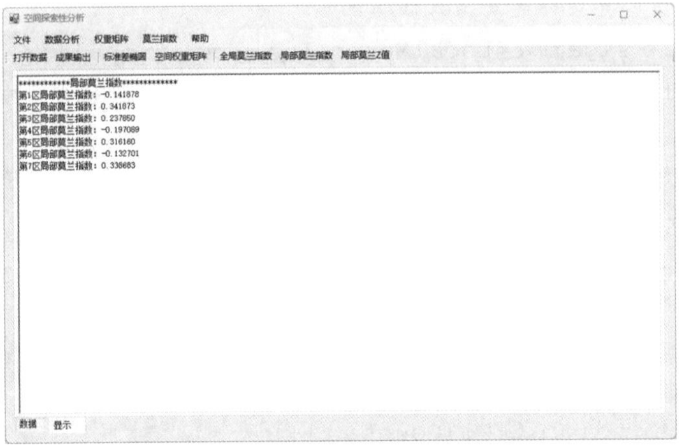

(a)最终程序设计界面与计算结果

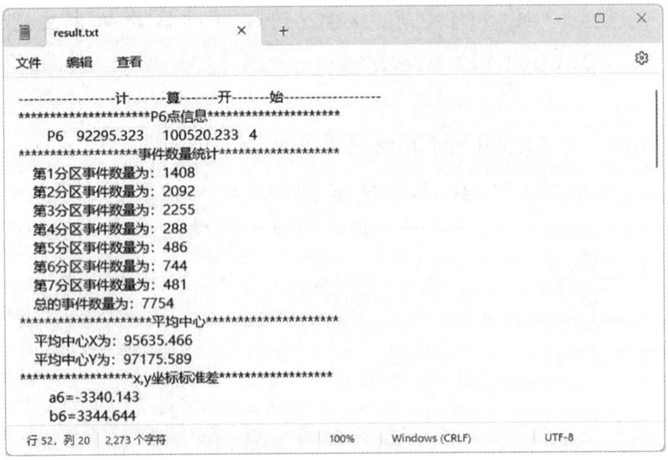

(b)程序结果保存

图 11.4　最终程序设计界面和计算结果

◎ 本章小结

本章通过“学中做”的方式对2024年全国大学生测绘学科创新创业智能大赛程序设计试题做了讲解。从试题难度上看，本年是难度较低的一年，参赛者仅需掌握C#编程基础即可完成比赛。本章的重点和难点是全局和局部莫兰指数计算，利用公式求和计算时容易将变量写错位置，建议编程时简化求和项，采用多步的计算方式。

参考文献

[1]郭际明，史俊波，孔祥元，等．大地测量学基础[M]．3版．武汉：武汉大学出版社，2021.

[2]Bradley L. Jones. 21天学通C#[M]．信达工作室，译．北京：人民邮电出版社，2002.

[3]鄂旭，吴昊．C#Windows程序设计及应用[M]．北京：清华大学出版社，2013.

[4]彭顺生，方丽，黄海芳，等．C#Windows项目开发案例教程[M]．北京：清华大学出版社，2014.

[5]甘勇，尚展垒．C#程序设计[M]．北京：人民邮电出版社，2016.

[6]江红，余青松．C#程序设计教程[M]．3版．北京：清华大学出版社，2018.

[7]唐大仕．C#程序设计教程[M]．2版．北京：北京交通大学出版社，清华大学出版社，2018.

[8]明日科技．C#从入门到精通[M]．5版．北京：清华大学出版社，2019.

[9]于子凡．计算机图形学实习教程——基于C#语言[M]．武汉：武汉大学出版社，2017.

[10]王小科，王军．C#开发实战1200例[M]．北京：清华大学出版社，2011.

[11]本杰明·帕金斯，维伯·哈默，乔恩·里德．C#入门经典[M]．齐立博，译. 8版. 北京：清华大学出版社，2019.

[12]余青松，江红．C#程序设计实验指导与习题测试[M]．3版．北京：清华大学出版社，2018.

[13]赵春江．C#数字图像处理算法典型实例[M]．北京：人民邮电出版社，2009.

[14]丹尼尔·索利斯，卡尔·施罗坦博尔．C#图解教程[M]．窦衍森，姚琪琳，等，译. 5版．北京：人民邮电出版社，2019.

[15]于国防，李剑，张玉杰．C#语言Windows程序设计[M]．2版．北京：清华大学出版社，2015.

[16]吕翠华．VB语言与测量程序设计[M]．北京：测绘出版社，2013.

[17]秦永乐．Visual Basic测绘程序设计[M]．2版．郑州：黄河水利出版社，2011.

[18]李英冰．测绘程序设计[M]．武汉：武汉大学出版社，2019.

[19]戴吾蛟，王中伟，范冲，等．测绘程序设计基础[M]．长沙：中南大学出版社，2014.

[20]李英冰．测绘程序设计试题集[M]．武汉：武汉大学出版社，2017.

[21]程效军，鲍峰，顾孝烈．测量学[M]．5版．上海：同济大学出版社，2016.

[22]吕志平，乔书波．大地测量学基础[M]．2版．北京：测绘出版社，2016.

[23]赵淑湘．计算机测绘程序设计[M]．武汉：武汉大学出版社，2015.

[24]高井祥，付培义，余学祥，等．数字地形测量学[M]．徐州：中国矿业大学出版社，2018.
[25]杨立君，苗立志，姜杰，等．基于 C#语言的测量数据处理程序设计[M]．武汉：武汉大学出版社，2025.